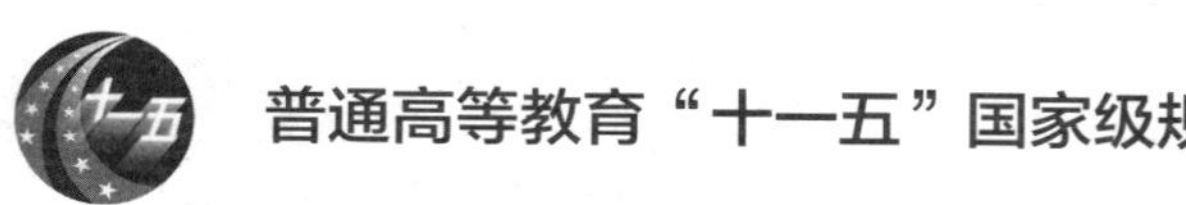

普通高等教育“十一五”国家级规划教材

供用电系统

(第二版)

王晓文　编

蔡元宇　全成浩　吴志宏　主审

中国电力出版社
CHINA ELECTRIC POWER PRESS

内 容 提 要

本书为普通高等教育“十一五”国家级规划教材。

书中全面系统地介绍了供用电系统的基本知识、理论、计算方法及相关新技术。全书共七章，主要内容包括供配电系统的接线、供配电网络的等值电路、供配电系统电网的潮流计算、供配电系统的无功补偿和电压调整、工厂供配电系统供电负荷的计算、短路电流计算、供配电系统经济运行。书后附有部分思考题及习题答案、供用电系统常用术语中英文对照表。

本书主要作为普通高等院校电气工程及其自动化专业教材，也可作成人教育、函授、自考的辅导教材，还可供电力及相关行业工程技术人员参考

图书在版编目(CIP)数据

供用电系统/王晓文编. —2 版 .—北京：中国电力出版社，2011.6（2022.6 重印）

普通高等教育“十二五”规划教材　普通高等教育“十一五”国家级规划教材

ISBN 978-7-5123-1773-4

Ⅰ.①供…　Ⅱ.①王…　Ⅲ.①供电-高等学校-教材 ②配电系统-高等学校-教材　Ⅳ.①TM72

中国版本图书馆 CIP 数据核字(2011)第 104850 号

中国电力出版社出版、发行

（北京市东城区北京站西街 19 号　100005　http://www.cepp.sgcc.com.cn）

北京雁林吉兆印刷有限公司印刷

各地新华书店经售

*

2005 年 2 月第一版

2011 年 6 月第二版　　2022 年 6 月北京第九次印刷

787 毫米×1092 毫米　16 开本　14 印张　340 千字

定价 **40.00** 元

前　言

供用电系统是高等院校电气工程及其自动化专业的一门主干课。本书按工科院校四年制本科专业对供用电系统所需要的专业知识与技能进行编写。为了加强电气工程及其自动化专业的专业建设和推进学科发展，本书结合技术应用型本科的教学特点，将编写内容与供电设备课程进行了全面的整合，力求形成完整、连续的知识体系。本书在内容上为供电设备等后续专业课程构筑了够用、实用的知识平台，体现出知识先导的特点。

本书内容按照由浅入深的原则，全面介绍供用电系统基础知识，侧重基本原理、实用计算，力求知识面广、实用性强。全书共分七章，讲授约 80 学时。每章后附有思考题及习题，书后附有常用术语中英文对照表。

本书由沈阳工程学院王晓文编写。书稿由沈阳工程学院蔡元宇教授、辽宁省电力有限公司全成浩教授级高级工程师、沈阳工程学院吴志宏副教授主审，并提出了许多宝贵意见；在编写过程中还得到许多同行的大力帮助，在此表示衷心的感谢！

由于编者水平有限，书中难免有错误和不当之处，恳请专家和读者批评指正。

编　者

2011 年 3 月于沈阳

目　　录

绪　论

第一节　电力系统概述

一、电力系统的构成

随着经济的不断发展，人们与电能的关系越来越密切，无论是工业、农业、交通运输还是日常生活都离不开电能。电能的生产和传送是在电力系统中进行的。众所周知，电能供应来自于发电厂，发电厂大都建设在有动力资源的地方。动力资源因种类不同分布于不同的地域，例如水能资源集中在江河流域水位落差较大的地方，热能资源则集中在盛产煤、石油、天然气的矿区。而使用电能的用户，一般集中在大城市、工业中心等，由于地理、历史等各种条件的限制，与动力资源所在地有一定距离。因此必须建立一个系统，为发电厂和用户架起一座桥梁，用于传输电能，这便是电力系统。

电力系统是由发电机、变压器、输配电线路和电力用户的电气装置连接而成的整体，它完成了发电、输电、变电、配电、用电的任务。电力系统加上热力发电厂中的热能动力装置、热能用户和水电厂的水能动力装置，也就是加上锅炉、汽轮机、水库、水轮机及原子能发电厂的反应堆等，称为动力系统。电力系统中各种电压等级的变电所及输配电线路组成的统一体，称为电力网（简称电网）。电网的主要任务是输送与分配电能，并根据需要改变电压。图 0-1 所示为动力系统、电力系统和电网的示意图。图中用单线表示三相导体。

二、电力系统的发展

1831 年法拉第发现电磁感应定律后，很快出现了原始的交流发电机、直流发电机和直流电动机。由于当时电机制造和电力输送技术的发展集中于直流电，原始的电力线路输送的就是 100～400V 低压直流电，因输电电压低、输送功率小、距离近，所以应用不多。

到了 1882 年，法国人德普勒将水电厂发出的电输送到慕尼黑以驱动水泵，采用直流输电线路，电压为 1500～2000V，输送功率约 2kW，输电距离为 57km，这被视为是世界上第一个电力系统。

生产的发展对输送功率和输送距离提出了进一步要求，以致直流输电已不能适应需要。1885 年随着变压器和异步电动机的相继问世，实现了单相交流输电。1891 年在制成三相异步电动机、三相变压器的基础上又实现了三相交流输电。

1891 年在法兰克福举行的国际电工技术展览会上，俄国人多里沃·多勃列沃列斯基展出的输电系统奠定了近代输电技术的基础。该系统从拉芬镇到法兰克福全长 175km，安装在拉芬镇的水轮发电机组功率为 230kV·A，电压为 95V，转速为 150r/min。升压变压器将电压升高到 25000V，电功率经直径为 4mm 的铜线输送至法兰克福，用两台降压变压器将电压降低到 112V，其中一台变压器供电给白炽灯，另一台变压器供电给异步电动机，以驱动一台功率为 75kW 的水泵。这标志着电力系统的发展取得了重大突破，是现代电力系统的雏形。

随着生产技术的发展，科学的进步，人们逐步掌握了三相交流电，汽轮发电机组不久便

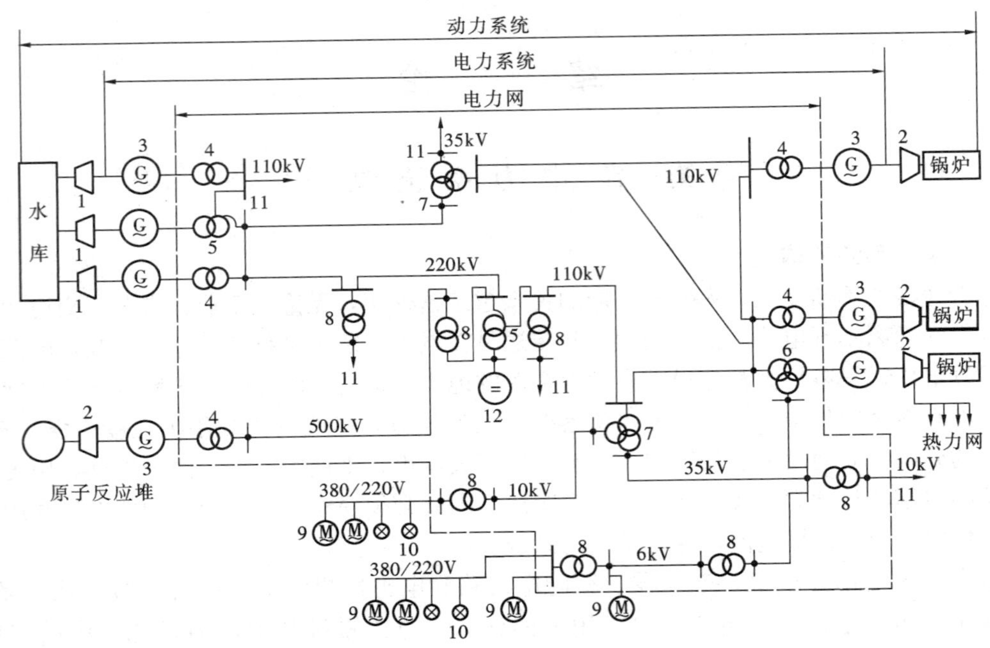

图 0-1　动力系统、电力系统、电网的示意图

1—水轮机；2—汽轮机；3—发电机；4—升压双绕组变压器；5—升压自耦变压器；6—升压三绕组变压器；7—降压三绕组变压器；8—降压双绕组变压器；9—电动机；10—电灯；11—负荷（泛指）；12—调相机

代替了以蒸汽机为原动力的发电机组，三相交流发电机、变压器和电动机等设备的性能指标不断提高。发电厂之间出现了并列运行，输电电压、输电功率、输电距离日益提高。各国逐步将一个个孤立运行的发电厂、变电所用线路连接起来，形成规模更大的电力系统。三相交流电力系统的优越性，使其取代了低压直流输电。数十年间，大电力系统不断涌现，甚至出现了全国性和跨国性的电力系统。

现在，有些电力系统的输电距离达到数千公里，系统容量达数亿千瓦，同步发电机并列运行的稳定性对电力系统可靠运行的威胁越来越大。虽然各国在解决交流系统稳定运行方面进行了大量的研究工作，也解决了许多工程实际问题，但交流输电由感抗所带来的固有困难和局限性，在生产实际中也逐渐地被人们所认识，于是，高压直流输电技术又重新为人们所重视。高压大容量可控汞弧阀与可控整流器的问世，为高压直流输电的发展创造了条件。许多国家已相继出现了超高压交、直流输电的大型电力系统。

在我国，自 1882 年在上海建立第一个发电厂至 1949 年的 60 余年间，电力工业的发展非常缓慢。1949 年建国之初，全国总装机容量为 184.9 万 kW，年发电量仅 43 亿 kW·h，在世界上居第 25 位。

新中国成立后，我国电力工业发展迅速。1957 年底，第一个五年计划完成时，全国总装机容量为 464 万 kW；1978 年，全国总装机容量 5712 万 kW；2000 年，全国总装机容量突破了 3 亿 kW，年发电量达到 13 556 亿 kW·h；到 2008 年底，全国总装机容量达到 7.925 3 亿 kW，年发电量达到 34 334 亿 kW·h。火电机组最大单机容量 106 万 kW，水电机组最大单机容量 70 万 kW。

近年来，伴随着电力工业发展步伐不断加快，我国电网规模也不断扩大。目前全国已经形成了东北电网、华北电网、华东电网、华中电网、西北电网和南方电网六个跨省的大型区域电网。2009年1月6日，我国自主研发、设计和建设的具有自主知识产权的1000kV交流输电工程晋东南—南阳—荆门特高压交流试验示范工程正式投入运行；2010年6月18日±800kV云广特高压直流输电工程全面竣工投产。国家电网初步形成特高压及500kV跨区联网，也标志着我国在电压等级、电力技术、装备制造及电网建设方面进入世界领先行列。

未来，我国将以“始终坚持节约优先、加快促进绿色发展、建设坚强智能电网、推进体制科学创新”为基本途径，构建“安全、经济、绿色、和谐”的现代电力系统。

三、电力系统的基本要求

（一）电力系统运行的特点

1. 电能生产、输送与使用的同时性

现阶段，电能尚不能大量地廉价储存，发、输、变、配及用电是在同一瞬间进行的，每时每刻的发电量取决于同一时刻用户的用电量和输送过程的损耗，其中的任一环节出现故障，都会影响电力系统的运行。

2. 与生产及人们生活的密切相关性

由于电能与其他能源之间转换方便，宜于大量生产、集中管理、远距离输送、自动控制等，因此使用电能较其他能源有显著优点，得到了广泛应用。电能供应不足或中断，将直接影响各部门生产和人民的正常生活，甚至危及人身和设备的安全，造成十分严重的后果。

3. 过渡过程的瞬时性

发电机、变压器、电力线路、电动机等元件的投入或退出都在瞬间完成。电能输送所需的时间仅千分之几甚至百万分之几秒。电力系统从一种运行方式过渡到另一种运行方式的过渡过程更是非常短促。因此，正常运行和故障情况所进行的调整和切换操作，要求非常迅速。电力系统运行必须采用自动化程度高、能迅速而准确动作的继电保护及自动装置和自动监测设备。

（二）对电力系统的基本要求

1. 满足用电需求

满足国民经济各部门及人民生活不断增长的用电需求，保障供给是电力部门的重要任务。电力工业的发展速度，应超前于其他部门的发展速度，起到先行作用，应竭力避免由于缺电而使工业企业不能充分发挥生产能力的情况，尽量满足用户的用电需要。

2. 安全可靠地供电

电力生产遵循安全第一、预防为主的原则。这就要求加强电力系统各元件和设备的管理，经常进行监测、维护，并定期进行预防性试验和检修，定期更新设备，使设备处于完好的运行状态；提高工作人员素质，严格执行各项规章制度，不断提高运行水平，防止事故的发生。一旦发生事故，应能迅速和妥善处理，防止事故扩大，做到迅速恢复供电。因为，供电中断将使工农业生产停顿、人们生活秩序混乱，对某些用户甚至会造成产品报废、设备损坏以及危及人身安全等严重后果。突然停电给国民经济造成的损失远远超过电网本身的损失。因此，要确保安全可靠的供电。

电力系统中发生事故是导致供电中断的主要原因，但要杜绝事故的发生非常困难。由于各种用户对供电可靠性的要求不一样，可以将负荷按重要程度分为三类，以此决定保证供电

的顺序和系统接线方式。

一类负荷——中断供电将造成人身事故或重大设备损坏，且难以修复，给国民经济带来重大损失。在正常运行和故障情况下，系统接线方式必须有足够的可靠性和灵活性，保证对用户的连续供电。一类负荷要求有两个或两个以上独立电源供电，电源间应能自动切换，以便在任一电源发生故障时，对这类用户的供电不致中断。

二类负荷——中断供电将造成大量减产和废品，以致损坏生产设备，在经济上造成重要损失。二类负荷需双回线路供电；当双回线路供电有困难时，允许由一回专用线路供电。

三类负荷——不属于一、二类负荷的用户均属于三类负荷。三类负荷对供电无特殊要求，允许较长时间停电，可用单回线路供电，但也不能随意停电。

3. 保证电能质量

电能的质量指标主要是电压、频率和波形等变化不得超出允许范围。电压容许变化范围为额定电压的±5％；频率的允许偏差为50Hz±（0.2～0.5）Hz；波形应为正弦波，畸变率要十分小。电能质量合格，用电设备能正常工作并具有最佳的技术经济效果；如果变动范围超过允许值，虽然尚未中断供电，但已严重影响到产品质量和数量，甚至会造成人身危害和设备故障，同时对电力系统本身的运行也有危险。因此，必须通过调频及调压措施来保证频率和电压的稳定。

4. 保证电力系统运行的经济性

电能生产的规模很大。在其生产、输送和分配过程中，本身消耗的能源占国民经济能源中的比例相当大，因此，最大限度地降低每生产1kW·h电能所消耗的能源和降低输送、分配电能过程的损耗，是电力部门的一项极其重要的任务。电能成本的降低不仅意味着能源的节省，还将降低各用电部门成本，对整个国民经济带来很大的好处。现在最广泛的做法是实行电力系统的经济运行。按照最优化原则分配各发电厂、发电机组之间的发电出力及输电和配电路径，充分利用水力资源，尽可能采取节能降耗措施，力争取得整个现代电力系统最大的、综合的经济效益。

应当指出，以上要求是互相关联的，而且通常是相互矛盾、相互制约的。因此，要综合考虑，满足任何一项要求时，须兼顾其他要求。

第二节 发电厂类型

电力系统的起点就是发电厂，它是整个系统的能量源头。而发电厂的能量来源又是什么呢？那就是煤炭、石油、天然气、水利等，这些随自然界演化生成的动力资源是能量的直接提供者，称为一次能源。电能是由一次能源转换而成，称为二次能源。

发电厂是生产电能的核心，担负着把不同种类的一次能源转换成电能的任务。依据使用的一次能源的不同，发电厂被分成许多类型。例如，燃烧煤、石油、天然气发电的火力发电厂，利用水能发电的水力发电厂，利用核能发电的核动力电厂等。为了节约能源资源，还正在开发新的发电能源，如潮汐发电、地热发电、太阳能发电、风力发电等。目前全世界的电源构成中，火力发电设备容量占的比重最大，超过60％；水电设备容量约占20％，核能发电设备容量约占16％。火力发电仍是主要的发电方式。

一、火力发电厂

火力发电厂一般简称为火电厂，是以煤、石油、天然气等作为燃料的发电厂。燃料在锅炉中燃烧时的化学能被转换为热能，再借助汽轮机等热力机械将热能变换为机械能，并由汽轮机带动发电机将机械能变换为电能。

火力发电厂按其作用可分为单纯发电的和既发电又兼供热的两种类型。前者指一般的火力发电厂，后者指供热式火力发电厂（或称热电厂）。一般火力发电厂应尽量建设在燃料基地或矿区附近，将发出的电能用高压线路送往用电负荷中心。这样既避免了燃料的长途运输，提高了能量输送的效益，还防止了对城市地区的环境污染，通常把这种火力发电厂称为“坑口电厂”。坑口电厂是当前和今后建设大型火力发电厂的主要发展方向。热电厂的建设是为了提高热能的利用率，由于它要兼顾供热，所以必须建设在大城市或工业区的附近。

一般火力发电厂多采用凝汽式汽轮发电机组，故又称为凝汽式火力发电厂，其生产过程如图 0-2 所示。

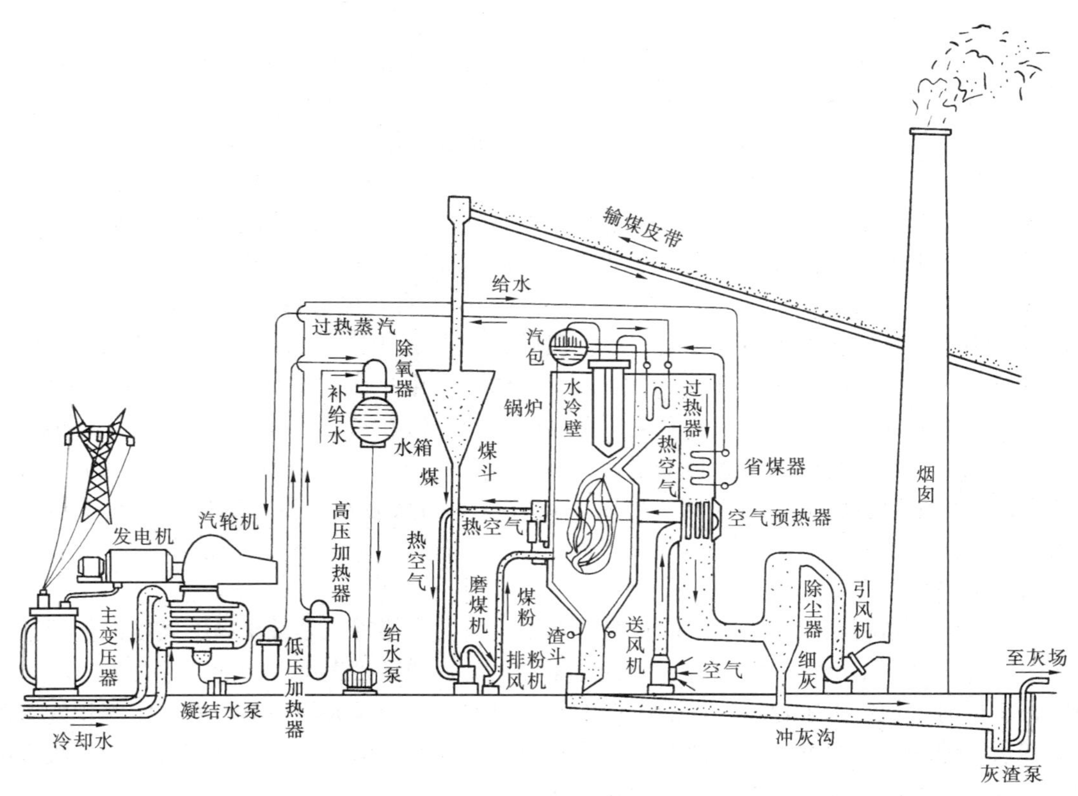

图 0-2　凝汽式火力发电厂生产过程示意图

煤先由输煤皮带运送到锅炉房的煤斗中，再经煤斗进入磨煤机被磨成煤粉，在热空气的输送下，经喷燃器送入锅炉燃烧室内燃烧。助燃空气由送风机先送入空气预热器加热为热空气，其中一部分热空气进入磨煤机以干燥和输送煤粉，另一部分热空气则进入燃烧室助燃。在燃烧室内，燃料着火燃烧并放出热量，其热量的一部分将传给燃烧室四周的水冷壁，并在流过水平烟道内的过热器及尾部烟道内的省煤器、空气预热器时，继续把热量传给蒸汽、水和空气；而被冷却后的烟气则经除尘器除去飞灰，由引风机从烟囱排入大气。另外，通常用水把由锅炉下部排出的灰渣和由除尘器下部排出的细灰冲到灰渣泵房，经灰渣泵排往储灰场。

水、蒸汽是把热能转化成机械能的重要工质。净化后的给水，先送入省煤器预热，继而进入汽包再降入水冷壁管中吸收燃烧室的热能后蒸发成蒸汽。水冷壁中产生的蒸汽在流经过热器时进一步吸收烟气的热量而变为过热蒸汽，然后通过主蒸汽管道被送入汽轮机。进入汽轮机的蒸汽膨胀做功，推动汽轮机的转子旋转，将热能变为机械能，汽轮机带动发电机旋转，将机械能变为电能。在汽轮机内做完功的排汽将进入凝汽器内放出汽化热而凝结为水，凝结水再由凝结水泵经由低压加热器加热送入除氧器。除氧后的水由给水泵打入高压加热器加热进一步提高温度后再进入锅炉。以后又重复上述过程，并不断地产生出热能。

将汽轮机的排汽冷却为水是由循环水泵把冷却水送入凝汽器来实现的。冷却水经循环水泵打入凝汽器的循环水管中，在吸收了蒸汽的热量后，又经排水管排出，从而将热量带走。通常，由于循环水系统带走很大一部分热量，因此，一般凝汽式发电厂的效率是不高的，目前比较先进的指标也只达到30％～40％。

为了提高这种发电厂的效率，人们自然会想到能否尽量减少被循环水所带走的热量，而把做过功的蒸汽（乏汽）中所含的热量充分利用起来。这就是发展供热式发电厂的原因。供热式发电厂与凝汽式发电厂不同的地方只是在汽轮机的中段抽出了供热能用户的蒸汽，而这些蒸汽实际上已经在汽轮机中做了部分功，再把这些蒸汽引到给水加热器去加热供热力用户的用水，或把蒸汽直接送给热力用户。这样一来，进入凝汽器内的蒸汽量就大大减少了。于是循环水所带走的热量消耗也就相应地减少了，从而提高了热效率。现代化大型供热式发电厂的效率可达60％～70％以上。从供电和供热的全局来看，可节约燃料20％～25％。由于供热网络不能太长，所以供热式发电厂总是建设在热力用户附近。此外，供热式发电厂的发电出力还与热力用户的需热量有关。当需热量多时，发电厂必须相应多发电；需热量少时，则发电出力也减少。因而，供热式发电厂在电网中的运行方式远不如凝汽式发电厂灵活。

火力发电厂发展的主要趋势是采用高温、高压（亚临界、超临界）、大容量机组（目前世界上最大机组容量已达1300MW）以及建设大容量的火力发电厂，这样可以显著地提高火力发电厂的效率。

二、水力发电厂

水力发电厂是利用河流所蕴藏的水能资源来发电。水能资源是最干净、廉价的能源。水力发电厂的容量大小决定于上下游水位差（简称水头）和流量大小。因此，水力发电厂往往需要修建拦河大坝等水工建筑物以形成集中的水位差，并依靠大坝形成具有一定容积的水库以调节水库的流量。根据地形、地质、水能资源特点等的不同，水力发电厂可分为坝式水电厂、引水式水电厂、混合式水电厂和抽水蓄能电厂。

坝式水电厂的水头是由挡水大坝抬高上游水位而形成。若厂房布置在坝后，则称之为坝后式水电厂，如吉林的小丰满水电厂、浙江的新安江水电厂。若厂房起挡水坝的作用，承受上游水的压力，则称之为河床式水电厂，如葛洲坝水电厂。

引水式水电厂的水头由引水道形成。这类水电厂的特点是具有较长的引水道，如天生桥二级水电厂，设计水头176m，引水隧洞长达9555m。

混合式水电厂的水头由坝和引水道共同形成。这类电厂除坝具有一定高度外，其余与引水式电厂相同。

抽水蓄能电厂是一种特殊的水电厂，当电网中的电力负荷处于高峰时段，电厂放水发电；电力负荷处于低谷时段，利用电网的多余电能将下游水库的水抽至上游水库，转变为势能形态储蓄起来，达到储蓄和调节电能的目的，如广州抽水蓄能电厂。

水力发电厂的生产过程要比火力发电厂简单，如图 0-3 所示。

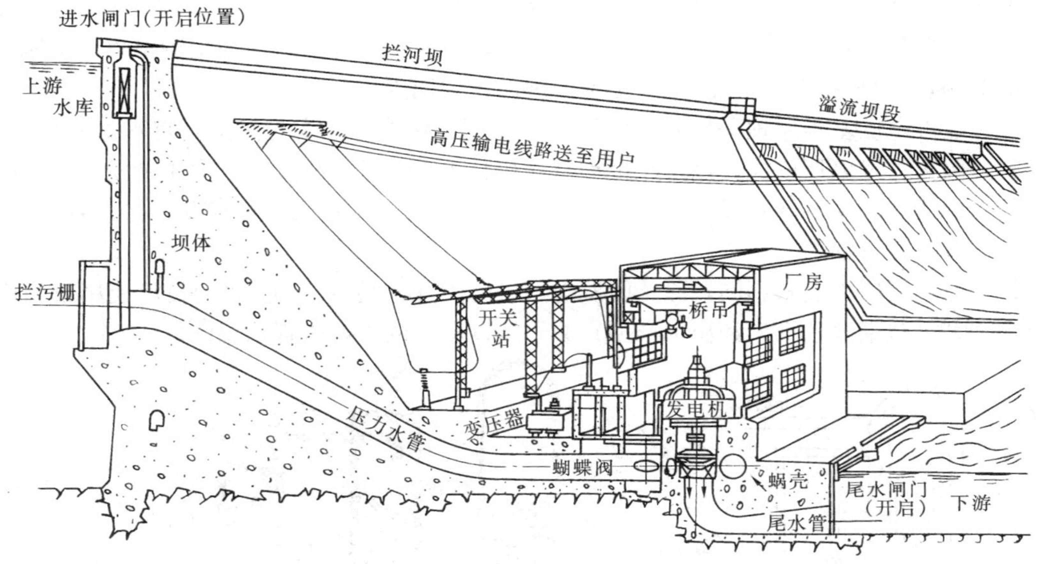

图 0-3　水力发电厂生产过程示意图

由挡河坝维持在高水位的水，经压力水管进入螺旋形蜗壳推动水轮机转子旋转，将水能变为机械能。水轮机带动发电机旋转，机械能再变为电能。做完功的水则经过尾水管排往下游，发电机发出的电能则经过变压器升压后由高压输电线路送出。由于水力发电厂的生产过程比较简单，运行维护人员较少，易于实现自动化；水力发电厂不需要消耗燃料，它的电能生产成本比火力发电厂低，且效率较高；水力发电机组承受变动负荷的性能较好，因此在系统中的运行方式较为灵活。水力发电机组起动迅速，在事故时能充分地发挥其备用作用。随着水力发电厂的兴建，往往可以同时解决发电、防洪、灌溉和航运等多方面的问题，实现河流的综合利用，使国民经济取得更大的综合效益。但是由于水力发电厂需建设大量的水工建筑物，相对于火力发电厂来说，建设投资比较大，建设工期比较长，占用劳力比较多。特别是水库还将淹没一部分土地，给农业生产带来一定不利影响，还存在移民问题。另外，水力发电厂的运行方式受气象和水文等条件的影响，有丰水期和枯水期之别，会给电网的运行带来一定的不利因素。

水力发电厂按其运行方式可分为无调节水电厂和有调节水电厂。无调节水电厂的水库库容小，不能对径流进行调节，直接引用河中径流发电，所以也称其为径流式水电厂。有调节水电厂可利用水库对径流进行重新分配，按调节周期长短，又可分为日调节、周调节、季调节、年调节和多年调节水电厂。

三、原子能发电厂

原子能的利用是现代科学技术的一项重大成就。从 20 世纪 40 年代原子弹的出现起，原子能就逐渐被人们所掌握并陆续被用到工业和交通等许多部门，从而为人类提供了一种新的巨大的能源。

由于煤、石油和天然气等燃料的储量有限，它们又是重要的化工原料，一些国家的水能资源已基本开发殆尽，因此从 20 世纪 50 年代起某些国家就转向研究原子能发电。从 1954 年世界上第一个原子能发电厂建成至 2010 年底，全世界已有几十个国家先后建成四百多个原子能发电机组，总装机容量已超过 3.9 亿 kW。正在建设或已定货的原子能发电厂的总容量更大。一些资源贫乏的发达国家由于受到“能源危机”的冲击，迫使他们不得不走原子能发电的道路，这是促使原子能发电厂迅速发展的主要原因。

原子能发电的基本原理是把原子核裂变所产生的原子能转变为热能，将水加热为蒸汽，然后同一般火力发电厂一样，用蒸汽推动汽轮机，再带动发电机发电。原子能发电厂与火力发电厂在构成上的主要区别是：前者用核蒸汽发生系统（反应堆、蒸汽发生器、泵和管道）来代替后者的蒸汽锅炉。

根据原子反应堆型式不同，原子能发电厂可分为几种类型。图 0-4 为目前使用较为广泛的轻水堆型（包括沸水堆型和压水堆型）原子能发电厂的生产过程示意图。

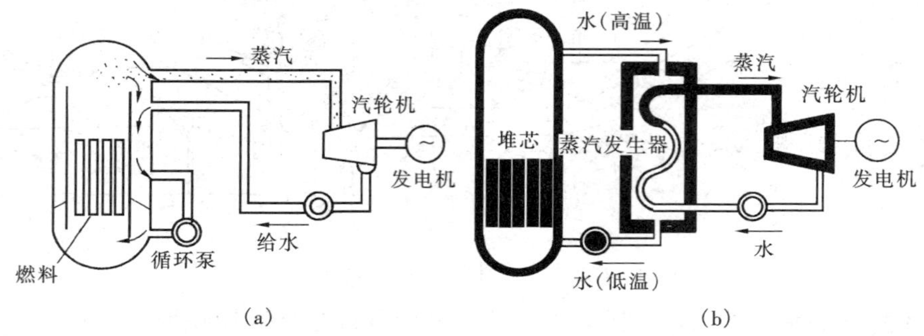

图 0-4 原子能发电厂生产过程示意图
(a) 沸水堆型反应堆；(b) 压水堆型反应堆

这两种反应堆是用水作为载热剂。在沸水堆内，水被直接变成蒸汽，它的系统构成较为简单，但有可能使汽轮机等设备受到放射性污染，以致使这些设备的运行、维护和检修复杂化。为了避免这个缺点，可采用压水堆型反应堆。这里，增设了一个蒸汽发生器，从反应堆里引出的高温水在蒸汽发生器内将热量传给另一个独立回路的水，将之加热成高温蒸汽以推动汽轮发电机组旋转。由于在蒸汽发生器内两个回路的水是完全隔离的，所以就不会造成对汽轮机等设备的放射性污染。

原子能发电厂的主要优点之一是可以大量节省煤、石油和天然气等燃料。例如，一座装机容量为 500MW 的火力发电厂每年至少要消耗 150 万 t 煤；而同容量的原子能发电厂每年只消耗 600kg 的铀燃料，可以避免大量的燃料运输。原子能发电厂的另一个特点是燃烧时不需要空气助燃。所以，原子能发电厂可以建设在地下、山洞里、水下或空气稀薄的高原地区。从发电厂的建设投资和发电成本来看，原子能发电厂所需的固定投资虽较火力发电厂要高，但长年的燃料费和维护费则比火力发电厂要低，它的规模越大则生产每千瓦时电能的投资费用下降越多。

原子能发电厂的主要问题是放射性污染。尽管在发电厂建设时已采取了相应的措施，但放射性污染事故仍不断发生，有的还比较严重。例如，美国的西西里核电站事故、前苏联的切尔诺贝利核电站事故。显然，只有更好地解决了污染的防护问题和放射性废弃物的处理问题，原子能发电厂的建设才可能得到更大的发展。我国在建设原子能发电厂方面也取得了可喜的成果，浙江秦山核电站、广东大亚湾核电站均已建成投产。

目前，尽管世界上对原子能发电厂的建设（主要是其安全性）存在着争论，但是在“能源危机”的冲击下，对一些资源贫乏的发达国家来说，别无选择，唯有继续执行建设原子能发电厂的计划。因此，预计在今后相当长的一段时间内，对原子能发电的有关技术、措施的研究，仍将继续是人们所关注的中心课题之一。

四、地热发电厂

地下水在地表深处被加热成蒸汽或热水即构成了地热资源。根据地质条件不同，热水温度约在几十度到几百度，如我国西藏羊八井地热电厂水温约为150℃。利用这种低温热能发电有两种方式：一种是通过减压扩容法将地下热水变为低压蒸汽，供汽轮机做功；另一种是用地下热水加热低沸点的特殊工质，使其变成气体对汽轮机做功。

五、潮汐电厂

海水涨潮、落潮包含着巨大的动能和势能，利用这种能量发电就是所谓的潮汐电厂。潮汐发电需要建设拦潮堤坝，因而要求一定的地形条件、足够的潮汐潮差、较大的容水区。理想的建厂地点是海岸边或河口地区，可以拦蓄较大水量，少花费投资。

六、风力发电厂

虽然风能在一定程度上讲取之不尽，但质量差。为了取得稳定的电能一般与蓄电池并联运行。大型风力发电机的研制方向是提高可靠性和降低成本。国外比较重视风能发电。近年我国也鼓励风力发电，并给予优惠政策。

第三节　变电所类型

在电力系统不同电压等级的电网间，电压的升高或降低是通过变压器完成的。安装变压器及开关、测量、保护与控制设备的地方称为变电所。为了保持电压质量，有些变电所还装设了电力系统所需要的电力电容器、静止补偿装置或调相机等无功补偿设备。

变电所的类型按其地位和作用、电压、结构型式的不同等有不同的分类。

一、按在电网中的地位和作用划分

（一）升压变电所

用于升高电压的变电所称为升压变电所（或称升压站），作用是将发电机电压变换成35kV以上各级电压，利用高压输电线路把电能送到需要地点，向用户供电。升压变电所一般设在发电厂内，称为发电厂升压站；此外也有设在适当远离发电厂地点的。

（二）降压变电所

用于降低电压的变电所称为降压变电所。其作用是将输电线路的高电压降低，通过各级配电线路把电能分配给用户使用。按照降压变电所在系统中的地位不同，分为枢纽变电所、中间变电所、地区变电所、终端变电所，如图0-5所示。

1. 枢纽变电所

枢纽变电所位于电力系统的枢纽点，连接电力系统超高压和高压、中压的几个部分，汇集多个电源和大容量联络线，电压为330～500kV。枢纽变电所的特点是：电压等级高，变

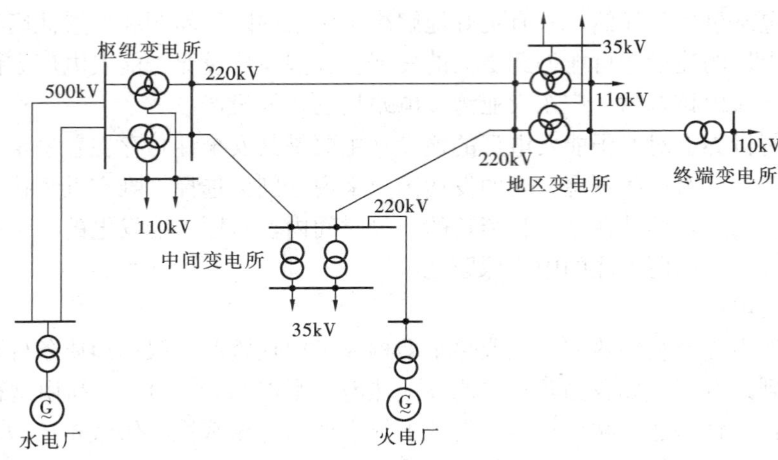

图 0-5 降压变电所类型示意图

电容量大，出线回路多；全所停电后，将引起系统解列，甚至出现瘫痪。

2. 中间变电所

中间变电所高压侧以交换潮流为主，起系统交换功率的作用，或使长距离输电线路分段；一般汇集 2～3 个电源，电压为 220～330kV，同时又降压供给当地用电。这样的变电所起中间环节的作用，称为中间变电所。全所停电后，将引起区域网络解列。

3. 地区变电所

地区变电所高压侧电压一般为 110～220kV，是以对地区用户供电为主的变电所，这是一个地区或城市的主要变电所。全所停电后，仅使该地区中断供电。

4. 终端变电所

终端变电所在输电线路的终端，接近负荷点，高压侧电压为 35～110kV，经降压后直接向用户供电的变电所，即为终端变电所。全所停电后，只是用户受到损失。

另外，将终端变压器后边中压配电网的电压（如 10kV）降为 380V 用户电压，是由台式变压器或箱式变压器来完成的，不设变电所。

二、按电压高低划分

1. 大型变电所

大型变电所的电压等级为 330kV 及以上。一般所区占地较大、建筑物较多、自动化水平要求高，如枢纽变电所。

2. 中型变电所

中型变电所的电压等级为 220kV 和 110kV。一般所区占地略小，也有屋内型，将高压输电电压变为高压配电电压，生产现场常称一次变电所。

3. 小型变电所

小型变电所的电压等级为 110kV 及以下。一般设为屋内型，占地少，将高压配电电压降为中压配电电压，生产现场常称二次变电所。

三、按变电所的结构型式划分

1. 屋外式变电所

屋外式变电所除仪表、继电器、控制设备、直流电源等二次设备放在屋内外，变压器和开关设备等主要大型设备均放在屋外。通常电压较高的变电所大多为屋外式，如 220kV 及以上电压的变电所。屋外式变电所外观图如图 0-6 所示。

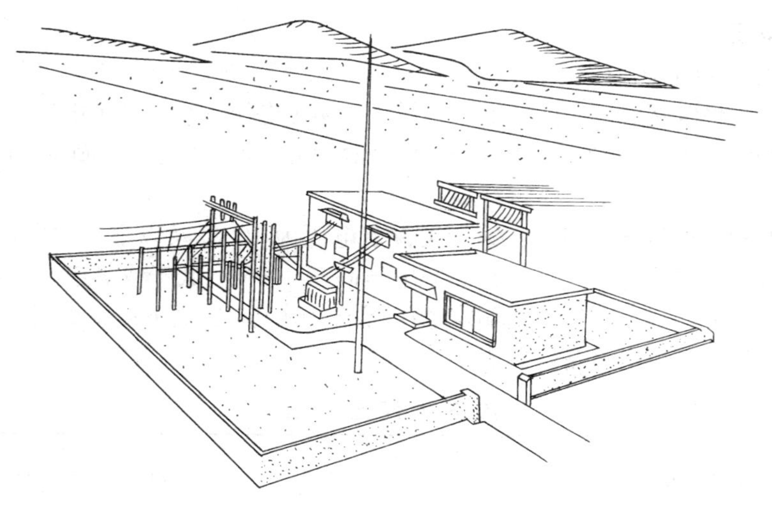

图 0-6　屋外式变电所外观图

2. 屋内式变电所

屋内式变电所的所有设备均放在屋内。由于采用了多层立体式布置和户内式设备，因而减少了占地面积。这种变电所，一般都位于市内居民密集地区和对环境美观有要求的市区，或位于海岸、盐湖、化学工厂及其他空气污秽地区。近年来，由于 SF_6 组合电器的大量应用，屋内变电所的电压等级逐渐升高，有些 220kV 变电所也采用屋内式。

3. 地下式变电所

地下式变电所又可分为“下地”和“入洞”两类，全部设备均设置在地下构筑物或洞室内，以适应城市建设或战备的要求。这种变电所，占地面积更小，但工程量大、造价较高，故仅适用于有特殊要求的场所，重点要解决好通风与防火问题。

4. 箱式变电所

改革开放以来，人们生活水平提高，家用电器普及很快；城市住宅开发飞跃发展，形成建筑物密集、高层的特点。对供电的要求是用电量大、可靠性高，还要求供电设施与周围的环境协调，供电模式先进、合理、灵活。因此，传统的变电所已经不适应现代住宅小区，取而代之的是箱式变电所（箱变）。

箱式变电所构造大体上是一个箱式结构，设有高压开关小室、变压器小室及低压配出开关小室三个部分，可安装 1250kV·A 及以下变压器。箱式变电所特点是：占地面积小；工厂化生产、速度快、质量好；施工速度快，仅需现场施工基础部分；外形美观，能与住宅小区环境协调一致；适应性强，具有互换性，便于标准化、系列化；维护工作量小，节约投资。因此，无论在国外还是国内，箱式变电所都受到重视与欢迎，得到普遍地应用。

第四节 电 网 的 电 压

一、额定电压

我国电网的额定电压有 0.22、0.38、3、6、10、35、60、110、220、330、500、750kV 等。这些额定电压将电网分成不同的电压等级，即额定电压等级。额定电压等级是国家主管部门根据国民经济的发展需要、技术经济的合理性和工业水平等因素确定的，各有其使用范围。

电气设备的额定电压分为三类：第一类额定电压为 100V 及以下，主要用于安全照明、蓄电池及开关设备的操作电源；第二类额定电压高于 100V，低于或等于 1000V，主要用于低压三相电动机及照明设备；第三类额定电压高于 1000V，这类电压主要用于发电机、变压器、输配电线路和高压用电设备，见表 0-1。

表 0-1 第三类额定电压 kV

用电设备	交流发电机	变压器		用电设备	交流发电机	变压器	
		一次绕组	二次绕组			一次绕组	二次绕组
3	3.15	3 及 3.15*	3.15 及 3.3	(60)		(60)	(66)
6	6.3	6 及 6.3*	6.3 及 6.6	110		110	121
10	10.5	10 及 10.5*	10.5 及 11	(154)		(154)	(169)
	13.8	13.8		220		220	242
	15.75	15.75		330		330	363
	18	18		500		500	550
	20	20		750		750	825
35		35	38.5				

注 1. 表中所列均为线电压。
2. 括号内的电压仅用在特殊地区。
3. 水轮发电机允许采用非标准额定电压。

* 适用于升压变压器。

同一电压等级中不同电气设备的额定电压并不相同，现以图 0-7 为例加以说明。

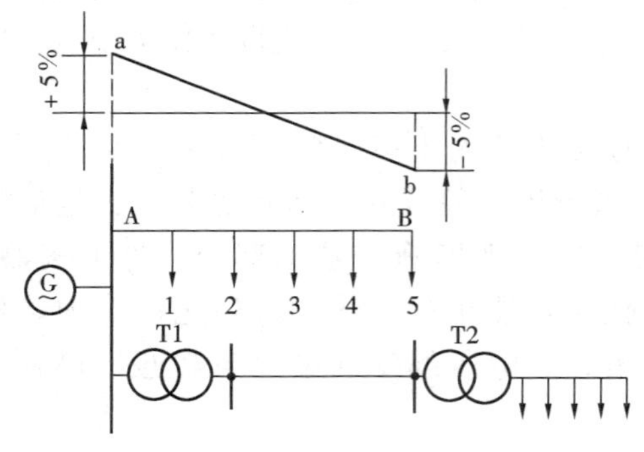

图 0-7 额定电压的解释图

先讨论电力线路的额定电压。设发电机在额定电压下工作，给电网 AB 部分供电。因为线路有电压损失，所以负荷 1～5 点所受电压不同，线路首端电压 U_A 大于末端电压 U_B。如负荷沿线路均匀分布，则电压沿线路长度的变化情况大致如图 0-7 中斜线变化所示。通常用线路首端电压和末端电压的算术平均值 $(U_A+U_B)/2$ 表示该电力线路的额定电压，也代表该线路所在电网的额定电压，即线路额定电压等于电网额定电压。

用电设备的额定电压不可能按上述斜线变化的电压制造，而且电网中各点电压也是经常变化的，所以用电设备的额定电压只能力求接近于实际工作电压。为使设备生产标准化，规定用电设备的额定电压等于电网的额定电压。

从表 0-1 可以看出，发电机的额定电压比电网的额定电压高 5%。这是考虑一般电网的电压损失为 10%，用电设备一般允许实际电压偏离额定电压±5%，如果首端电压比电网的额定电压高 5%，则末端电压比电网的额定电压低 5%，从而保证用电设备的工作电压偏移均不会超出允许范围。通常容量为 750～3000kW 的发电机额定电压可采用 3.15kV；容量为 750～50000kW 的发电机额定电压可采用 6.3kV；容量为 12～100MW 的发电机额定电压采用 10.5kV；容量为 40～100MW 的水轮发电机及 125MW 的汽轮发电机额定电压采用 13.8kV；容量为 110～225MW 的水轮发电机及 200MW 的汽轮发电机额定电压采用 15.75kV；容量为 300MW 的发电机额定电压可采用 18kV 或 20kV；容量为 600MW 的发电机额定电压可采用 20kV。

变压器一次绕组的额定电压，对升压变压器和降压变压器来讲有所不同。因为升压变压器一般是与发电机电压母线或与发电机直接连接，如图 0-7 所示电路中的 T1。所以升压变压器一次绕组的额定电压与发电机相同，见表 0-1 中有“*”的数字。降压变压器相当于电网的用电设备，如图 0-7 所示电路中的 T2，其一次绕组的额定电压等于电网的额定电压。

变压器二次绕组的额定电压，考虑到线路和变压器的电压损失，应比电网的额定电压高 5%～10%。对于二次绕组线路较短、高压侧电压在 35kV 及以下、短路电压在 7.5%及以下的变压器，取 5%，否则取 10%。

【例 0-1】 如图 0-8 所示简单电力系统，线路额定电压已知，试求发电机、变压器的额定电压。

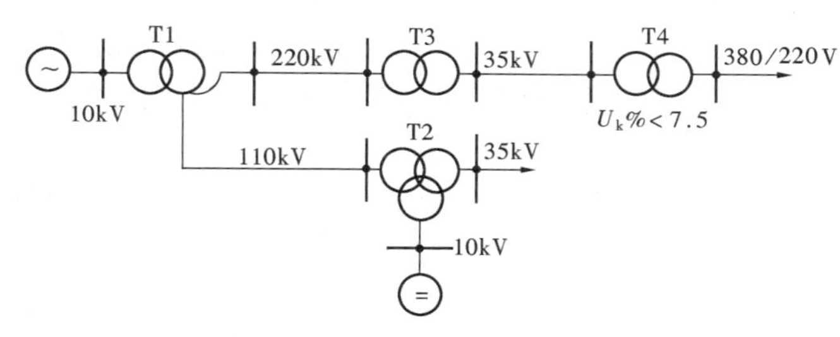

图 0-8　简单电力系统

解　(1) 升压变压器 T1 一次侧与发电机直接相连，二次侧分别与 110kV、220kV 线路相连，则 T1 的变比为 242/121/10.5kV。

(2) 降压变压器 T2 一次侧与 110kV 线路相连，二次侧分别与 35kV 线路和 10kV 调相机相连，则 T2 的变比为 110/38.5/10.5kV。

(3) 降压变压器 T3 一次侧与 220kV 线路相连，二次侧与 35kV 线路相连，则 T3 的变比为220/38.5kV。

(4) 降压变压器 T4 一次侧与 35kV 线路相连，二次侧与 380V 线路相连，又因 T4 的 $U_k\%<7.5$，则其变比为 35/0.4kV，0.4kV 为取整后的数值。

二、输、配电网的划分

当负荷与电源点之间的距离和传输的功率确定后，供电线路的电压高则电流小，在线路和变压器中的功率损耗、电能损耗和电压损失也小，可以采用较小截面的导线以节约有色金属。但是，供电线路电压高时，线路的绝缘强度要求高，线路绝缘子就用得多，导线之间的距离和导线对地的距离都大，因而线路杆塔的几何尺寸也大。这样，杆塔材料消耗多，线路投资大；同时，线路两端的升、降压变电所内的变压器和开关电器等电气设备的投资也大。故供电线路的电压高低，要根据供电功率和供电距离由技术经济比较确定。各级电压架空线路的合理输送功率及输电距离见表 0-2。

表 0-2 各级电压架空线路的合理输送功率及输电距离

额定电压（kV）	输送功率（MW）	输电距离（km）	额定电压（kV）	输送功率（MW）	输电距离（km）
0.38	<0.1	<0.25	110	10～50	50～150
3	0.1～1.0	1～3	220	100～500	100～300
6	0.1～1.2	4～15	330	200～800	200～600
10	0.2～2.0	6～20	500	400～1500	150～850
35	2～10	20～50	750	800～2200	500～1200
63	3.5～30	30～100			

供电线路除采用架空线路外，还大量采用电缆线路，电缆线路的额定电压与输送功率大小、输送距离远近的关系见表 0-3。

表 0-3 电缆线路的合理输送功率及输电距离

额定电压（kV）	输送功率（MW）	输电距离（km）	额定电压（kV）	输送功率（MW）	输电距离（km）	额定电压（kV）	输送功率（MW）	输电距离（km）
0.38	<0.175	<0.35	6	<3	<8	<10	<5	<10

电网按供电线路电压的高低可分为低压网、中压网、高压网和超高压网。电压在 1kV 以下的称为低压网，电压为 1～10kV 的称为中压网，电压高于 10kV 低于 330kV 的称为高压网，电压在 330kV 及以上的称为超高压网。电压越高越适合于长距离大容量输送电能，所以在现代电力系统中，常用 220kV 及以上的电网将远离负荷中心的大型发电厂发出的电能输送到负荷中心，称这样的电网为高压或超高压输电网。将负荷中心的电能分配到不同电压等级用户的较低电压等级的电网称为配电网，起分配电能作用，通常电压在 220kV 以下。配电网按电压等级可分为高压配电网（35～110kV）、中压配电网（3～10kV）、低压配电网（220～380V）；也可按供电区分为城市配电网、农村配电网和工厂配电网等。

输、配电网的划分如图 0-9 所示。

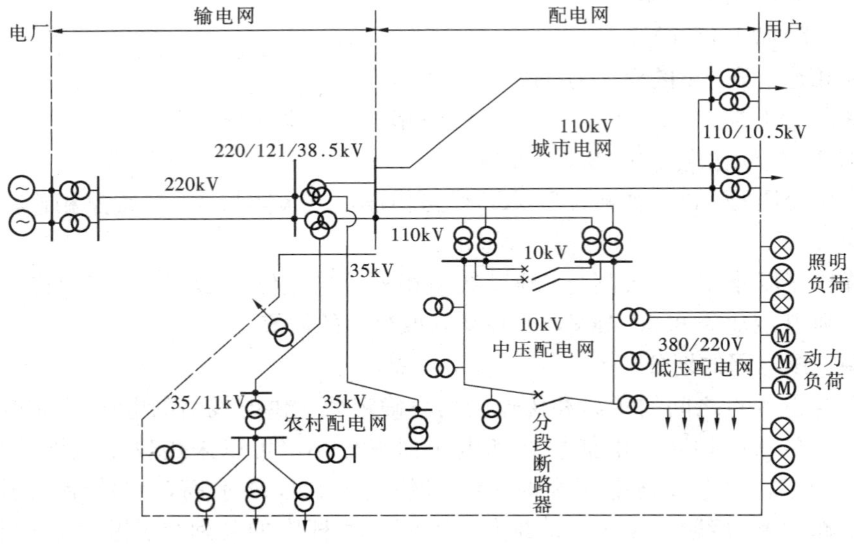

图 0-9 输、配电网划分图

第五节　供配电系统的接地

大地具有导电性能好、散流速度快的特性，它是一个无穷大的散流体。所谓无穷大是相对于电压、电流而言。无论多高的电压，多大的电流，都不能改变大地始终保持零电位的特性。利用大地经常保持零电位这一特性，人为地将电气设备中带电或不带电的部位与大地连接，称为电气接地，简称接地。

按接地的目的不同，接地可分为以下三种。

(1) 工作接地：为保证电力系统正常工作而采取的接地，即中性点接地运行方式。

(2) 保护接地：一切正常不带电而由于绝缘损坏有可能带电的金属部分（电气设备金属外壳、配电装置的金属构架等）的接地。

(3) 防雷接地：使用防雷保护装置（如避雷针、避雷线、避雷器）导泄雷电流的接地。防雷接地还兼有防止操作过电压的作用。

本节讨论工作接地、保护接地，防雷接地将在其他课程中介绍。

一、工作接地——电力系统中性点接地方式

电力系统的中性点是指星形连接的变压器或发电机的中性点。工作接地指电力系统中性点接地方式，也就是常说的电力系统中性点运行方式。

电力系统发展初期，发电机和变压器的中性点都是不接地的，这是由于当时供电范围小、电压低、网络不大。随着电力系统规模的不断扩大，中性点不接地系统在运行中常发生弧光过电压引起的事故。于是人们考虑改变中性点的运行方式，以减少此类事故。

运行经验表明，中性点运行方式的正确与否关系到电压等级、绝缘水平、通信干扰、接地保护方式、运行的可靠性、系统接线等许多方面。

目前，我国电力系统中普遍采用的中性点运行方式有中性点直接接地（见图 0-10）、中性点不接地、中性点经消弧线圈接地等三种。由于中性点直接接地方式，发生单相接地时的短路电流较大，故称之为大电流接地系统；而中性点不接地和中性点经消弧线圈接地方式，当发生单相接地时，其短路电流的数值较小，故称这两种方式为小电流接地系统。此外，在电缆线路较多的情况下，我国也开始采用中性点经小电阻接地方式。以下仅对三种接地方式作简要介绍。

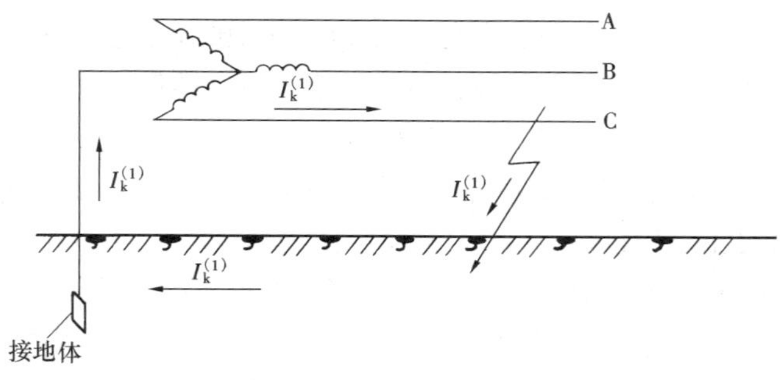

图 0-10　中性点直接接地系统

（一）中性点直接接地电力系统

随着电网电压等级的升高，对绝缘的投资大大增加，为了降低设备造价，可以采用中性点直接接地系统。

图 0-10 所示为中性点直接接地系统，这种系统中性点始终保持地电位。正常运行时，中性点无电流通过；单相接地时，因系统中出现了除中性点外的另一个接地点，构成了短路回路，接地相短路电流很大，各相之间电压不再是对称的。这时，为了防止损坏设备，需要

由继电保护装置迅速将故障线路切除，以保证系统中非故障部分的正常运行。由于架空线路上的故障绝大多数是暂时性的，在线路上加装自动重合闸装置，其成功率较高，将可大大提高供电可靠性。

这种系统的单相接地短路电流可能很大，为了限制单相接地短路电流，经济而有效的方法是减少中性点的接地数，也就是只将中性点接地系统中的部分中性点接地，而另一部分不接地，这样做的好处是不仅减少了单相接地短路电流，同时还可以使接地保护的整定值稳定。

中性点直接接地系统的主要优点是：单相接地时，其中性点电位不变，非故障相对地电压接近于相电压（可能略有增大），因此降低了电网绝缘的投资，而且电压越高，其经济效益也越大。所以，目前我国对 110kV 及以上电网一般都采用中性点直接接地系统。

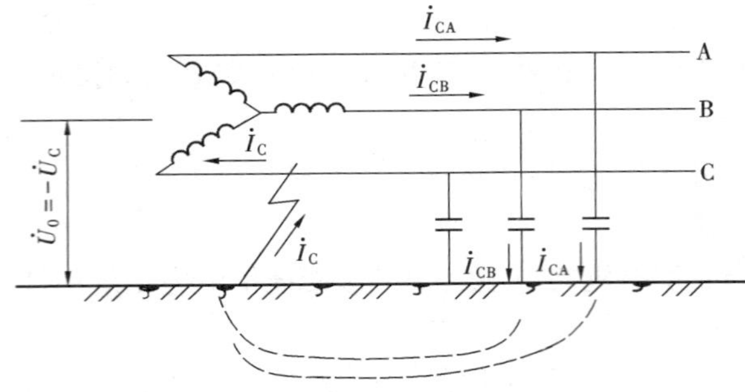

图 0-11　中性点不接地系统的一相接地

（二）中性点不接地电力系统

图 0-11 所示为中性点不接地系统，其主要优点是运行可靠性高。这种系统发生单相接地时，不能构成短路回路，接地相电流不大，电网线电压的大小和相位关系仍维持不变，因此不必立即切除故障线路，接在线电压上的电气设备仍能继续运行，但非接地相的对地电压升为相电压的$\sqrt{3}$倍。这种系统的相对地绝缘水平是根据线电压设计的，以保证发生一相接地后，其健全相对地电压的升高不致危及设备的绝缘。当系统发生单相接地时，可以继续运行，提高了运行可靠性。

但要注意，这种系统发生单相接地时，继续运行的时间不能太长，一般不允许超过 2h。因为时间过长可能导致健全相的绝缘薄弱环节处损坏，发展成相间短路。运行人员可以在这 2h 内，迅速发现并消除故障。

中性点不接地系统的缺点是绝缘的投资大，线路绝缘必须按线电压设计，中性点绝缘必须按相电压设计。

根据上述分析，目前在我国中性点不接地系统的适用范围为：

（1）电压小于 500V 的装置（380/220V 照明装置除外）。

（2）3～10kV 电网，当单相接地电流小于 30A 时；发电机直配系统，接地电流小于 5A 时。

（3）35kV 电网，单相接地电流小于 10A 时。

（三）中性点经消弧线圈接地电力系统

当中性点不接地系统单相接地电流较大时，可采用中性点经消弧线圈接地。消弧线圈是一个具有铁芯的可调电感线圈，其功能可由图 0-11 和图 0-12 比较来说明。从图 0-11 可见，由于输电线路对地有电容，中性点不接地系统中一相接地时，故障相接地电流 $\dot{I}_C$ 为容性电流，且随着电网的延伸，此电流也就越大，甚至可能使接地点电弧不能自行熄灭，而引起弧光接地过电压，影响到周围设备的安全，严重的还将发展成系统性事故。为了避免发生上述情况，在中性点不接地系统中某些中性点处装设消弧线圈，如图 0-12 所示。由图可见，由于装设了消弧线圈，构成了另一回路，故障相的电流中增加了一个感性电流分量 $\dot{I}_L$，它和装设消弧线圈前的容性电流分量相补偿，减小了接地点的电流，使电弧易于自行熄灭，提高了供电可靠性。

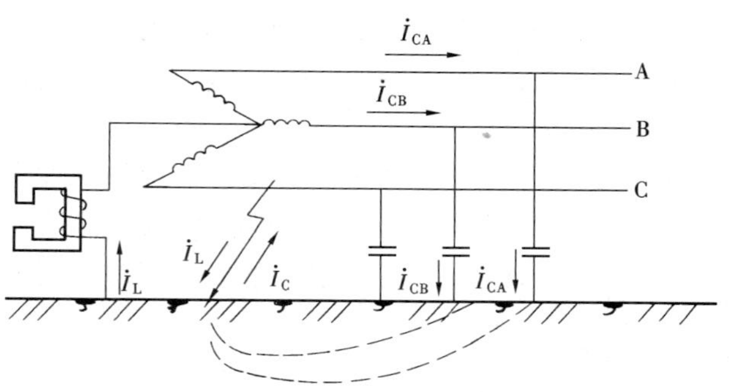

图 0-12 中性点经消弧线圈接地系统的一相接地

根据消弧线圈的电感电流对接地电容电流补偿程度的不同，可有以下三种补偿方式。

（1）全补偿。全补偿时，故障相的电流等于 0，即 $\dot{I}_L=\dot{I}_C$。从消弧观点来看，这是最理想的方式，但实际上它存在严重缺点。因为，此时消弧线圈的感抗与其他非故障相的电容容抗正好构成串联谐振关系，由于系统在运行时并不是严格对称的（如三相对地电容不完全相等、断路器三相触头不同时闭合等），中性点存在一定的位移电压，将在串联谐振回路中产生过电压，危及系统的绝缘，影响电网的正常运行。因此，一般避免在运行中出现全补偿的可能性。

（2）欠补偿。欠补偿是使感性电流小于容性电流（即 $\dot{I}_L<\dot{I}_C$）的补偿方式。这种方式一般也较少采用，因为在运行中部分线路有突然断开的可能，这样将使接地容性电流变小，有可能出现全补偿的情况。

（3）过补偿。过补偿是使感性电流大于容性电流（即 $\dot{I}_L>\dot{I}_C$）的补偿方式。由于这种方式不会因为线路的退出而出现全补偿现象，所以，一般运行中均采用这种补偿方式。

中性点经消弧线圈接地系统属小电流接地系统，其特点与中性点不接地系统相同。

凡单相接地电流过大，不满足中性点不接地条件的电网，均可采用中性点经消弧线圈接地系统。

二、保护接地

（一）人体的触电

当人体触电时，电流通过人体，使部分或整个身体遭到电的刺激或伤害，引起电伤或电击。电伤指人体的外部受到电的损伤，如灼伤、电烙印等。电击则指人体的内部器官受到伤害，如电流作用于人体的神经中枢，使心脏和呼吸机能的正常工作受到破坏，发生抽搐和痉挛，失去知觉等现象，也可能使呼吸器官和血液循环器官的活动停止或大大减弱，而形成所谓假死。此时，若不及时采用人工呼吸和其他医疗方法救护，人将不能复生，所以电击的危险性很大，一般的死亡事故大都由电击造成。

人触电时的损害程度与通过人体的电流值、通电时间、流经人体的途径、电流种类及人体状况多种因素有关。各因素中以电流大小、通电时间的关系最为密切。根据试验研究认为，交流电在 10mA 以上开始对人有危害，当超过 50mA 时对人就有致命危险。但是决定电流值的人体电阻变动的范围很大，在 1500Ω 以上，甚至达几万欧。当皮肤表面破损或潮湿时，人体电阻的最小值可达800～1000Ω以下。因此在最恶劣的情况下，人所接触的电压只要达到0.05A×(800～1000)Ω=40～50V，就有致命的危险。

（二）保护接地的作用

图0-13说明了保护接地的作用。电源的中性点不接地，如果电机的外壳不接地，则当电机一相绝缘损坏时，其外壳就处在相电压作用下，人若触及外壳，就有电容电流通过人体，如图0-13（a）所示。这样与直接接触一相载流导体有同样的危险。

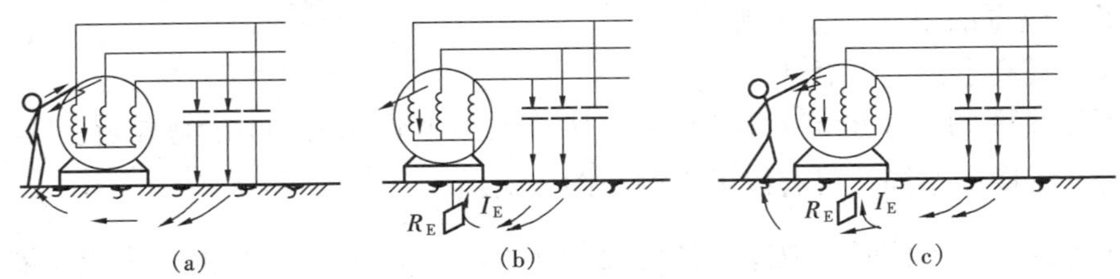

图0-13 保护接地作用的说明
（a）人体触及无接地保护电机示意图；（b）有接地保护电机示意图；
（c）人体触及有接地保护电机示意图

当有保护接地时，如图0-13（b）所示，电机外壳的对地电压将是

$$U_E = I_E R_E \tag{0-1}$$

式中 I_E——单相接地电流；

R_E——接地装置的接地电阻。

这时，当人体触及电机外壳时，接地电流将同时沿着接地装置和人体两条通路流过，如图0-13（c）所示，通过人体的电流为

$$I_b = I_E \frac{R_E}{R_b + R_E} \tag{0-2}$$

式中 R_b——人体的电阻。

式（0-2）表明，接地装置的接地电阻 R_E 越小，通过人体的电流 I_b 就越小。令 $R_E \ll R_b$，则 $I_b \ll I_E$，当 R_E 极微小时，通过人体的电流几乎等于零。因此，适当地选择接地装置的接地电阻 R_E，就可以保证人身的安全。

（三）对接地装置接地电阻值的要求

接地装置由埋入土中的金属接地体（角钢、钢管等）和连接的接地线所构成。当电气设备绝缘损坏发生接地时，接地电流通过接地体向大地作半球形扩散，形成电流场。由于半球形面积距接地体越远而越大，故与此相应的单位长度大地散流电阻也越远越小。在距接地体15～20m以外的地方，该电阻实际上接近于零。接地电流的散流场和地面电位分布如图0-14所示。在接地处电阻最大，电位最高，离接地点越远，电位越低。经过计算，距接地点20m的地方，大地电位为零。

接地装置的接地电阻等于接地体的对地电阻、接地体及其连接导体的电阻之总和。一般金属导体电阻很小，可忽略不计。

在大接地短路电流系统中，接地电流 I_E 较大，但故障切除时间快，接地装置上只在很

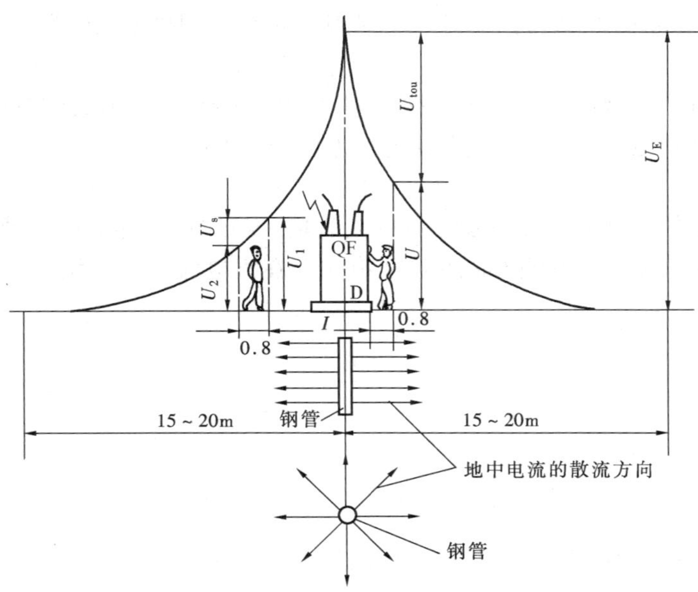

图 0-14 接地电流的散流场和地面电位分布

短时间内出现电压。因此，单相接地时，接地电网电压规定不得超过 2000V，其接地装置的接地电阻为

$$R_E \leqslant \frac{2000}{I_E} \tag{0-3}$$

式中 I_E——计算用流经接地装置的入地短路电流，A。

当 $I_E > 4000$A 时，R_E 必须小于 0.5Ω。

在小接地短路电流系统中，I_E 较小，但继电保护常作用于信号而不切除故障部分，接地装置处于高电位状态的时间较长，因此，应限制接地电压。当接地装置仅用于高压设备时，规定接地电压不得超过 250V，即

$$R_E \leqslant \frac{250}{I_E} \tag{0-4}$$

当接地装置为高低压设备共用时，考虑到人与低压设备接触的机会更多，规定接地电压不得超过 120V，即

$$R_E \leqslant \frac{120}{I_E} \tag{0-5}$$

1000V 以下中性点直接接地系统的接地电阻一般不宜大于 4Ω；当变压器容量不超过 100kV·A 时，中性点接地装置的接地电阻可不大于 10Ω。

1000V 以下中性点不接地系统的接地电阻一般不应大于 10Ω。

（四）接触电压和跨步电压

发生接地故障时，人处于分布电位区域内，可能有两种方式触及不同电位点而受到电压的作用（见图 0-14）。当人触及漏电外壳，加于人手与脚之间的电压，称为接触电压，即通常按人站在距设备水平距离 0.8m 的地面上，手触设备所承受的电压。如设备外壳带电的最

高电位为U_E，距设备0.8m处的电位为U，则接触电位差即接触电压为

$$U_{tou}=U_E-U$$

当人在分布电位区域内跨开一步，两脚间（相距0.8m）所承受的电压称为跨步电压。如该两点的电位分别为U_1和U_2，则跨距电位差即跨步电压为

$$U_s=U_1-U_2$$

人体所能耐受的接触电压和跨步电压的允许值，与通过人体的电流值、持续时间的长短、地面土壤电阻率及电流流经人体的途径有关。在大电流接地系统中，U_{tou}和U_s的允许值为

$$U_{tou}\leqslant\frac{250+0.25\rho}{\sqrt{t}}$$

$$U_s\leqslant\frac{250+\rho}{\sqrt{t}}$$

在小电流接地系统中，U_{tou}和U_s的允许值为

$$U_{tou}\leqslant 50+0.25\rho$$

$$U_s\leqslant 50+0.2\rho$$

式中 ρ——人脚站立处地面土壤的电阻率，Ω/m；

t——接地短路电流的持续时间，s。

（五）保护接零

在中性点直接接地的三相四线制380/220V系统中，保证维护安全的方法是采用保护接零，即将用电设备的金属外壳与电源（发电机或变压器）的接地中性线作金属性连接，并要求供电给用电设备的线路，在用电设备一相碰壳时，能够在最短的时限内可靠地断开。图0-15所示为保护接零示意图。如果用电设备（如电动机）的一相绝缘损坏发生碰壳时，该相回路中产生单相短路电流，熔断器迅速熔断或自动空气开关（低压断路器）自动跳开，而使用电设备从系统切除。这样就使装置可能被人接触到的金属部分不致长期出现危险电压。

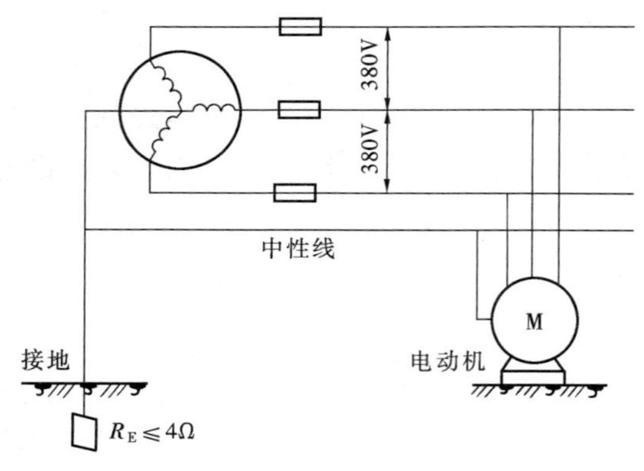

图0-15 保护接零示意图

同时，接零回路中的电阻远小于人体电阻，在电路未断开以前的时间内，短路电流几乎全部通过接零回路，通过人体的电流接近为零。基于以上原因，使人体的安全得到保证。

在中性点直接接地的三相四线制系统中，中性线还应重复接地。若无重复接地，如图0-16（a）所示，发生中性线断线，则断线处以后的用电设备，在一相绝缘对外壳击穿时，外壳对地的电压接近于相电压，对人体安全产生威胁。当有重复接地时，如图0-16（b）所示，当重复接地电阻与电源中性点接地电阻相等，中性线断线处后的用电设备，在一相绝缘对外壳击穿时，外壳对地电压降低一半，虽减轻对人体的威胁程度，但应指出，对人体并不

是绝对安全的。如果接地电阻太大，发生绝缘击穿的用电设备外壳对地出现较高的电压，对人体仍构成威胁，所以最重要的是尽可能避免发生中性线断线的情况。

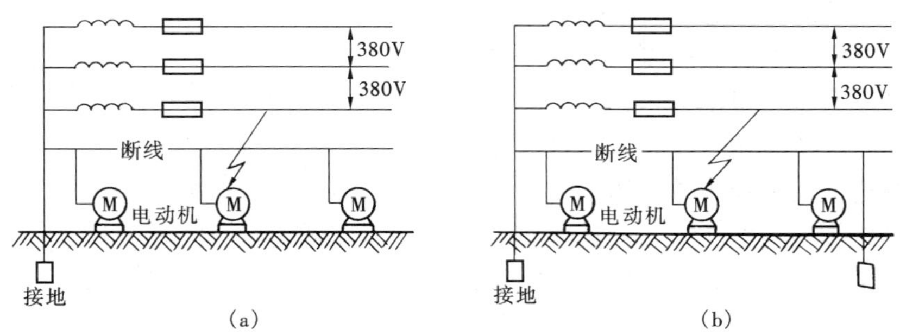

图 0-16　重复接地示意图

电压为 1000V 以下而中性点不接地系统，如经变压器与电压为 1000V 以上的系统联系时，为防止变压器高、低压绕组间绝缘击穿引起危险，应在变压器低压侧的中性线或一个相线上装设击穿熔断器；低压架空线路的终端及其分支线的终端，还应在每个相线上装设击穿熔断器。

另外要注意，由同一台发电机、变压器或母线供电的低压线路，只能采用一种保护方式，不可对一部分电气设备采用保护接地，而对另一部分电气设备采用保护接零。因为在三相四线制采用保护接零方式的系统中，如有采用保护接地方式的电气设备时，当后者一相绝缘损坏发生碰壳短路时，接地电流将受到接地电阻的限制，致使保护装置不动作，故障不能及时切除。同时，当接地电流通过电源的中性点接地电阻时，中性线上产生高电位，使采用保护接零的电气设备上都将带有不允许的高电位，而危及工作人员的安全。

保护接地和保护接零的适用范围如下：

（1）额定电压为 1000V 及以上的高压配电装置中的设备，在一切情况下均应采用保护接地。

（2）额定电压为 1000V 以下的低压配电装置中的设备，在中性点不接地系统中，应采用保护接地；在中性点直接接地系统中，应采用保护接零。在没有中性线的情况下，亦可采用保护接地。

思考题及习题

0-1　什么是电力系统、电网？电力系统运行有哪些特点？

0-2　对电力系统的基本要求是什么？

0-3　电能质量指标主要指哪三个？各自允许的波动范围是多少？

0-4　根据电力用户对供电可靠性的要求，一般将负荷分成哪三类？怎样保证供电？

0-5　变电所有哪些类型？其作用是什么？

0-6　举例说明为什么在同一电压等级下，各种电气设备的额定电压不一样？

0-7　根据电压高低电网分为哪几种类型？配电网又分哪几种类型？

0-8　试标出图 0-17 中发电机和变压器的额定电压。

0-9　为什么要采用高压输电？输电电压的确定要考虑哪些因素？

0-10　什么是保护接地、工作接地？

0-11　电力系统中性点有哪几种运行方式？各自的特点和适用范围如何？

0-12　中性点经消弧线圈接地系统，消弧线圈对容性电流的补偿方式有哪几种？一般采用哪一种？为什么？

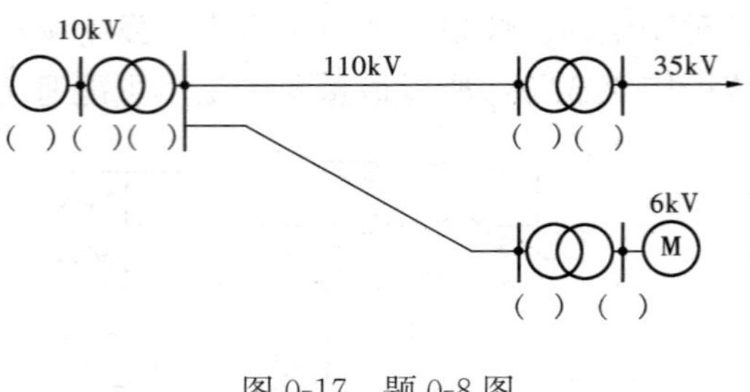

图 0-17　题 0-8 图

0-13　中性点不接地系统在发生单相接地时为什么能继续运行，能否长期运行？

第一章　供配电系统的接线

第一节　供配电网的接线方式

电网的接线是用来表示电网中各主要元件相互连接关系的。电网的接线对电力系统本身的安全性、经济性和对用户供电的可靠性都影响极大。

电网接线用接线图表示，接线图有两种，即电气接线图和地理接线图。电气接线图较详细地表示出电力系统各主要元件之间的电气联系，但不能反映各发电厂、变电所的相对地理位置。地理接线图上，发电厂、变电所的相对地理位置及电力线路都按一定比例表示出来，但各主要元件之间的电气联系却不如电气接线图表示得清楚。本章只介绍电气接线。

供配电系统的电气接线包括供配电网接线和变电所主接线两部分，本章分别作以介绍。

电气接线图应按国家标准的图形符号和文字符号绘制，常用的电气设备图形符号和文字符号见表 1-1。

表 1-1　常用的电气设备图形符号和文字符号

电气设备名称	文字符号	图形符号	电气设备名称	文字符号	图形符号
刀开关	QK		熔断器	FU	
断路器	QF		熔断器式开关	S	
自动空气开关（低压断路器）	Q		阀式避雷器	F	
隔离开关	QS		母线	W	
			导线、线路	WL	
负荷开关	QL		三根导线		

续表

电气设备名称	文字符号	图形符号	电气设备名称	文字符号	图形符号
电缆及其终端头			三相变压器（Yyn 连接）	T	
端子	X		三相变压器（Yd 连接）	T	
交流发电机	G		电流互感器（具有一个二次绕组）	TA	
交流电动机	M		电流互感器（具有两铁芯和两个二次绕组）	TA	
单相变压器	T		电抗器	L	
电压互感器	TV				
三绕组变压器	T		电容器	C	
三绕组电压互感器	TV				

一、电气接线方式

无论是输电网还是配电网，其接线方式都分为无备用式和有备用式两大类。由一条电源线路向用户供电的接线方式为无备用式（又称开式）。这类接线分为单回路放射式、干线式、链式和树枝式，如图 1-1 所示。

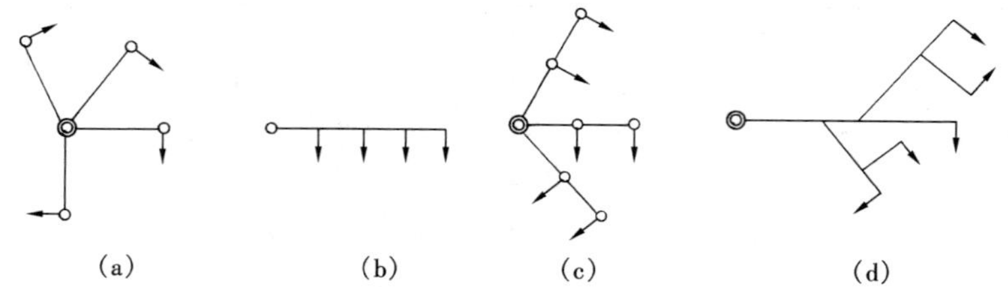

图 1-1　无备用接线方式

(a) 放射式；(b) 干线式；(c) 链式；(d) 树枝式

无备用接线的主要优点在于接线简单、运行方便，主要缺点是供电可靠性差。

由两条及两条以上电源线路向用户供电的接线方式为有备用式（也称闭式）。有备用接线方式分为双回路放射式、双回路干线式、环式、两端供电式和多端供电式，分别如图 1-2 所示。

有备用接线的特点是供电可靠性高，适用于对一类负荷供电。

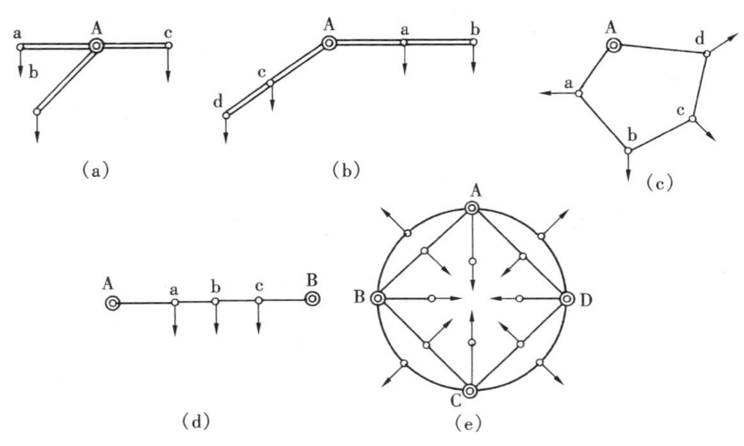

图 1-2　有备用接线方式

(a) 双回路放射式；(b) 双回路干线式；(c) 环式；(d) 两端供电式；(e) 多端供电式

电力系统中的输电网电压高、线路长、线路数量少，作为系统联络网（又称网架），每条线路输送容量大，采用有备用接线方式。配电网与输电网相比较，电压低、线路较短，但线路数量很多，每条线路输送的功率较少，因而配电网接线与输电网接线不同，既有有备用式接线又有无备用式接线，形式较复杂。

二、配电网接线方式

配电网的接线是由高、中、低压配电线路和联系它们的变、配电所组成的。其接线方式应考虑供电可靠、操作安全、有利于自动化、运行灵活、基建投资省、运行费用低、留有发展余地等基本要求。对供电可靠性要求不高的中、低压配电网，接线方式应符合 N—1 原则的可靠性要求，即一回线路故障不会造成对用户停电。城市电网一般采用有备用接线方式，而且往往根据负荷的大小、分布，以及对供电可靠性的不同要求，选取几种方式相结合的混合接线方式，并按电压等级 220/60 (110) /10kV 布局成“强/弱/强”的接线形式。

下面分别介绍高、中、低压配电网采用的接线形式。

（一）高压配电网的接线方式

高压配电网包括 110、60、35kV 的线路和变电所。现代大、中城市的高压配电网大部分从 220kV 及以上电网取得电源，由于可靠性要求很高，故这种电网一般采用有备用式接线。采用架空线路时，为两回路；采用电缆线路时可分多回路。为避免双回线路同时故障停电而使变电所全停，应尽可能在双侧有电源，如图 1-3 所示。

由于城网变电所相距近，高压线路故障机会少，双 T 和三 T 接线应用较多，如图 1-4、

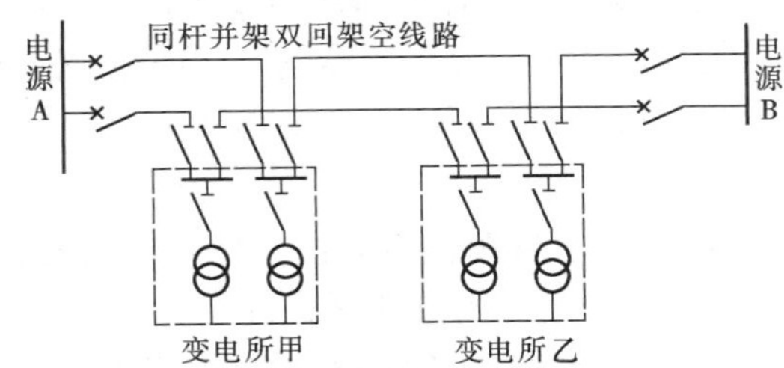

图 1-3　两侧电源分段的高压配电网

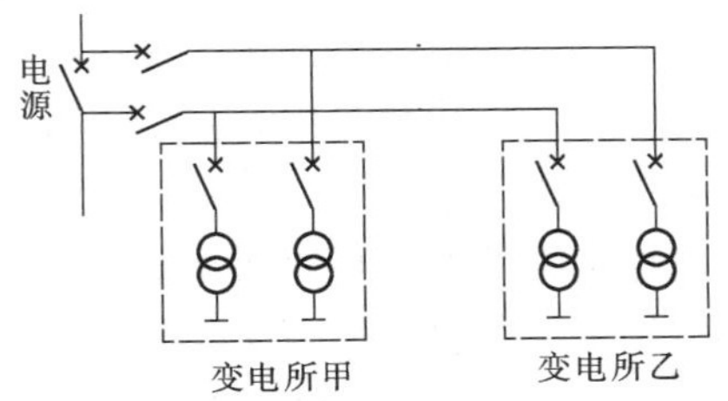

图 1-4　电缆线路的双 T 接线

图 1-5 所示。不论采用架空线还是电缆，当线路上环入 3 个及以上变电所时，线路宜在两侧有电源，但正常运行时两侧电源不并列。

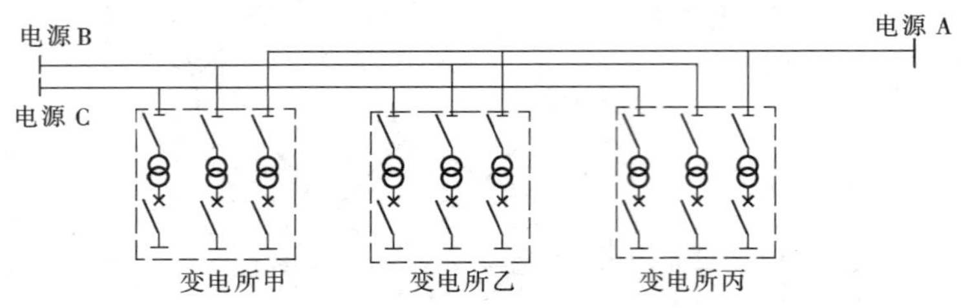

图 1-5 三侧电源的三 T 接线

（二）中压配电网的接线方式

中压配电网由 10kV 线路、配电所、开闭所、箱式配电所、杆架变压器等组成，主要是分布面广的公用电网。其主要的接线方式有放射式、普通环式、拉手环式、双线放射式、双线拉手环式等五种。

1. 放射式

架空线路放射式供电原理接线见图 1-6，线路末端没有其他能够联络的电源。这种中压配电网结构简单、投资较小、维护方便，但是供电可靠性较低，只适合于农村、乡镇和小城市采用。

电缆线路为多回路平行线式，其供电原理接线如图 1-7 所示。这种接线适用于靠近中压变电所的 10kV 大用户末端集中负荷，可以不要备用电缆，提高电缆的利用系数。

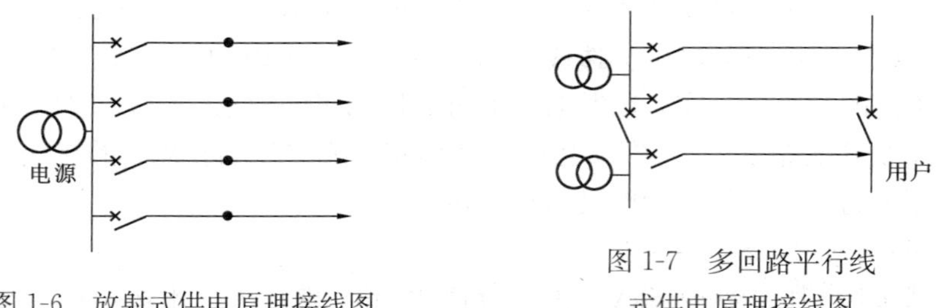

图 1-6 放射式供电原理接线图

图 1-7 多回路平行线式供电原理接线图

2. 普通环式

架空线路的普通环式接线是在同一个中压变电所的供电范围内，把不同的两回中压配电线路的末端或中部连接起来构成环式网络，其供电原理接线见图 1-8。当中压变电所 10kV 侧采用单母线分段时，两回线路最好分别来自不同的母线段，这样只有中压变电所全停时，才会影响用户用电，而当中压变电所一母线段停电检修时，用户可以不停电。这种配电网结构，投资比放射式要高些，但配电线路停电检修可以分段进行，停电范围要小得多，适合于大中城市边缘，小城市、乡镇也可采用。

电缆线路的普通环式供电原理接线如图 1-9 所示。单一电源供电，由电缆本身构成环式，以保证某段电缆故障时各个用户的用电。图 1-9 中每个用户入口都要装设由负荷开关或电缆插头组成的“Π”接进口设备。不论是负荷开关还是电缆插头都能保证在某一段电缆故障时，把它的两端断开，其他线路继续供电。由于电缆线路查找和排除故障要比架空线路需要更长的时间，一般总是设计成环式 Π 接，极少采用放射式。普通环式接线不能排除中压变电所停电对用户的影响。

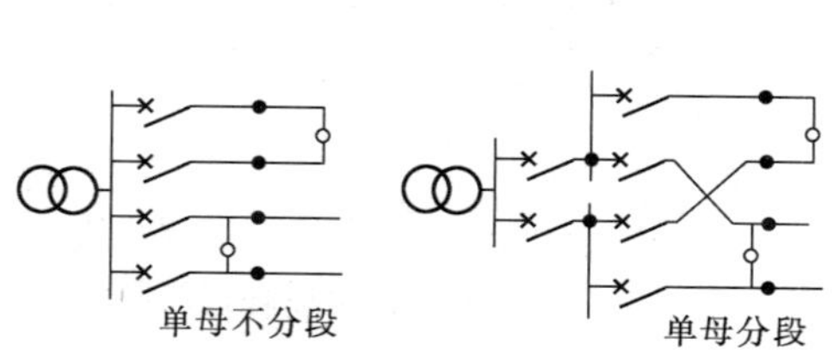

图 1-8 普通环式供电原理接线图

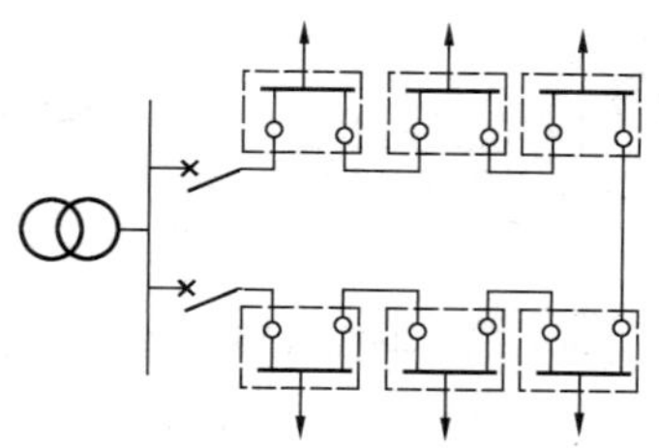

图 1-9 电缆线路普通环式供电原理接线图

3. 拉手环式

架空线路拉手环式供电原理接线见图 1-10。它与放射式的不同点在于每个中压变电所的一回主干线都和另一中压变电所的一回主干线接通，形成一个两端都有电源、环式设计、开式运行的主干线，任何一端都可以供给全线负荷。主干线上由若干分段点形成的各个分段中的任何一个分段停电，都可以不影响其他各分段的供电。因此，配电线路停电检修时，可以分段进行，缩小停电范围，缩短停电时间；中压变电所全停电时，配电线路可以全部改由另一端电源供电，不影响用户用电。这种接线方式配电线路本身的投资并不一定比普通环式更高，但中压变电所的备用容量要适当增加，以负担其他中压变电所的负荷。实际经验证明，不管配电网的接线方式如何，一般情况下，中压变电所主变压器都需要留有 30%的裕度，而这 30%的裕度对拉手环式接线也已够用。当然，推荐的裕度要更高些，是 40%。

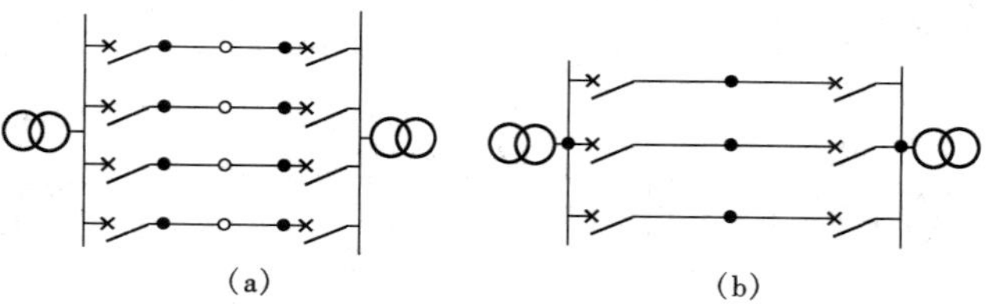

图 1-10 拉手环式供电原理接线图

(a) 中间断开式；(b) 末端断开式

电缆线路拉手环式供电原理接线如图 1-11 所示。它比普通环式多了一侧电源，中压变电所停电时，用户不受影响，每段电缆检修，用户也可不受影响，供电可靠性较高；但故障停电时人工倒闸会影响用户用电。

4. 双线放射式

架空线路双线放射式供电原理接线如图 1-12 所示。这种接线一端供电，由于是两回线路，即常说的双“T”接，任何一回线路事故或检修停电时，都可由另一回线路供电。两回线路来自同一中压变电所 10kV 侧分段母线的不同母线段时，只有在这个中压变电所全停时，用户才会停电。这种接线一般要求分杆架设，所以造价较高，只适合于一般城市中的双电源用户。对供电可靠性要求较高的著名旅游区、城市中心区也可采用这种结构，但这些地区一般往往要求采用电缆线路，不用架空线路。

电缆线路双线放射式的结构，由于电缆线路的特点，其投资不比拉手环式或普通环式高，而供电可靠性却高了许多。

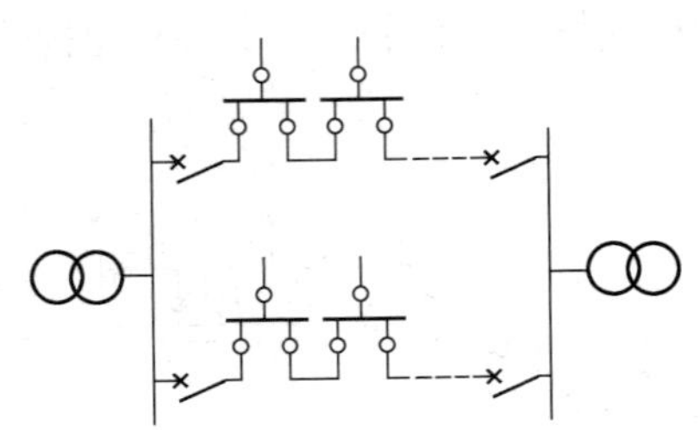

图 1-11 电缆线路拉手环式供电接线原理图

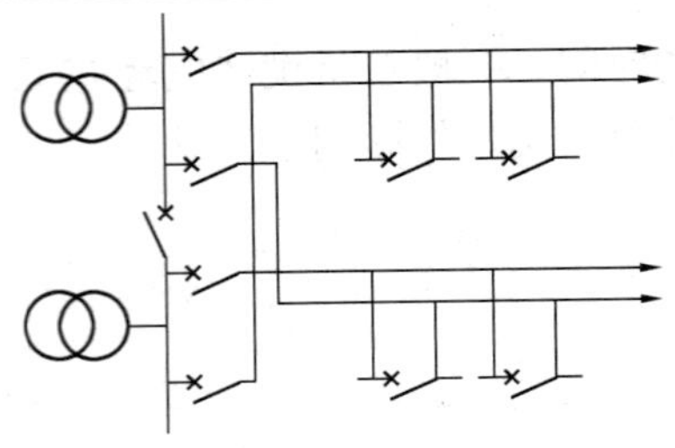

图 1-12 架空线路双线放射式供电原理接线图

5. 双线拉手环式

双线拉手环式供电原理接线如图 1-13 所示，这种接线为双“T”接，两端有电源架空线路造价过高，很少采用。该接线方式对双电源用户基本上可以做到不停电，目前电缆线路供电的某些重要用户已采用这种接线供电。

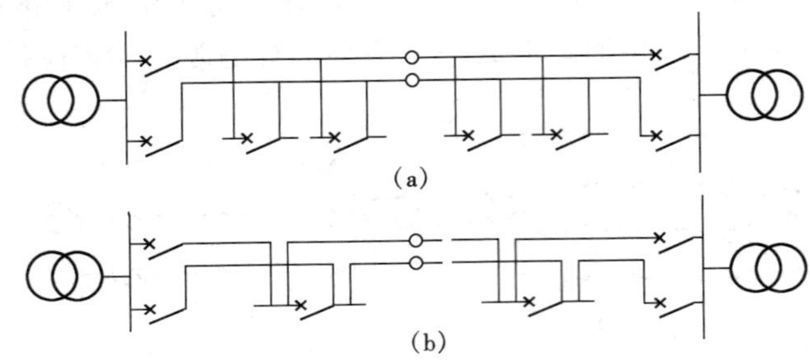

图 1-13 双线拉手环式供电原理接线图

在一个中压配电网或一个中压变电所 10kV 侧的中压配电线中，并不需要全部采用架空线路或电缆线路，接线也不一定全部采用一种形式。例如城市配电网就可采用拉手环式，城市边缘和乡镇配电网就可采用普通环式和放射式，中压变电所邻近的末端集中负荷就可采用多回路平行线式，供电可靠性要求高的就可采用双线放射式或双线拉手环式。

(三) 低压配电网的接线方式

低压配电网是指从电压等级 1kV 以下的自配电变压器低压侧或从直配发电机母线，至各用户受电设备的电力网络。它主要由配电线路、配电装置和用电设备组成。由于低压配电网是电力输送、分配的最终端环节，所以它具有分布面广泛、在整个电力系统中所占比例大等特点。低压配电网的接线要综合考虑配电变压器的容量及供电范围和导线截面，其供电半径一般不超过 400m。低压配电网的接线方式有以下几种。

1. 放射式

放射式低压架空配电网可分为一台配电变压器一组低压熔断器和一台配电变压器多组低压熔断器两种。一组低压熔断器接线方式时，所有的低压配电线路都由一组低压熔断器控制，如图 1-14 所示。这种方式的主要特点是接线简单，造价较低。其不足之处在于供电可靠性差、安全性差、灵敏度差。在负荷密度较小、供电范围也较小的地区，且配电变压器容量不超过 50kV・A 或 100kV・A 时，采用这种接线方式才比较经济合适。

多组低压熔断器接线方式是一路低压配电线路采用一组低压熔断器，如图 1-15 所示。其特点是停电面积小，可靠性高，熔断器的保护灵敏度高。

双回路放射式低压配电网在供电可靠性要求较高的地区使用，其原理接线可参看图 1-16。带低压开关站的放射式低压配电网供电示意图如图 1-17 所示。

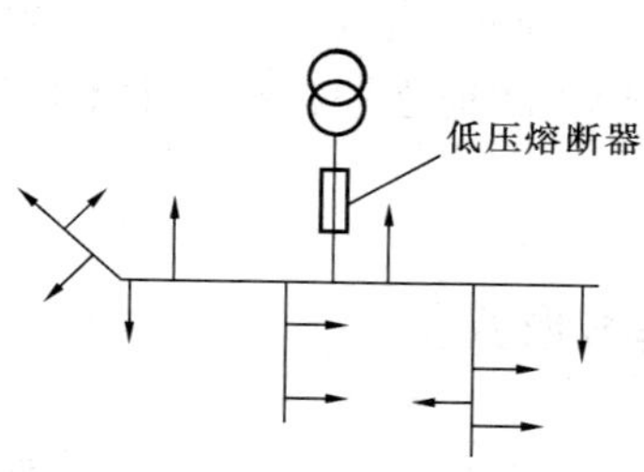

图 1-14　一台配电变压器一组低压熔断器

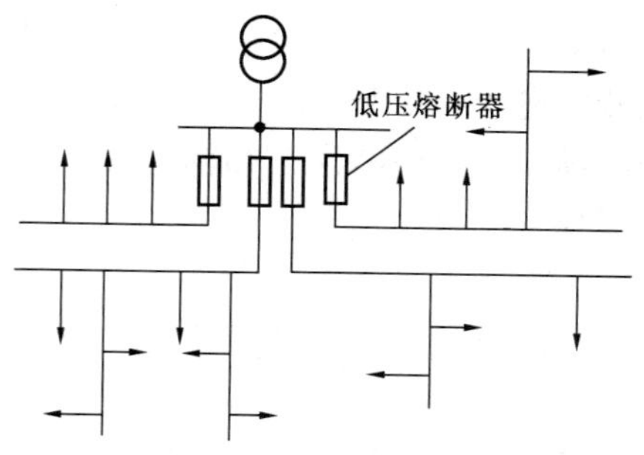

图 1-15　一台配电变压器多组低压熔断器

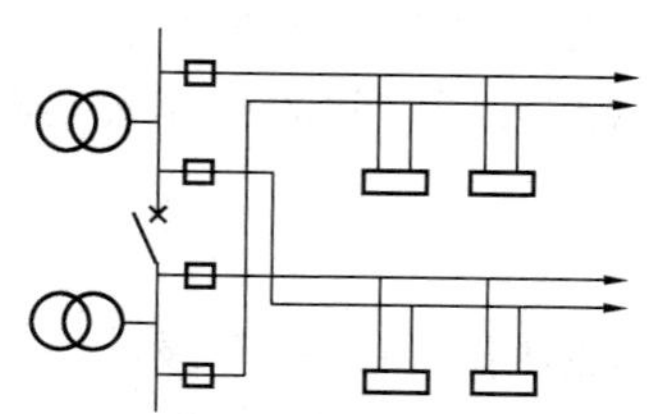

图 1-16　双回路放射式低压配电网供电原理接线图

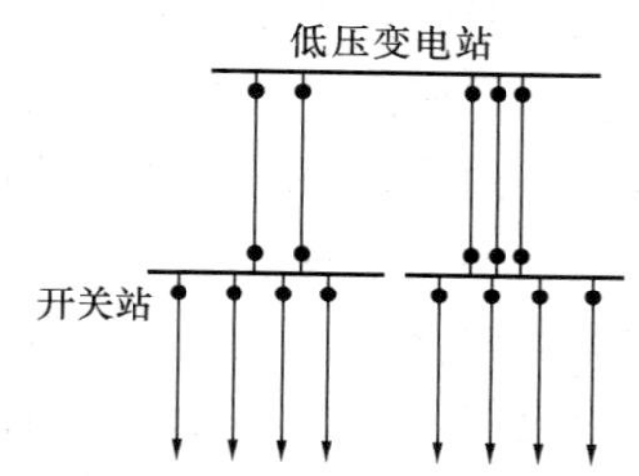

图 1-17　有低压开关站的放射式低压配电网供电示意图

在新建的住宅区和城市的中心地区，负荷密度较大，供电可靠性要求更高，环境美化要求更高，在这样的地区就需要采用地下电缆线路。电缆配电网放射式接线有单回路放射式、双回路放射式、带低压开关站的放射式。从低压变电所到低压开关站的电缆可以两回线或三回线并联，从低压开关站出来的电缆一般是放射式，也可以是双线放射式。

2. 普通环式

在电缆线路中，只有一台配电变压器或几台属于同一中压电源的配电变压器供电的低压配电网，单独构成环式。这种接线，在低压配电电缆某一点故障时，可以不致造成用户长时间停电，一般用于住宅楼群区。

3. 拉手环式

这种接线方式用在低压电缆配电网中，由两个以上来自不同电源（不同变电所或同一变电所的不同母线段）的中压配电线路供电的多台配电变压器作为电源。这种接线可以保证低压配电网某段故障或检修时用户不停电，也可以保证低压变电所一侧全停、中压配电线路一回全停或中压变电所一侧母线全停时用户不停电，因此供电可靠性大大高于单电源的普通环式。

4. 格式

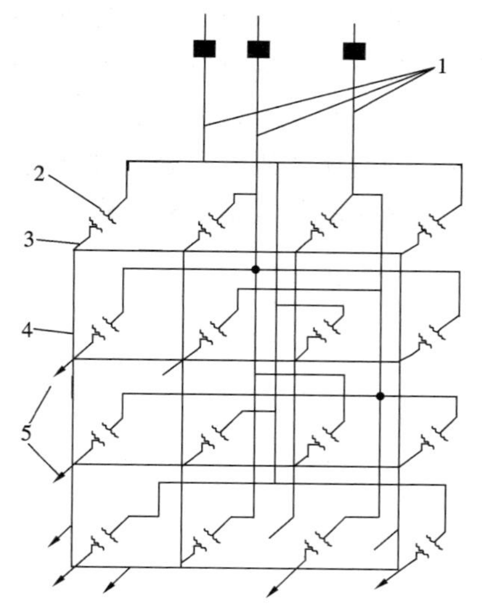

图 1-18　格式低压电缆配电网原理接线图
1—中压配电线路；2—配电变压器；3—低压熔断器；4—低压格网；5—负荷

这种接线方式是低压电缆配电网采用的接线方式。图 1-18 是它的原理接线图，分低压格网、低压变电所群、中压配电线路三个部分。配电变压器一般都是同一容量。每个配电变压器周围的其他配电变压器的电源，应来自不同中压变电所或同一中压变电所不同母线段的中压配电线路。格式低压电缆配电网的特点是结构灵活，供电可靠性高，能随时随地立即接电，满足低压用户的负荷需要。

第二节 变电所主接线的基本形式

变电所的电气主接线（以下简称主接线）是由变压器、断路器、隔离开关、互感器、母线和电缆等电气设备，按一定顺序连接的，用以表示生产和分配电能的电路。电气主接线又称为一次接线。电气主接线图则是用规定的设备文字符号和图形符号，按其实际连接顺序绘制而成的接线图。考虑到三相系统对称，为了分析清晰和方便起见，通常主接线图用单线图表示。如果三相不尽相同，则局部可以用三线图表示。电气主接线图中不仅表示了各主要设备的规格、数量，而且反映了各设备的作用、连接方式和各回路间的相互联系，从而构成了变电所的主体。

主接线的基本要求：

（1）保证供电的可靠性。变配电所的一次接线应根据用电负荷的等级，保证在各种运行方式下提高供电的连续性。供电因事故被迫中断的机会越少，影响范围越小，停电时间越短，则主接线供电的可靠性就越高。

（2）具有一定的灵活性和方便性。主接线应能适应各种运行方式，并能灵活地进行方式转换，不仅在正常运行时能安全可靠供电，而且在系统故障或设备检修时，也能保证非故障和非检修回路继续供电；改变运行方式灵活简便、迅速，使停电时间最短，影响范围最小；运行中倒闸操作方便。

（3）具有经济性。设计主接线时，可靠性和经济性之间是矛盾的。欲使主接线可靠、灵活，将导致投资增加。所以必须把技术与经济两者综合考虑，在满足供电可靠、运行灵活方便的基础上，尽量使设备投资费用和运行费用最少。

（4）具有发展和扩建的可能性。在设计主接线时应有发展余地，不仅要考虑最终接线的实现，同时还要兼顾到分期过渡接线的可能和施工的方便。

主接线的形式是多种多样的，其基本形式划分如下：

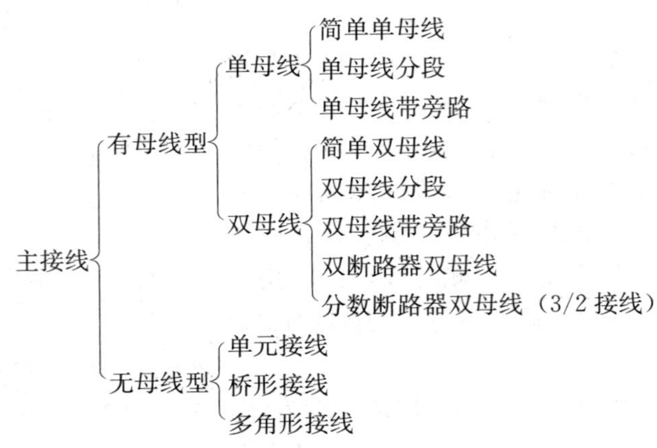

一、具有母线的主接线

（一）单母线接线

图 1-19 为单母线接线，这里母线 W 作为一个中间环节，起着汇集和分配电能的作用。在图中，所有的电源和引出线都经过断路器 QF 和隔离开关 QS 接在母线上。断路器 QF 用来接通或切断电路。隔离开关 QS 则在停电检修断路器时，形成一个明显的断口以保证与带电部分隔离。这里把紧靠母线的隔离开关 QS1、QS2 称为母线隔离开关，靠近线路的隔离开关 QS3 称为出线隔离开关。如果馈电线路两端都有电源，为了检修断路器，其两侧必须都装设隔离开关。当馈电线路的用户侧没有电源时，断路器通往用户的那一侧，可以不设隔离开关 QS3。但如费用不大，为了防止雷电产生的过电压对检修断路器时的影响，也可以装设隔离开关 QS3。

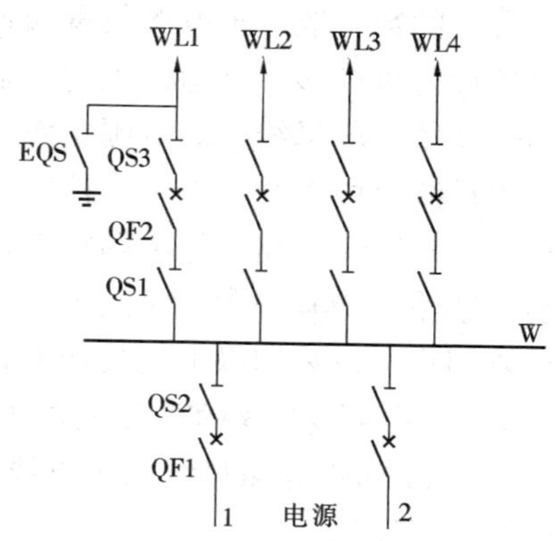

图 1-19 单母线接线

QF—断路器；QS—隔离开关；EQS—接地隔离开关；W—母线；WL—出线

隔离开关和断路器在运行操作时，必须严格遵守操作顺序，保证隔离开关"先通后断"或在等电位状态下进行操作。如给出线 WL1 送电时，必须先合 QS1 和 QS3，再合上断路器 QF2；如停止供电，须先断开 QF2，然后再拉开 QS3 及 QS1。为了防止误操作，除严格执行操作规程外，在隔离开关和相应的断路器之间，应加装电磁闭锁或机械闭锁。接地隔离开关 EQS 在检修线路时闭合，代替安全接地线的作用。

单母线接线的优点是：接线简单清晰、操作方便、设备少、投资小；隔离开关仅用于检修，不作为操作电器，不容易发生误操作。

单母线接线的缺点是：母线和母线隔离开关检修或故障时，将造成全部回路停电；断路器检修时，该回路将停电。

由于单母线接线的可靠性和灵活性较差，所以主要用于小容量的发电厂和变电所中。但在采用成套配电装置时，由于它们的工作可靠性较高，如有备用电源时，单母线接线也可以向重要用户供电。

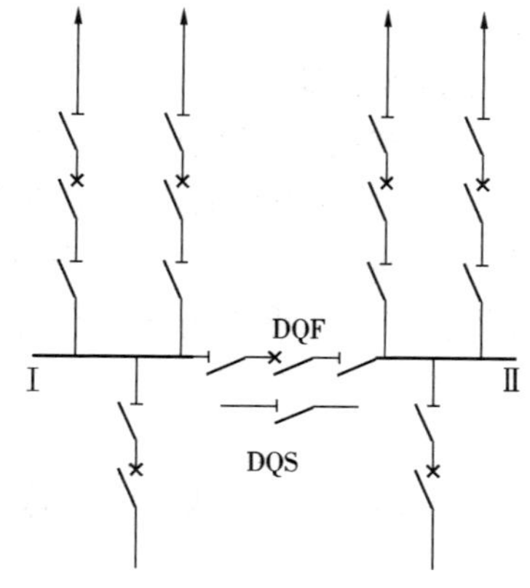

图 1-20 单母线分段接线

DQS—分段隔离开关；DQF—分段断路器

（二）单母线分段接线

为了提高单母线接线的供电可靠性和灵活性，可采用断路器分段的单母线接线，如图 1-20 所示。这样不仅便于分段检修母线和母线隔离开关，而且可以减小母线故障的影响范围；对重要用户可以从不同分段上引接，当一段母线发生故障时，自动装置将分段断路器 DQF 跳开，保证正常段母线不间断供电。而两段母线同时故障的几率甚小，可以不予考虑。

单母线分段接线有两种运行方式：第一种，正常运行时分段断路器 DQF 是断开的，在 DQF 上还装有备用电源自动投入装置，当任一电源失电，电源断路器断开后，DQF 自动接通，保证全部线路的继续供电；第二种，正常运行时 DQF 是接通的，任一母线故障时 DQF 断开，保证非故障段母线可以正常工作。

在可靠性要求不高时，可以用隔离开关分段，故障时将短时停电，拉开分段隔离开关 DQS 后，正常段母线即可恢复供电。

分段的数目取决于电源数量和容量。段数分得越多故障时停电范围越小，但同时所用断路器等设备也增多，且运行也越复杂。通常分为 2～3 段为宜，为减少母线故障的影响范围，应尽可能使一段母线上的电源功率与出线功率之和相等。

单母线分段接线与单母线接线比较，运行的可靠性和灵活性有较大的提高。但它仍存在断路器检修时该回路将停电的缺点，这对高压断路器（35kV 及以上）的影响特别严重，因为高压断路器检修一次的时间较长（从十几小时到几天），对重要用户，这是不允许的。所以重要用户可以采用以下的接线方式。

（三）带旁路母线的单母线接线

图 1-21 为带旁路母线的单母线接线。旁路母线的作用是可以不停电检修与其相连的任意回路的断路器。

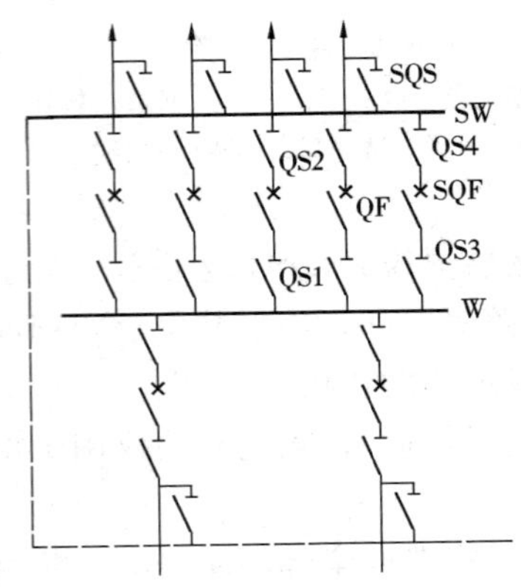

图 1-21 带旁路母线的单母线接线

W—母线；SW—旁路母线；SQF—旁路断路器；SQS—旁路隔离开关

旁路母线 SW 经旁路断路器 SQF 与工作母线连接，每一出线又经旁路隔离开关 SQS 与旁路母线连接。正常运行时 SQS 和 SQF 断开，当检修某出线断路器 QF 时，可通过断路器和隔离开关的操作，不停电地将 QF 从线路上退出，用 SQF 代替 QF。但操作时应特别注意，隔离开关作为操作电器必须遵循“等电位原则”，即判断操作前后隔离开关两端的电位，如果操作前后，隔离开关两端的电位都相等，则可以进行合闸操作或分闸操作。遵循这个原则，用 SQF 代替 QF 的操作步骤如下：

（1）合上 SQF 两侧的隔离开关 QS3、QS4；

（2）合上 SQF（对旁路母线充电检查）；

（3）合上 SQS；

（4）断开 QF；

（5）断开 QS2 和 QS1。

这样即完成操作。

图 1-21 中的虚线表示旁路母线系统也可以用来不停电检修电源断路器。

由于旁路系统造价昂贵，同时使配电装置和运行复杂，所以有关规程规定：电压为 35kV 而出线在 8 回以上，110kV、6 回以上，220kV、4 回以上的屋外配电装置都可加设旁路母线。6～10kV 屋内配电装置，一般不装设旁路母线。因为在这种情况下，供电容量小、距离短，而且易于在系统中取得备用电源，断路器换置方便。只有在特殊重要场合，不允许停电检修断路器时才设置旁路母线。

（四）单母线分段带旁路接线

如果将图 1-20 和图 1-21 两种接线组合起来就构成了单母线分段带旁路接线。由于这种接线断路器使用数目较多，经济性能太差，所以实际中很少使用。

目前，使用得较多的是以分段断路器兼作旁路断路器的接线方式，如图 1-22 所示。图中，旁路母线可接至任一母线。正常运行时旁路母线不带电，分段断路器 DQF 及隔离开关

QS1、QS2在闭合状态，QS3、QS4、QS5均断开，以单母线分段方式运行。当把DQF作为旁路断路器运行时，若闭合隔离开关QS1、QS4（此时QS2、QS3断开）及DQF，旁路母线即接至A段母线；若合上隔离开关QS2、QS3（此时QS1、QS4断开）及DQF，则旁路母线接至B段母线。此时，按单母线方式运行，亦可以通过隔离开关QS5并列运行。这种接线方式，对于进出线不多、容量不大的中小型发电厂和变电所较为实用，具有足够的可靠性和灵活性。

上述介绍的接线都属单母线，母线故障和检修将使用户受到影响。如果有大量的重要用户在系统中没有备用线路，采用分段的单母线接线不能保证供电的可靠性，这时，应采用双母线接线。

（五）双母线接线

如图1-23所示，双母线接线具有两组母线，即工作母线Ⅰ和备用母线Ⅱ。每回线路都经一组断路器和两组隔离开关分别与两组母线连接，母线之间通过母线联络断路器CQF连接，称为双母线接线。

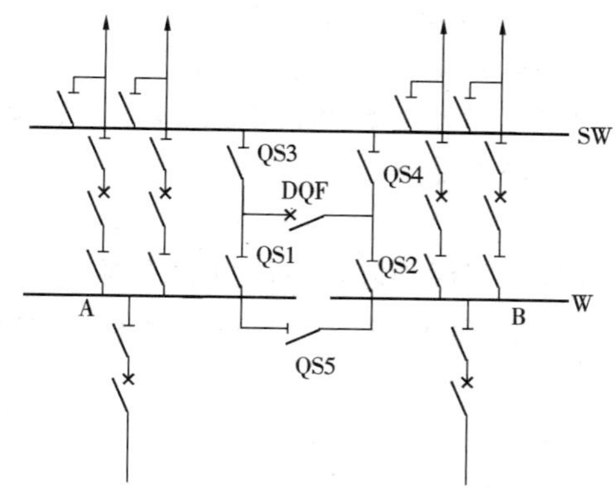

图1-22 单母分段带旁路接线

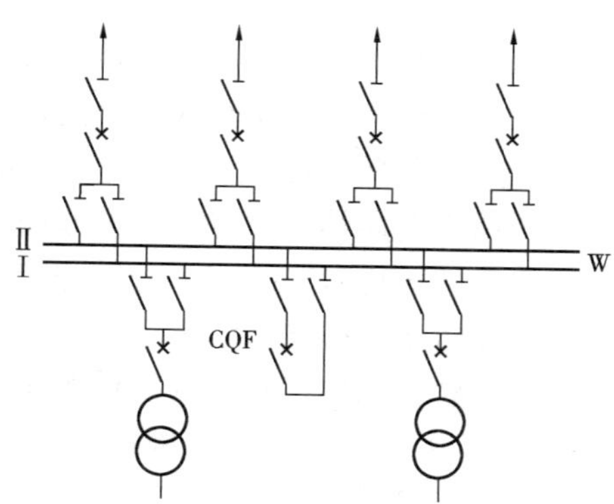

图1-23 双母线接线
CQF—母线联络断路器

由于有了两组母线，使运行的可靠性和灵活性大为提高。双母线接线的特点如下：

（1）检修任一母线时，不会停止对用户连续供电。例如，检修工作母线，可将全部电源和线路倒换到备用母线上。其操作步骤是：先合上母联断路器两侧的隔离开关，再合上母联断路器CQF，向备用母线充电，此时两组母线等电位。然后按照“先通后断”操作顺序，先接通备用母线上的隔离开关，再断开工作母线上的隔离开关。完成母线切换后，最后断开CQF和其两侧隔离开关，即可对母线Ⅰ进行检修。

（2）检修任一组母线隔离开关，只需断开此隔离开关所属回路和与此隔离开关相连的该组母线，其他电路均可通过另一组母线继续运行。

（3）运行调度灵活，通过倒闸操作可以形成不同运行方式。例如。当母联断路器闭合，两组母线同时运行，进出线分别接在两组母线上，即相当于单母线分段运行；当母联断路器断开，一组母线运行，另一组母线备用，全部进出线接于运行母线上，即相当于单母线运行。

（4）检修任一断路器，只需短时停电。此时将母联断路器代替欲检修的断路器。如图1-24所示，已知所有进出线均接在母线Ⅰ上运行，母联断路器CQF断开，其两侧隔离开关

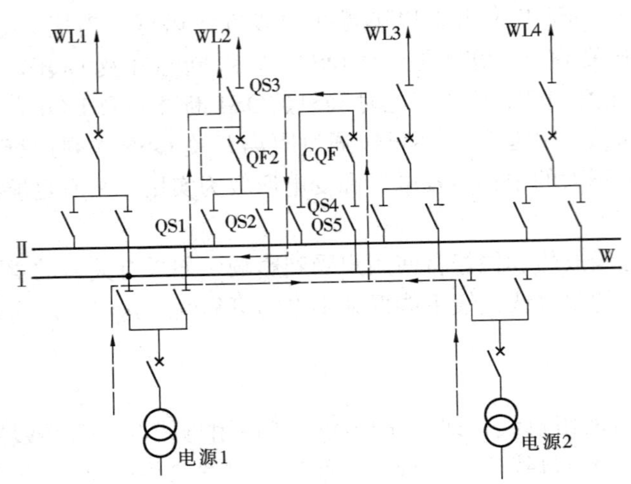

图 1-24 检修出线断路器临时措施

QS4、QS5 闭合。如欲检修 QF2，只需将 WL2 回路短时停电，断开 QF2 及两侧隔离开关 QS3 和 QS2，将断路器退出，并用“跨条”（图 1-24 中虚线表示）将遗留缺口接通，然后再接通隔离开 QS1 和 QS3，最后投入 CQF，于是 WL2 重新投入运行，母联断路器代替了出线 WL2 的断路器 QF2。此时，电流路径如图中虚线所示。

由于双母线接线所具有的这些优点，目前，我国大容量的重要发电厂和变电所中广泛采用。

双母线接线的主要缺点是：在倒母线的操作过程中隔离开关作为操作电器容易发生误操作；检修任一回路的断路器或母线故障时，仍将短时停电；另外，增加了母线隔离开关的数目和有色金属消耗量，并且使配电装置结构复杂，所以经济性能差。

为了消除上述某些缺点可以采取如下措施：

（1）正常运行时，采用单母线分段的运行方式，以减少母线故障短时停电的范围。

（2）为防止误操作，要求运行人员熟悉操作规程，另外在隔离开关与断路器之间装设特殊的闭锁装置，以保证正确的操作顺序。

（3）采用双母线分段，进一步减少母线故障影响范围。但其经济性能将更差。

（4）为了不停电检修出线断路器，可以采用双母线带旁路母线的接线，如图 1-25（a）所示，旁路母线的作用同前。这种接线运行操作方便，不影响双母线正常运行，但多用了一组断路器，增加了投资和配电装置的占地面积。为了节省投资，常以母联断路器兼作旁路断路器，如图 1-25（b）所示。正常时 CQF 起母联断路器作用，当出线断路器检修时，须将所有回路都切换到规定的一组母线Ⅰ上，然后通过旁路隔离开关将旁路母线投入，以母联断路器代替旁路断路器工作。为了进一步改善其功能，旁路母线可任意接在两组母线上，如图 1-25（c）所示，但又增加了一组隔离开关。

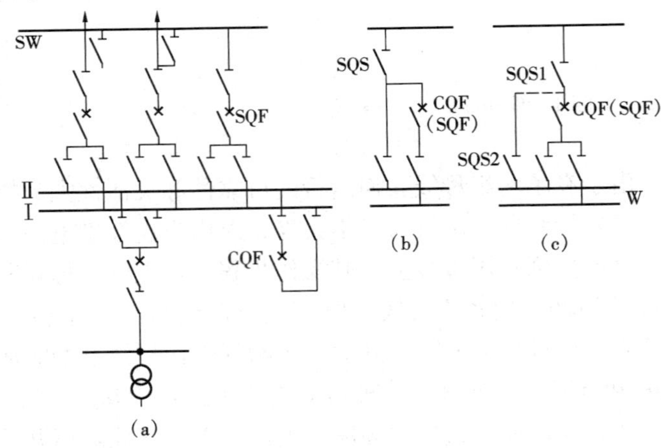

图 1-25 双母线带有旁路母线的接线

(a) 具有专用旁路断路器；(b)、(c) 以母联断路器兼作旁路断路器

以母联断路器代替旁路断路器，虽然节省了断路器，但这样使操作复杂，增加误操作的

可能性，而且运行不够灵活，因为CQF或者作为母联断路器，或者作为旁路断路器，两种功能不能同时兼得。

（六）一个半断路器接线（3/2接线）

两个元件引线用三组断路器接往两组母线形成一个半断路器接线，如图1-26所示。实际上是每一回路经一组断路器接至母线，两回路间设一联络断路器，形成一串，又称3/2接线。运行时，两组母线和全部断路器都投入运行形成多环状供电，具有较高的供电可靠性和运行灵活性。任一母线故障或检修，均不致停电；任一断路器检修不影响正常供电；隔离开关仅作检修之用，不作为操作电器，误操作的可能性较少。在进线功率和出线功率大致相等的情况下，就是两组母线同时故障，功率仍可继续输送。

这种接线的缺点是使用设备较多、投资大，而且继电保护装置复杂，所以一般使用在220kV以上的超高压系统中。

双母线接线中还有一种双母线双断路器的接线方式，由于这种接线经济性能太差（断路器使用数目比双母线接线大致多一倍），且其综合技术性能不优于3/2接线，所以在我国很少使用。

二、没有母线的主接线

（一）桥形接线

当只有两台变压器和两条线路时，可以采用桥形接线。桥形接线按照连接桥的位置可分为内桥接线和外桥接线，如图1-27所示。内桥接线的连接桥设置在变压器侧，外桥接线的连接桥设置在线路侧。正常运行时，桥回路为接通状态。

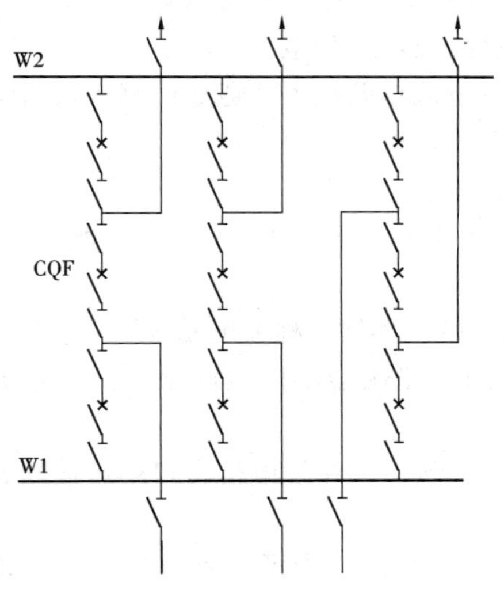

图1-26　一个半断路器接线

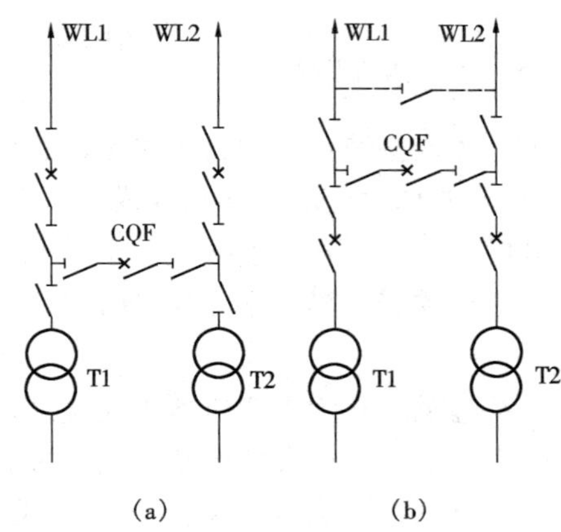

图1-27　桥形接线

(a) 内桥接线；(b) 外桥接线

CQF—联络断路器

（1）内桥接线。内桥接线的特点是线路的投入和切除比较方便，变压器的投入和切除比较复杂。所以内桥接线适用于较长的线路和变压器不需要经常切换的场合。

（2）外桥接线。外桥接线的特点与内桥相反，它适用于线路较短和变压器需经常切换的场合。此外，当两条线路间有穿越功率时，也应采用外桥接线。因为这时的穿越功率仅通过桥断路器，如果采用内桥接线，则穿越功率不仅要通过桥断路器，而且还要通过两组线路断路器，其中任意一台断路器检修或故障时，都将影响穿越功率的传送。

桥形接线有工作可靠、灵活、使用的电器少、装置简单清晰和建设费用低等优点，并且特别容易发展为单母线分段或双母线接线。因此广泛使用在220kV及以下的变电所中，具有两路电源的工厂企业变电所也普遍采用，还可以作为建设初期的过渡接线。

（二）多角形接线

多角形接线没有集中的母线，相当于将单母线用断路器按电源和引出线的数目分段，且连接成环形的接线。多角形接线分成三角形、四角形、六角形接线等。图1-28所示为四角形接线。

多角形接线的优点是：

（1）断路器使用数目少，比相同回路数的单母线分段和双母线少用了一组断路器，而且每一回路接两组断路器，具有3/2接线的某些优点，故运行可靠性较高；

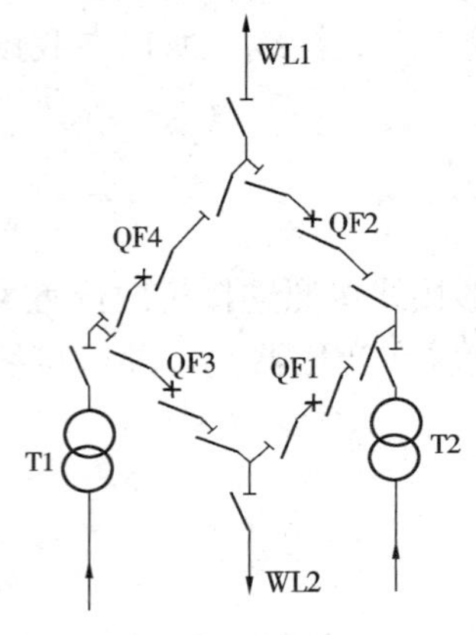

图1-28 四角形接线

（2）任一断路器检修不致中断供电；

（3）隔离开关只用于检修，不作为操作电器，误操作可能性小。

注意应将多角形接线的电源和馈线回路相互交错开布置或按对角原则连接，将会提高供电可靠性。

多角形接线的缺点是：

（1）开环情况下，线路和断路器故障，将造成供电紊乱。例如图1-28中，检修QF2时，WL2线路故障，QF1和QF3断开，将造成变压器T2失电。

（2）开、闭环工作电流相差很大，造成回路中设备选型困难，继电保护整定复杂。

（3）扩建较困难。

由于上述这些缺点，运行中希望回路数不要太多，3～4条为宜，最多不超过6条。

（三）发电机—变压器单元接线

发电机与变压器直接连接成一个单元，组成发电机—变压器组，称为单元接线。它具有接线简单、开关设备少、操作简便的特点。根据所采用的变压器不同，可分成两种单元接线。

（1）发电机—双绕组变压器单元接线。如图1-29（a）所示，在发电机出口不装设断路器，一般为调试发电机方便而装隔离开关。

（2）发电机—三绕组变压器单元接线。如图1-29（b）所示，为了在发电机停止工作时，还能保持高压和中压电网之间的联系，发电机出口处应装断路器。

（四）变压器—线路单元接线

变压器—线路单元接线如图1-30所示。当只有一台变压器和一回线路时，可采用这种接线。此时，线路和变压器高压侧共用一组断路器（QF2)。线路和变压器之间的断路器（QF2）也可以不装设，当变压器发生故障时，可由线路始端的断路器（QF1）切除变压器。若线路始端的继电保护的灵敏度不能满足要求时，应采取专门措施，如在变压器高压侧装设接地开关等。

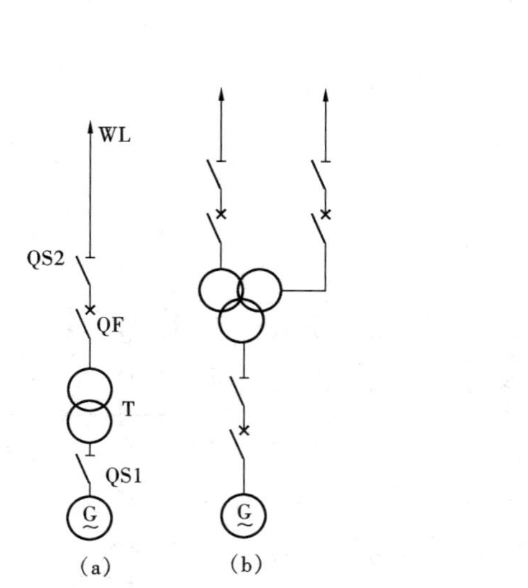

图 1-29　单元接线

(a) 发电机—双绕组变压器单元接线；

(b) 发电机—三绕组变压器单元接线

图 1-30　变压器—线路单元接线

这种接线一般使用在小容量的终端变电所和小容量的农村变电所。

第三节　变电所主接线示例

一、区域变电所的电气主接线

图 1-31 为区域变电所的电气主接线图，高压侧为 220～330kV，中压侧为 110～220kV。因高中压两电压级均为中性点直接接地系统，故采用两台自耦变压器。此外，变电所中装有两台 10kV 的调相机，分别接在变压器的低压侧。由于高、中两级电压回路数较多，又是电力系统中的枢纽变电所，故高、中两级电压侧均采用带旁路母线的双母线接线，主变压器回路也接入旁路母线，如图 1-31 中虚线所示。

二、大容量地方变电所的电气主接线

（一）两台变压器二次侧分开运行

大容量的地方变电所，为限制其短路电流，最简便的方法是将两台变压器的 6～10kV 侧分开运行，其接线如图 1-32 所示，正常运行时 6～10kV 母线的分段断路器 DQF 是断开的。这种工作方式具有以下优点：

（1）6～10kV 电网发生短路时的短路电流较小，可以选用轻型断路器；

（2）当电网内发生短路时，只有故障线路所在的一段母线受到影响，而另一段母线仍能正常运行。

（二）两台变压器二次侧并联运行

这种工作方式的优点是：

（1）两台变压器的负荷分配均匀，变压器中的电能损耗较分开运行时小；

（2）两段母线的电压相等；

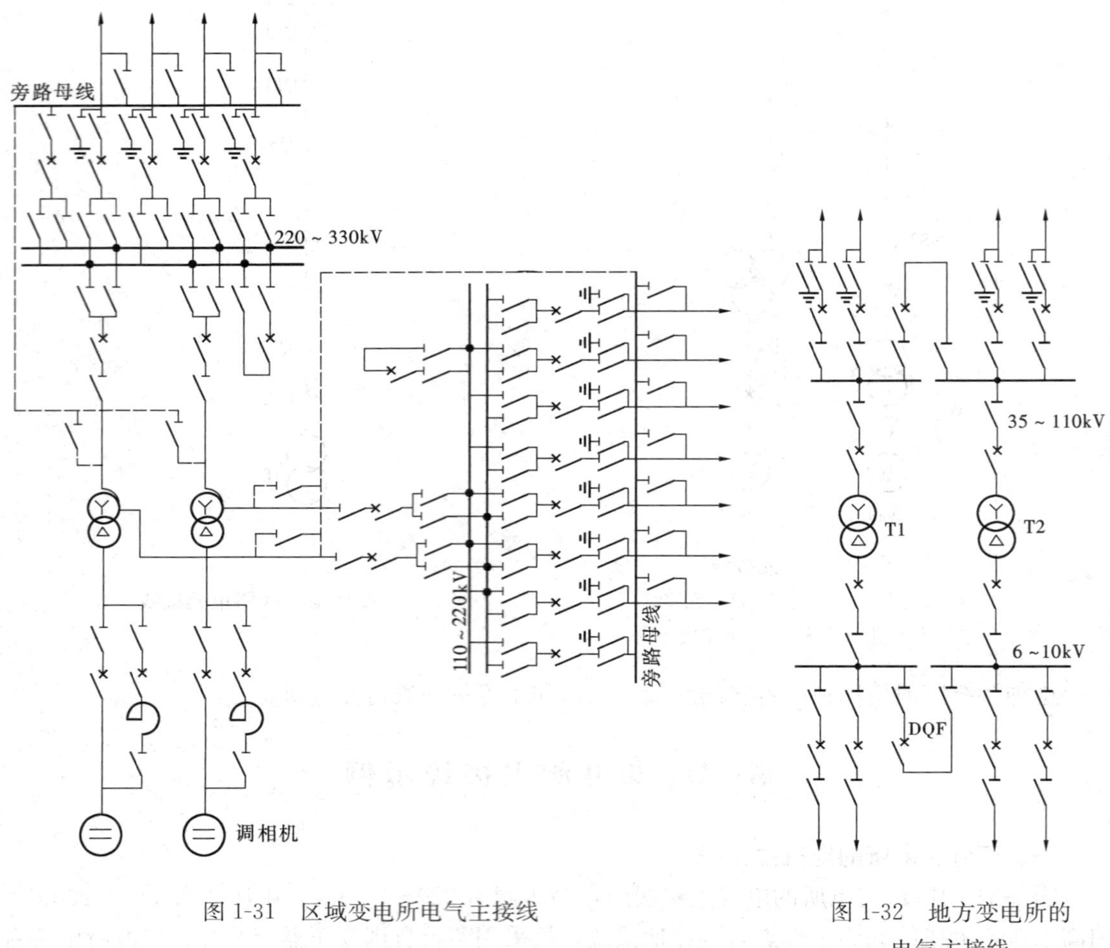

图 1-31 区域变电所电气主接线

图 1-32 地方变电所的电气主接线

(3) 当其中一台变压器故障时，仍可保证两段母线的引出线供电不致中断。

因此，当引出线选用的轻型电器能承受短路电流时，应使两台变压器二次侧并联运行。

三、中、小容量的地方变电所的接线

中、小容量的地方变电所，短路电流较小，一般不必采用任何限制短路电流的措施，即可使用轻型电器，故接线简单。

变电所供电给重要用户时，一般装设两台变压器。当高压侧有两回电源线路时，可采用桥形接线。低压侧为单母线分段接线，正常运行时分段断路器 DQF 是接通的，其接线如图 1-33 (a) 所示。

只有一台变压器的变电所向重要用户供电时，用户必须从电网中得到另一电源，作为备用电源。

只有一台变压器和一回线路供电的终端变电所，可采用图 1-33 (b) 的接线。这种变电所的高压侧用高压熔断器作为变压器的保护。当熔断器的参数不能满足要求时，则应换成断路器或采用线路—变压器单元接线。这种变电所的低压侧大多数采用不分段的单母线接线，它与变压器低压侧直接连接。如果变电所的低压侧另外还有电源时，在变压器与低压母线之间应装设断路器，如图 1-33（b）中虚线所示。

四、变电所的所用电接线

变电所的所用电负荷主要有变压器的冷却机械、蓄电池的充电设备或整流操作电源、采暖通风、照明及检修用电等。

通常所用电负荷较小，故所用变压器的容量一般为 50～315kV・A。中小型变电所的所用变压器有 20kV・A 即可满足要求。

对于高电压大容量的枢纽变电所，应装设两台所用变压器 T3、T4［见图 1-34（a）］，分别接到变电所中最低一级电压的不同母线段上。

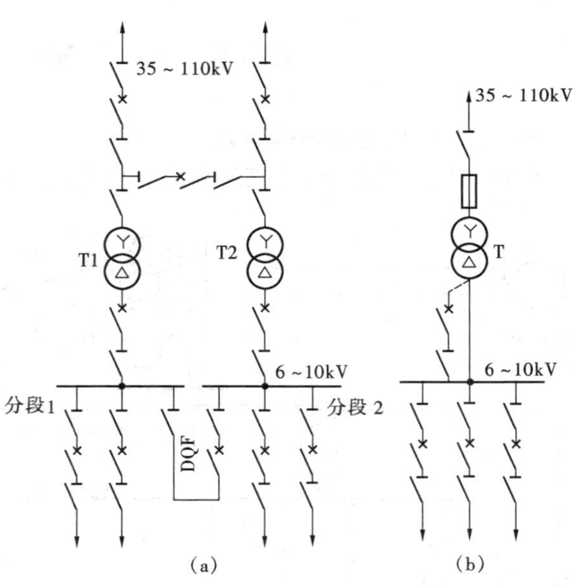

图 1-33　中、小容量地方变电所的电气主接线

对于单回路供电的变电所，为了提高所用电的可靠性，对采用整流操作或无人值班的变电所，除应装设两台所用变压器外，还需将其分别接在不同电压等级的电源或独立电源上，以保证当变电所内停电时，仍能使所用电不停电。例如图 1-34（b）中，一台所用变压器 T3 由变电所的 6～10kV 母线供电，另一台所用变压器 T2 由高压侧电源回路断路器的外侧供电。两台所用变压器相互备用，并装设备用电源自动投入装置。

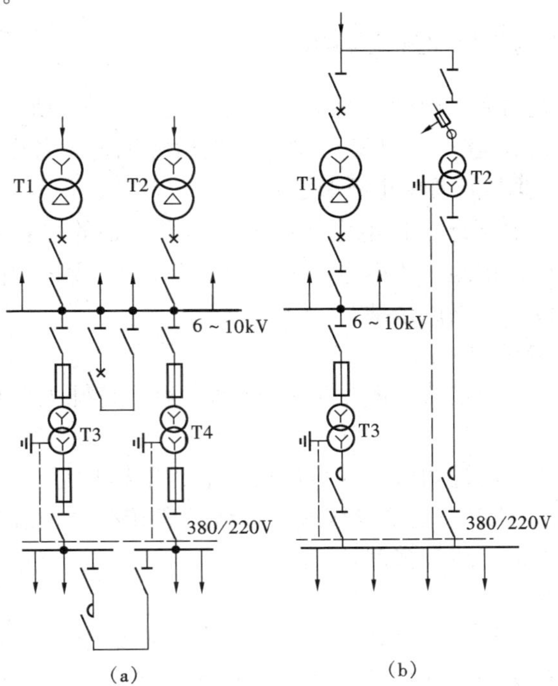

图 1-34　变电所所用电接线

第四节 工厂供配电系统的一次接线

一、工厂供配电系统的组成

大型工厂为了接受电力系统所输送的电能，一般都设有降压变电所，将高压（如35～110kV）降为6～10kV，向车间变电所、高压电动机或其他高压设备供电，车间变电所进一步将6～10kV降为380/220V供低压设备使用。因此，大型工厂都需要一个内部的供配电系统，在这个供配电系统中包括总降压变电所、车间变电所、高压用电设备、低压用电设备、架空线路、电缆线路等。此外，对于一些重要工厂还包括自备电厂。

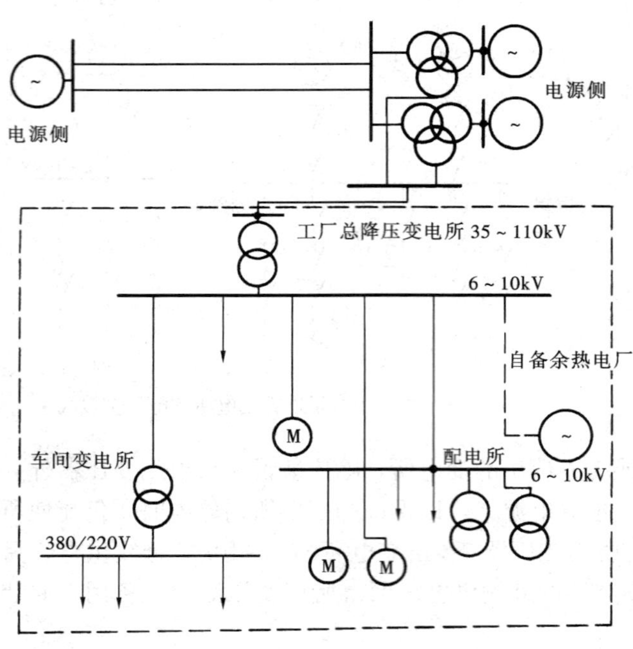

图 1-35 工厂内部供配电系统示意图

图1-35中虚线框内表示工厂内部供配电系统各部分间的关系。

二、工厂变配电所常用的主接线

（一）工厂总降压变电所的主接线

一般情况下，负荷大的大、中型工业企业要设置总降压变电所。总降压变电所的作用是将35～110kV的电源电压降至6～10kV的电压，然后分别送至各个车间变电所或其他6～10kV的高压用电设备，供电范围在几千米之内。

工厂供电电压主要取决于地区供电电压、工厂用电设备的总容量和高压用电设备的容量。通常工厂的供电电压是由地区供电电源电压所决定的，特别是当地区电源电压只有一种时，工厂的供电电压就没有选择的余地。

1. 总降压变电所主接线的特点

（1）根据负荷等级，电源进线一般为1～2回路，对于特殊大型重要工业企业还设有自备热力发电厂。

（2）变压器台数一般不超过两台，其容量从几千到几万千伏·安。

（3）低压侧6～10kV母线采用单母线或单母线分段接线，一般不采用双母线接线（有重要负荷的大型工厂，因进出线较多例外）。

2. 总降压变电所高压侧接线方式

（1）桥式接线。属于一级和二级负荷的大型工业企业采用35～110kV线路供电时，一般采用双回路电源进线和两台主变压器组成的内桥式接线，如图1-36所示。进线可以是两个独立电源或者是单电源的双回路。它的特点是当一条电源线路有故障或检修时，通过桥接断路器，不影响两台变压器的运行。在供电要求可靠、负荷曲线较平稳、变压器不需经常切除和投入的情况下，宜采用内桥式接线。

内桥式接线有多种正常运行方式：

1）高压侧桥接断路器 QFB 闭合，低压侧分段断路器闭合，这时两回电源线路和两台主变压器均作并联运行，可靠性高，但短路电流大，继电保护装置复杂。

2）高压侧桥接断路器 QFB 断开，低压侧分段断路器闭合。可靠性较前者逊色，但短路电流得到限制，宜用于来自同一电源的双回路。

3）高压侧桥接断路器 QFB 断开，低压侧分段断路器 QFD 也断开。适用于两个未经同期的独立电源。它的运行性能相当于两个互为备用的"线路—变压器"组。

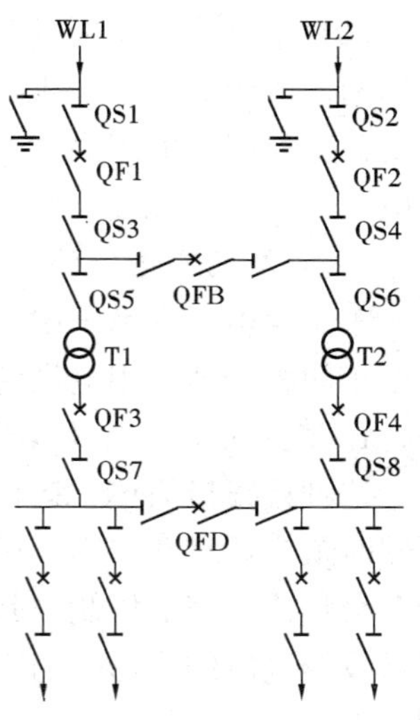

图 1-36 内桥式接线

少数用电量很大而变压器多于两台的工业企业总降压变电所，也有采用扩大内桥接线方式的，如图 1-37 所示。

(2) 高压侧无母线的主接线。属于二级和三级负荷的工业企业可采用一回路电源进线和一台变压器的接线方式，如图 1-38 所示。若线路不长，变压器高压侧可不装设断路器，而由电源侧出线断路器承担任务。这种接线的优点是简单、设备少、基建快和投资费用低；缺点是当线路或变压器发生故障或检修时需停电，故供电可靠性较差。

（二）总配电所的主接线

配电所在系统中的作用是：在靠近负荷中心处集中接受 6～10kV 电源所供电能，重新分配送至附近各个车间变电所或其他 6～10kV 的高压用电设备。当地区供电电源电压为 6～10kV 时，中、小型工业企业一般设置总配电所。

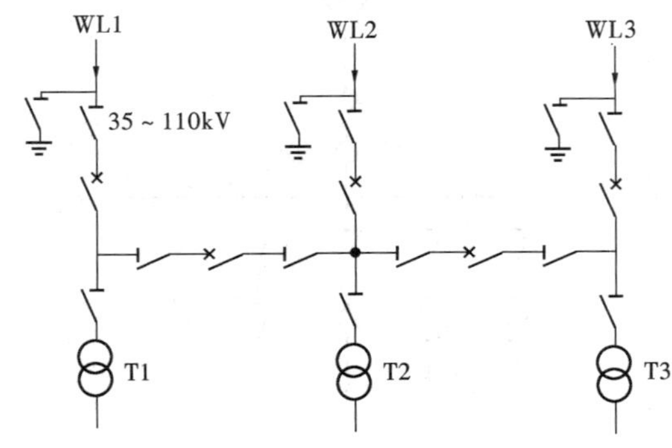

图 1-37 扩大内桥式接线

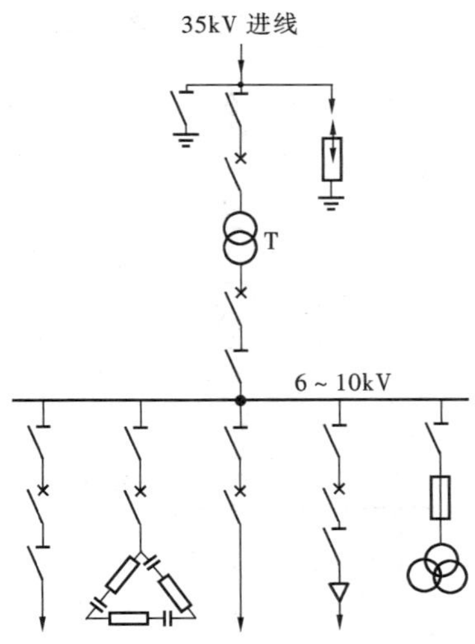

图 1-38 高压侧无母线的主接线

6～10kV 配电所一般采用单母线或单母线分段的接线方式。

(1) 单母线接线这种接线方式见图 1-19，一般为一路电源进线，而引出线可以有任意数目，供给几个车间变电所或高压电动机等。这种接线的优点决定了它只适用于对三级负荷供电。

(2) 单母线分段接线对于供电可靠性要求较高、用电容量较大的6～10kV配电所，可采用两回电源进线、母线分段运行的方式，如图1-20所示，它比较适用于大容量的二、三级负荷。如两回电源进线为两个独立电源时，两组母线分裂运行，可用于向一、二级负荷供电。

(三) 车间变电所的主接线

车间变电所在系统中的作用是，将6～10kV的电源电压降至380/220V的使用电压，并送至车间各个低压用电设备。

1. 高压侧无母线的接线

这种接线最简单、运行便利、投资费用低，当中小型工业企业的车间变电所只有一台变压器时最为适宜。但当高压侧电气设备发生故障时，将造成全部停电，因此只适用于小容量的三级负荷。当低压侧与其他变电所有联络线时也可用来向一、二级负荷供电。因由变压器容量及变电所结构形式的不同所决定的高压侧开关电器的类型差异，这种接线又有细微的区别，现分别叙述如下。

(1) 变压器容量在320kV·A及以下的户内结构变电所，采用高压侧为隔离开关和户内式高压熔断器的接线，如图1-39所示。

(2) 变压器容量在630kV·A及以下的露天变电所，高压侧用户外高压跌开式熔断器(又称跌落保险丝)，接线如图1-40所示。接线中跌开式熔断器即可以接通和断开变压器的空载电流、在检修变压器时起隔离开关的作用，又可在变压器发生故障时作为保护元件自动断开变压器。

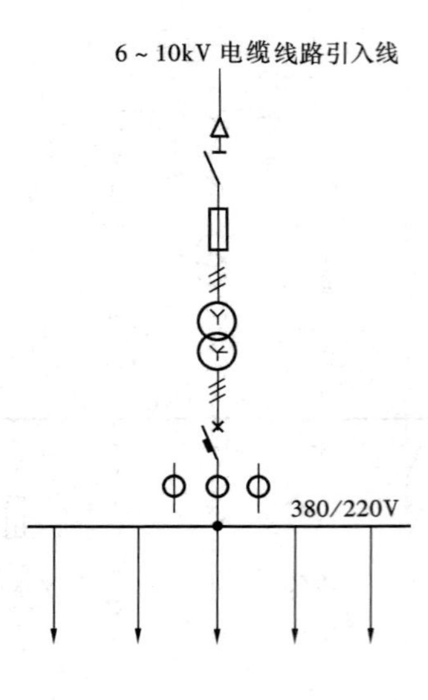

图1-39　320kV·A及以下车间变电所的主接线

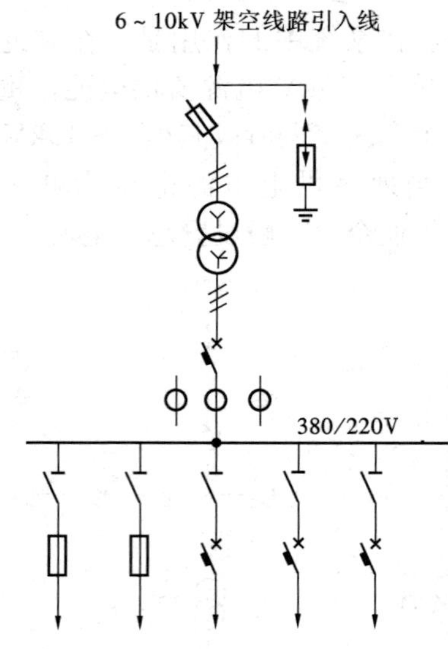

图1-40　630kV·A及以下露天变电所的主接线

(1)、(2) 两种接线停电时，要先切除变压器低压侧的负荷，然后才可拉开隔离开关。

为了加强变压器低压侧的保护，变压器低压侧出口总开关应尽量采用低压断路器。

（3）变压器容量在 560～1000kV·A 的车间变电所，变压器高压侧为负荷开关和高压熔断器，接线如图 1-41 所示。正常运行时，操作变压器由负荷开关完成，熔断器作为变压器短路保护。当熔断器不能满足继电器保护配合条件时，高压侧要用高压断路器，接线如图1-42所示。

（4）在变压器容量为 1000kV·A 以上的车间（或全厂性）变电所中，变压器高压侧用隔离开关和高压断路器，接线如图 1-42 所示。高压断路器作为正常运行时接通或断开变压器之用，并用做故障时切除变压器之用。隔离开关作为断路器、变压器检修时隔离电源之用，故要装设在断路器之前。

为了防止电气设备遭受大气过电压的袭击而损坏，上述几种接线中的 6～10kV 电源当为架空线路引进时，在入口处需装设避雷器，并尽可能地采用不少于 30m 的电缆引入段。

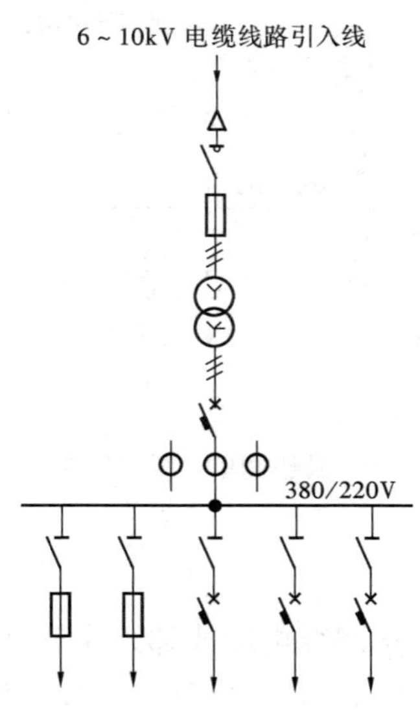

图 1-41 560～1000kV·A 车间变电所的主接线

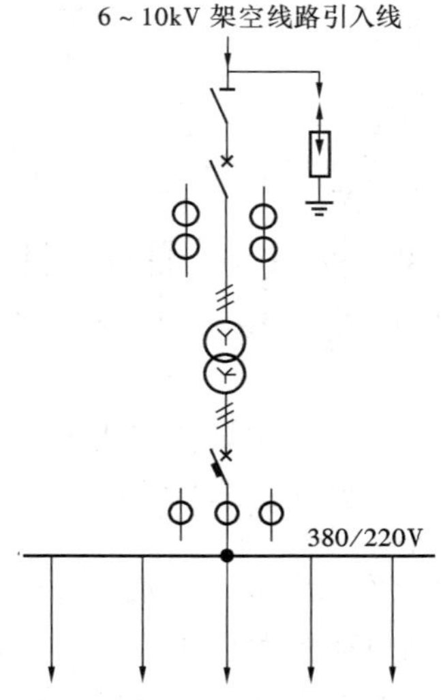

图 1-42 1000kV·A 及以上车间变电所的主接线

对一、二级负荷或用电量较大的车间变电所（或全厂性的变电所），应采用两回路进线两台变压器的接线，如图 1-43 所示。

2. 高压侧单母线的主接线

对供电可靠性要求较高、季节性负荷或昼夜负荷变化较大以及负荷比较集中的车间（或中、小企业），其变电所设有两台以上变压器，并考虑今后的发展需要（如增加高压电动机回路），采用高压侧单母线、低压侧单母线分段的接线方式，如图 1-44 所示。

在确定车间变配电所的高压侧主接线时，除了应满足对主接线所提出的基本要求之外，还要注意以下几个问题。

（1）备用电源。对需要双电源供电的一级负荷，变配电所的进线必须有备用电源；对二级负荷，应设法取得低压备用电源。

（2）电源进线方式。电源进线方式有架空进线和电缆进线两种，根据目前情况，有条件的都宜采用架空进线加电缆引入段。

(3) 设备选择原则。对变配电所主接线的设计，应在满足安全可靠供电的前提下，力求简化线路，选用最经济的设备。如在熔断器能满足继电器保护配合条件时，1000kV·A及以下的变压器尽量采用负荷开关加熔断器作为断路设备。

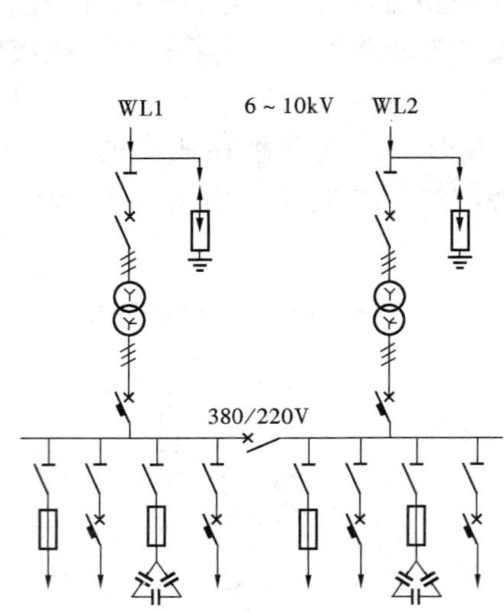

图 1-43　高压侧无母线接线图
(两回路进线两台变压器)

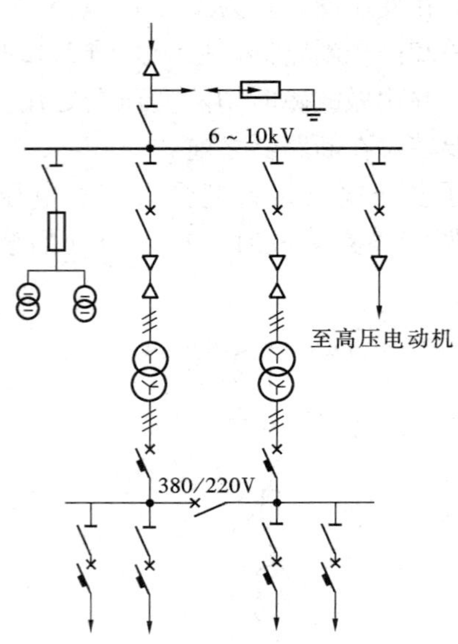

图 1-44　高压侧单母线主接线

3. 双电源车间的变电所低压母线分段方式

根据车间负荷的大小和性质，车间的供电电源可由本车间变电所或邻近车间变电所供给，常用的电源方式有单电源和双电源两种。对双电源的车间，其工作电源引自本车间6～10/0.4～0.23kV变电所低压母线，备用电源则引自邻近车间380/220V配电网；如要求带负荷切换或自动切换时，在工作电源和备用电源的进线上，均需装设自动开关低压断路器。对于装有两台变压器的车间变电所，低压380/220V母线的分段方式及分段开关设备，可根据车间负荷的重要性而有所不同。

思考题及习题

1-1　简述高、中、低压配电网的接线方式。

1-2　电气主接线有哪几种基本形式?

1-3　隔离开关与断路器在运行操作时应如何配合?怎样防止误操作?写出线路停电、送电的操作步骤。

1-4　主母线和旁路母线各起什么作用?

1-5　设置专用旁路断路器和以母联断路器或分段断路器兼作旁路断路器的带旁路主接线各有什么特点?此三种接线在检修出线断路器时，应如何操作?

1-6 试写出双母线接线中，母联断路器代替出线断路器的操作步骤。

1-7 一个半断路器接线（3/2 接线）有什么特点？

1-8 何谓内桥接线和外桥接线？它们各适用于什么场合？

1-9 有两台变压器、低压侧为单母线分段接线的变电所，低压侧有哪几种运行方式，各有何特点？

1-10 变电所的所用电负荷有哪些？在其接线上有何要求？

1-11 工厂供配电系统由哪几部分组成？

1-12 工厂总降压变电所高压侧通常采用哪种接线方式？

1-13 车间变电所高压侧常采用哪种接线方式？

第二章　供配电网络的等值电路

第一节　供配电线路的等值电路和参数计算

为了进行供配电网络的计算和分析，首先应将实际网络用其等值电路表示出来。构成供配电网络的主要元件是线路和变压器，本节讨论线路的参数和等值电路。

线路的参数指线路的电阻、电抗、电导和电纳。严格地说，这些参数是沿线路均匀分布的，精确计算时应采用分布参数。但工程上认为，300km 以内的架空电力线路和长度不超过 100km 的电缆线路，用集中参数代替分布参数所引起的误差很小，可以满足工程计算的准确度要求。

由于正常运行时，电力系统的三相是对称的，三相参数相同，因此只需研究一相，即作出单相的等值电路即可。

一、架空线路的参数

（一）电阻

线路的电阻决定了线路的有功功率损耗和电能损耗，也影响到线路的电压降落，对电网运行的技术经济性能影响较大，所以必须正确计算电阻值。

在直流情况下导线单位长度的电阻计算式为

$$r_1 = \frac{\rho}{S} \tag{2-1}$$

式中　r_1——单位长度导线直流电阻，Ω/km；

ρ——导线材料的电阻率，Ω·mm^2/km；

S——导线的截面积，mm^2。

工程计算用的线路电阻通常可以从产品目录或相关手册中查得，数值要比式（2-1）值偏大，主要原因有：

（1）由于交流电路内存在着集肤效应和邻近效应的影响，故交流电阻要较直流电阻大，但要精确计算其影响却是比较复杂的。一般可近似认为在工频交流下，这些效应约使电阻值增加 0.2%～1%。

（2）架空线路的导线大部分采用多股绞线，由于绞扭使导线的实际长度增加了 2%～3%，故可以认为它们的电阻率要比同样长度的单股导线的电阻率增大 2%～3%。

（3）在计算线路的电气参数时，都是根据导线的额定截面（标称截面）来进行的，但大多数情况下，导线的实际截面要比额定截面小。例如钢芯铝绞线 LGJ-120，其额定截面为 120mm^2，而实际上为 115mm^2。因而在实际计算时，必须把导线的电阻率适当地增大，以归算到与它的额定截面相适应。

需要注意的是，由于从产品目录或相关手册中所查的通常都是 20℃时的电阻值，当线路实际运行的温度不等于 20℃时，应按式（2-2）修正其电阻值，即

$$r_t = r_{20}[1 + \alpha(t - 20)] \tag{2-2}$$

式中　r_t、r_{20}——分别为 t℃、20℃时的电阻，Ω/km；

α——电阻的温度系数，对于铝 $\alpha=0.0036$，对于铜 $\alpha=0.00382$。

（二）电导

高压线路在输送功率的过程中，除了电阻引起有功功率损耗外，还有由于沿线路绝缘子表面的泄漏电流和导线周围空气电离产生电晕的损耗，这也是一种有功功率损耗。输电线路的电导便是用来反映这一有功功率损耗的参数。

一般架空线路绝缘良好，泄漏电流很小，可以略去不计，主要是考虑电晕现象引起的功率损耗。所谓电晕现象，就是架空线路带有高电压的情况下，当导线表面的电场强度超过空气的击穿强度时，导线周围的空气被电离产生局部放电现象。这时可听到明显的“嗤嗤”放电声，并产生臭氧，夜间还可看到蓝紫色的晕光。由于电晕是导线周围空气的电离现象，因此它不仅取决于导线表面电场强度值、导线的表面状态，还与气象条件、导线的布置方式等因素有关，但与线路的电流值无关。目前还难以用理论公式来精确计算电晕损耗值，只能依靠实测或按经验公式来近似计算线路的电晕损耗。当已知架空线路单位长度的电晕损耗后，即可近似计算线路单位长度的电导 g_1（S/km），即

$$g_1=\frac{\Delta P_y}{U^2}\times 10^{-3} \tag{2-3}$$

式中　ΔP_y——三相线路单位长度的电晕损耗功率，kW/km；

U——线路的线电压有效值，kV。

电晕不仅损耗功率，而且还有噪声并干扰无线电通信、电视接收等，因此，对高压和超高压输电线路，应尽量避免产生电晕。

当线路电压达到某一值时，出现电晕现象，此电压值称为电晕临界电压。如果线路正常运行电压低于电晕临界电压，则不会产生电晕损耗；当线路电压高于电晕临界电压时，将出现电晕损耗，这是不能被忽略的。因此为避免全年运行的电晕损耗过大，架空线路导线的直径应选择得使其在好天气时不发生电晕，在坏天气时允许略有电晕。由于一年中坏天气时间不长，故全年电晕损耗不会显著增加线路的运行费用。根据这一原则，相关规程规定了不需验算电晕的导线最小外径，见表 2-1。

表 2-1　按电晕条件所规定的导线最小外径

额定电压（kV）	60 以下	110	154	220	330		500
导线外径（mm）	不限制	9.6	13.7	21.3	33.2	2×21.3	4×23.7
相应导线型号		LGJ-50	LGJ-95	LGJ-240	LGJ-600	2×LGJ-240	4×LGJJ-300

当线路电压在 330kV 及以上时，为防止产生电晕，单导线的直径需选得很大，这将使导线的制造、安装都很不方便。因此通常可改用分裂导线或扩径导线，这样既不增大导线载流部分的截面，又可以改善其电晕特性。

一般情况下，由于架空线路的泄漏损耗值很小，而电晕损耗已在设计时采取了各种措施（如合理选择导线的结构和尺寸），将其限制在较小的数值内。所以，在进行电网的电气特性计算时，电导一项往往可以忽略不计，即近似认为 $g_1=0$。

（三）电抗

（1）三相线路按等边三角形布置时的电感和电抗。线路电抗是由于交流电流通过导线时，在导线内及导线周围产生交变磁场而引起的。由楞次定律可知，该交变磁场磁通量的变化在导线自身内感应出自感电动势，在其他导线内感应出互感电动势，它们的值分别与导线的自感、导线间的互感成正比。自感和互感产生相应的自感电抗和互感电抗，它们的总和为线路电抗。

在三相交流线路运行时，每一相导线都产生与自身磁通对应的自感和与其他两相的外部磁通对应的互感。本身的自感和其他两相对该相的互感之和，称为该相的总电感。在三相电流对称且三相导线间的距离相等时，其各相导线的总电感均相等。所以，每相导线单位长度的电抗（Ω/km）是相等的，可用式（2-4）计算

$$x_1 = 2\pi f\left(4.6\lg\frac{D}{r} + 0.5\mu_r\right)\times 10^{-4} \tag{2-4}$$

式中 r——导线半径，mm；

μ_r——导线材料的相对磁导率，铜和铝的 $\mu_r=1$，钢的 $\mu_r\gg1$；

D——各相导线间的距离，mm。

（2）三相导线电抗的实用计算公式。实际上三相架空输电线路的三相导线间距通常是不相等的，有许多种布置方式，图 2-1 所示为其中常见的三种。

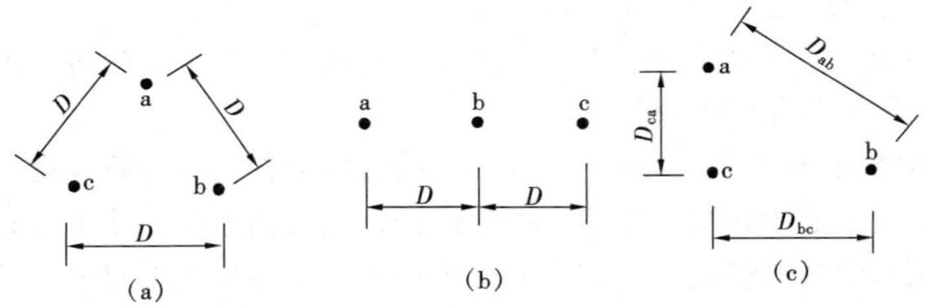

图 2-1 三相导线的布置方式

(a) 等边三角形布置；(b) 水平布置；(c) 不等边三角形布置

当三相导线不是布置在等边三角形的顶点上时，如图 2-1（b）、(c）所示，由于三相线路的电磁特性不对称，各相导线的电抗值是不同的。为了保证电网运行的对称性，此时必须采取措施，将输电线路的各相导线进行换位，使三相导线的电气参数均衡，换位的方法如图 2-2 所示。

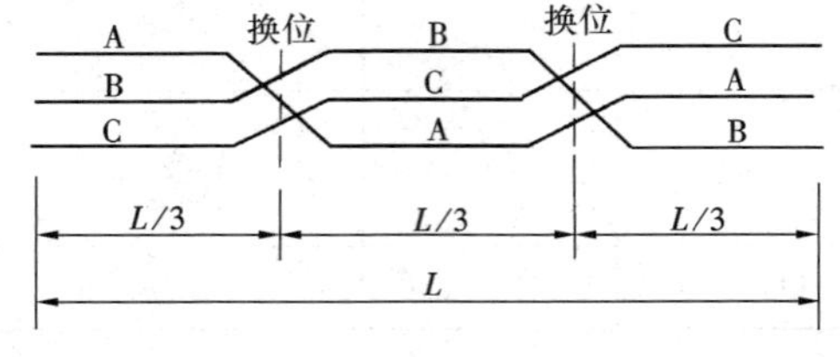

图 2-2 三相输电线路的一次整循环换位

图 2-2 表示的是一次整循环换位的情况，即每相导线都由三个线段组成，所以每相导线都经过空间的三个不同位置。因此，经过整循环换位的线路，各相导线的总电抗是相等的，此时不论其三相导线在空间如何排列，均可用式（2-5）求取每相导线单位长度的等值电抗（Ω/km），即

$$x_1 = 2\pi f\left(4.6\lg\frac{D'}{r} + 0.5\mu_r\right)\times 10^{-4} \tag{2-5}$$

式中 D'——三相导线的几何平均距离，简称几何均距，mm。

几何均距可以理解为：与经过整循环换位的电力线路电气参数等值的三角形对称布置的

电力线路的线间距离。

当三相导线间的距离分别为 D_{ab}、D_{be}、D_{ca}时，如图 2-1（c）所示，其几何均距为

$$D' = \sqrt[3]{D_{ab}D_{bc}D_{ca}} \tag{2-6}$$

若三相导线在杆塔上布置成等边三角形时，如图 2-1（a）所示，则几何均距为

$$D' = \sqrt[3]{DDD} = D \tag{2-7}$$

若三相导线水平布置如图 2-1（b）所示，几何均距为

$$D' = \sqrt[3]{DD \times 2D} = 1.26D \tag{2-8}$$

将 $f=50\text{Hz}$，$\mu_r=1$ 代入式（2-5），可得每相导线单位长度电抗的计算公式

$$x_1 = 0.1445\lg\frac{D'}{r} + 0.0157 \tag{2-9}$$

从式（2-9）可以看出，由于电抗与几何均距、导线半径之间的关系为对数关系，所以导线在杆塔上的布置方式及导线截面积的大小对线路电抗值影响不大，通常架空线路的电抗值都在 0.4Ω/km 左右，在作近似计算时就可以取此值。

此外，工程上为方便起见，常根据各种截面，对其在不同几何均距下的电抗值进行系列计算，然后制成数据表，在使用时仅需查表即可。

对于同杆架设的双回线路，每一相线路电抗不仅取决于该线路本身电流所产生的磁通，而且与另一回线路中电流产生的磁通有关，但在实际应用中仍可按式（2-9）计算，因为两回线路之间的互感影响在导线通过对称三相电流时并不大，可略去不计。

【例 2-1】　某三相单回输电线路，采用 LGJ-240 型导线，已知导线的相间距离 $D=5\text{m}$，三根导线水平布置，计算经整循环换位后的几何均距。

解[1]

$$D' = 1.26D = 1.26 \times 5 = 6.3(\text{m})$$

（四）电纳

通常，架空输电线路的相间和相对地之间都存在着电位差，而它们之间又依靠空气等绝缘介质隔开，因而相间和相对地之间必有一定的电容存在，电力线路的电纳就是由导线间以及导线与大地间的分布电容所决定的。

三相输电线路当对称排列或虽不对称排列，但经整循环换位时，每相导线的单位长度等值电容（F/km）可由式（2-10）计算，即

$$c_1 = \frac{0.0241}{\lg\frac{D'}{r}} \times 10^{-6} \tag{2-10}$$

当频率 f 为 50Hz 时，单位长度的电纳（S/km）为

$$b_1 = 2\pi f c_1 = \frac{7.58}{\lg\frac{D'}{r}} \times 10^{-6} \tag{2-11}$$

工程中为了简化计算，b_1 的值可直接从有关的手册中查出，一般架空线路的 b_1 值大约为 2.85×10^{-6}S/km。

---

[1] 为了简单起见，本书只对计算结果给出量的单位，省略了运算过程中各步的单位。

通常电缆线路参数可采取实测，也可查阅有关手册。另外要注意电缆线路电抗与架空线路电抗相差很大，如 10kV 电缆线路的 $x_1=0.08\Omega/\text{km}$。

二、输电线路的等值电路

如前所述，输电线路的电阻、电感、电导、电容等电气参数都是沿线路均匀分布的，所以严格地说输电线路的等值电路应该是均匀的分布参数等值电路，但这种电路的计算过程过于复杂，只是在计算距离超过 300km 的远距离超高压输电线路时才有必要采用，通常可以用集中参数的等值电路来代替它。这时以 R、X、G、B 分别表示全线路的总电阻、总电抗、总电导和总电纳。当线路长度为 l 时，显然有

$$R = r_1 l,\ X = x_1 l$$
$$G = g_1 l,\ B = b_1 l$$

在实际应用中，对距离在 300km 以内的输电线路，根据其线路长短可分别采用下列两种类型的等值电路。

（一）短距离输电线路

通常对于长度不超过 50km、电压在 35kV 以下的架空线路，都可以按短距离输电线路来处理。这时线路参数中电容的影响可以不考虑，电导 g_1 可认为等于 0，从而使这种线路的等值电路最简单，只有一串联的总阻抗 $Z=R+\text{j}X$，如图 2-3 所示。

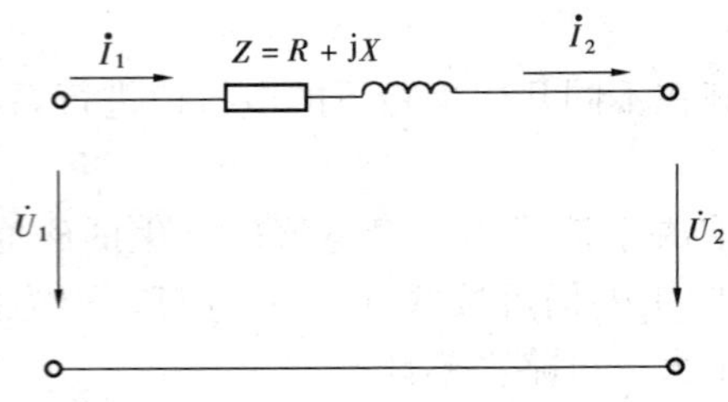

图 2-3 短距离输电线路的等值电路

对于电缆线路，当线路不长、电纳影响不大时，也可采用这种等值电路。

（二）中距离输电线路

中距离输电线路指长度在 50km 以上但不超过 200～300km（电压等级一般在 110～220kV）的架空线路或长度不超过 100km 的电缆线路。这种线路仍可按集中参数处理，可认为 $g_1=0$，但电容影响已不可忽略。这种中距离输电线路的等值电路有两种：一种是 π 型等值电路，如图 2-4（a）所示；另一种为 T 型等值电路，如图 2-4（b）所示。通常 π 型等值电路使用较多。图 2-4 中，Y 为全线路总导纳，$Y=G+\text{j}B$。当 $G=0$ 时，$Y=\text{j}B$❶。

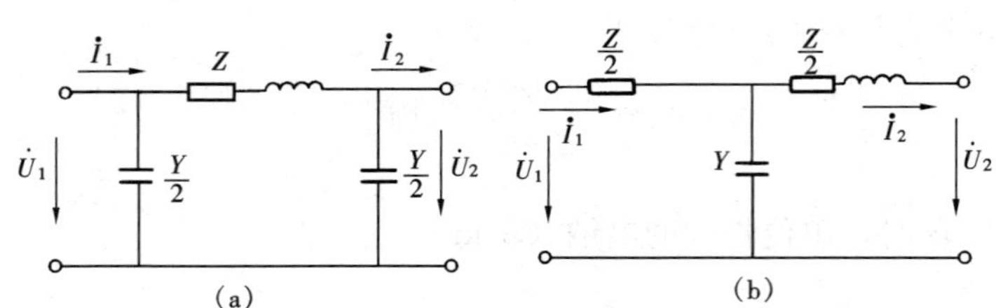

图 2-4 中距离输电线路的等值电路

（a）π 型等值电路；（b）T 型等值电路

---

❶ 按导纳定义：$Y=G+\text{j}B=G+\text{j}(B_C-B_L)$，其中 G—电导，B—电纳，B_C—容纳，B_L—感纳。B_C、B_L 均为正值，而 B 为代数量，可正可负。输电线路中 $G\approx0$，$B_L=0$，所以 $Y=\text{j}B=\text{j}B_C$ 为正值。

π型等值电路是将线路导纳平分，分别并联在线路的始末两端；而T型等值电路是将阻抗平分，分别串联在线路导纳两侧。

第二节　变压器的等值电路和参数计算

电力变压器是供配电系统的主要元件，其按相数分为单相和三相；按构造可分为双绕组、三绕组、自耦、分裂等类型；按调压方式分为普通、有载调压等类型。这里只介绍供配电网络中常用的三相双绕组、三绕组变压器。

一、双绕组变压器

（一）变压器等值电路

1. 变压器Γ型等值电路

由电机与拖动基础可知，变压器可用T型等值电路表示，但在供用电网络的计算中，为了减少网络的节点数，简化网络的计算量，将变压器励磁分支移到电源侧，用Γ型等值电路表示，如图2-5所示。将励磁阻抗改用励磁导纳（$Y_T=G_T-jB_T$）❶ 或导纳中通过的三相功率（$\Delta P_0+j\Delta Q_0$）❷ 表示。

2. 变压器的简化等值电路

对于额定电压在10kV及以下的变压器，其空载损耗是很小的，可以略去不计，得到变压器的简化等值电路，如图2-6所示。

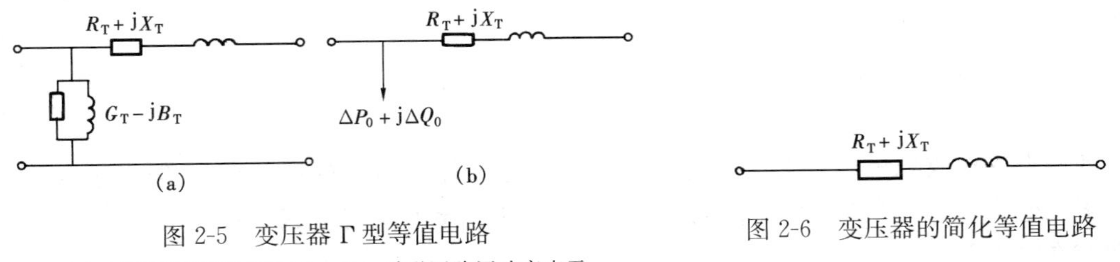

图2-5　变压器Γ型等值电路

（a）励磁回路用导纳表示；（b）励磁回路用功率表示

图2-6　变压器的简化等值电路

（二）变压器参数

变压器的四个电气参数R_T、X_T、G_T、B_T可由变压器的空载和短路试验结果（在变压器铭牌或有关变压器手册中查到）求出。其中，根据短路试验得到的变压器短路损耗ΔP_k和短路电压$U_k\%$，可求出变压器电阻R_T、电抗X_T；根据空载试验得到变压器空载损耗ΔP_0和空载电流$I_0\%$，可求出变压器励磁支路的电导G_T和电纳B_T。

1. 电阻

从电机学中知道，短路试验时，变压器的短路损耗ΔP_k近似等于额定电流通过变压器高低压绕组的总铜损耗（简称铜损），即

$$\Delta P_k = P_{Cu}$$

而铜损P_{Cu}与电阻之间的关系为

---

❶ $Y=G+jB=G+j(B_C-B_L)$，变压器励磁导纳中，$B_C=0$，分别将Y、G、B_L记作Y_T、G_T、B_T，所以有$Y_T=G_T-jB_T$。B_T为导纳，正值，工程上通称为电纳。

❷ $j\Delta Q$为感性无功功率。

$$\Delta P_k = P_{Cu} = 3I_N^2 R_T \times 10^{-3} = 3\left(\frac{S_N}{\sqrt{3}U_N}\right)^2 R_T \times 10^{-3} = \frac{S_N^2}{U_N^2} R_T \times 10^{-3}$$

式中 I_N——变压器额定电流，A；

U_N——变压器额定电压，kV；

ΔP_k——变压器的短路损耗，kW；

S_N——变压器额定容量，kV·A；

R_T——变压器高低压绕组的总电阻，Ω。

所以

$$R_T = \frac{\Delta P_k U_N^2}{S_N^2} \times 10^3 \tag{2-12}$$

2. 电抗

由于大容量变压器的阻抗中电抗的数值远比电阻的数值为大，亦即变压器的电抗和阻抗数值上接近相等，因此可近似认为变压器的短路电压百分值 $U_k\%$ 与变压器的电抗的关系为

$$U_k\% = \frac{\sqrt{3}I_N X_T}{U_N \times 10^3} \times 100$$

从而

$$X_T = \frac{U_N \times 10^3}{\sqrt{3}I_N} \times \frac{U_k\%}{100} = \frac{U_k\% U_N^2}{S_N} \times 10 \tag{2-13}$$

式中 X_T——变压器高低压绕组的总电抗，Ω；

$U_k\%$——变压器的短路电压百分值。

3. 电导

变压器励磁支路的电导对应的是变压器的铁芯损耗（简称铁损）P_{Fe}。但由于变压器的铁损 P_{Fe} 近似与变压器的空载损耗 ΔP_0 相等，所以电导也就与空载损耗 ΔP_0 相对应。二者之间存在如下关系

$$G_T = \frac{\Delta P_0}{U_N^2} \times 10^{-3} \tag{2-14}$$

式中 G_T——变压器的电导，S；

ΔP_0——变压器的空载损耗，kW。

4. 电纳

在变压器的空载电流 I_0 中流经电纳的部分 I_b 占很大比重，从而 I_b 和空载电流 I_0 在数值上接近相等，可以用 I_0 代替 I_b 求取变压器的电纳，即

$$I_b = \frac{U_N \times 10^3}{\sqrt{3}} \times B_T$$

而

$$I_0 = \frac{I_0\%}{100} \times I_N$$

则

$$\frac{I_0\%}{100} I_N = \frac{U_N \times 10^3}{\sqrt{3}} \times B_T$$

将 $I_N = \dfrac{S_N}{\sqrt{3}U_N}$ 代入，得

$$B_T = \frac{I_0\%S_N}{U_N^2} \times 10^{-5} \tag{2-15}$$

式中　B_T——变压器的电纳，S；

$I_0\%$——变压器的空载电流百分值。

求得双绕组变压器的阻抗、导纳后，便可作出 Γ 型等值电路，如图 2-5（a）所示。要注意的是，变压器电纳的符号与线路电纳的符号正好相反，因为前者为感性，而后者为容性。

二、三绕组变压器

（一）三绕组变压器的等值电路

三绕组变压器的等值电路如图 2-7 所示，其励磁支路也以导纳或空载损耗表示。

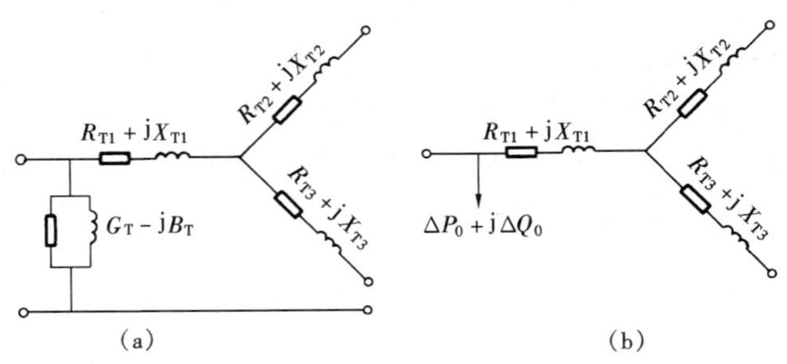

图 2-7　三绕组变压器的等值电路

（a）励磁回路用导纳表示；（b）励磁回路用功率表示

（二）变压器参数

计算三绕组变压器各绕组阻抗的方法虽然与计算双绕组变压器时没有本质区别，但由于三绕组变压器各绕组的容量比有不同的组合，而各绕组在铁芯上的排列又有不同方式，因此参数计算要稍复杂些。

1. 电阻

三绕组变压器按三个绕组容量比有三种不同类型。第一种为 100/100/100，即三个绕组容量都等于变压器的额定容量。第二种为 100/100/50，即第三绕组的容量仅为变压器额定容量的 50%。第三种为 100/50/100，即第二绕组的容量仅为变压器额定容量的 50%。

三绕组变压器出厂时，制造厂应提供三个绕组两两作短路试验时测得的短路损耗。如该变压器属第一种类型，可由提供的短路损耗 $\Delta P_{k(1-2)}$、$\Delta P_{k(2-3)}$、$\Delta P_{k(3-1)}$ 直接按式（2-16）求取各绕组的短路损耗，即

$$\left.\begin{aligned}
\Delta P_{k1} &= \frac{1}{2}[\Delta P_{k(1-2)} + \Delta P_{k(3-1)} - \Delta P_{k(2-3)}] \\
\Delta P_{k2} &= \frac{1}{2}[\Delta P_{k(1-2)} + \Delta P_{k(2-3)} - \Delta P_{k(3-1)}] \\
\Delta P_{k3} &= \frac{1}{2}[\Delta P_{k(2-3)} + \Delta P_{k(3-1)} - \Delta P_{k(1-2)}]
\end{aligned}\right\} \tag{2-16}$$

然后按与双绕组变压器相似的公式计算各绕组电阻，即

$$\left.\begin{aligned}
R_{T1} &= \frac{\Delta P_{k1} U_N^2}{S_N^2} \times 10^3 \\
R_{T2} &= \frac{\Delta P_{k2} U_N^2}{S_N^2} \times 10^3 \\
R_{T3} &= \frac{\Delta P_{k3} U_N^2}{S_N^2} \times 10^3
\end{aligned}\right\} \tag{2-17}$$

如该变压器属第二、三种类型，则制造厂提供的短路损耗数据是一对绕组中容量较小的一方达到它本身的额定电流，即 $I_N/2$ 的数值。这时，应首先将各绕组间的短路损耗数据归

算为额定电流下的数值，再运用式（2-16）和式（2-17）求取各绕组短路损耗和电阻。例如，对 100/50/100 类型变压器，制造厂提供的短路损耗 $\Delta P_{k'(1-2)}$、$\Delta P_{k'(2-3)}$ 都是第二绕组中流过它本身的额定电流，即 1/2 变压器额定电流时测得的数据。因此，应首先将它们归算到变压器的额定电流，即

$$\left.\begin{aligned}\Delta P_{k(1-2)} &= \Delta P_{k'(1-2)}\left(\frac{I_N}{I_N/2}\right)^2 = 4\Delta P_{k'(1-2)}\\ \Delta P_{k(2-3)} &= \Delta P_{k'(2-3)}\left(\frac{I_N}{I_N/2}\right)^2 = 4\Delta P_{k'(2-3)}\end{aligned}\right\} \tag{2-18}$$

然后再按式（2-16）、式（2-17）计算。

有时，对三绕组变压器只给出一个短路损耗——最大短路损耗 $\Delta P_{k\cdot max}$。所谓最大短路损耗，指两个 100%容量绕组中通过额定电流，另一个 100%或 50%容量绕组空载时的损耗。由这 $\Delta P_{k\cdot max}$ 可求得两个 100%容量绕组的电阻，即

$$R_{T(100\%)} = \frac{1}{2}\times\frac{\Delta P_{k\cdot max}U_N^2}{S_N^2}\times 10^3 \tag{2-19}$$

再根据“按同一电流密度选择各绕组导线截面积”的变压器设计原则，可得另一个 100%容量绕组的电阻——就等于这两个绕组之一电阻 $R_{T(100\%)}$；或另一个 50%容量绕组的电阻——就等于这两个绕组之一的电阻的两倍，即 $R_{T(50\%)}=2R_{T(100\%)}$。

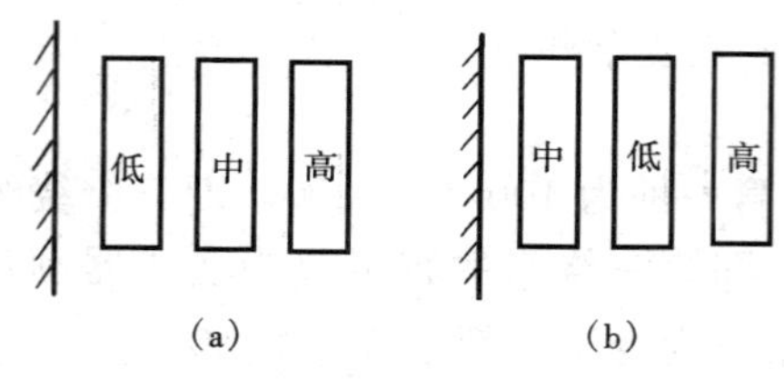

图 2-8 三绕组变压器的绕组排列方式
(a) 降压结构；(b) 升压结构

2. 电抗

三绕组变压器按三个绕组排列方式不同分为两种结构，即升压结构和降压结构，如图 2-8 所示。绕组排列方式不同，绕组间的漏抗不同，因而短路电压也不同。例如设高、中、低压绕组分别为第 1、2、3 绕组，则降压结构的变压器由于高、低压绕组相隔最远，所以高、低压绕组之间的漏抗最大，从而高、低压绕组间的短路电压 $U_{k(3-1)}\%$ 最大，而 $U_{k(1-2)}\%$、$U_{k(2-3)}\%$ 就较小；升压结构的变压器高、中压绕组相隔最远，所以 $U_{k(1-2)}\%$ 最大，而 $U_{k(2-3)}\%$、$U_{k(3-1)}\%$ 较小。

绕组排列方式虽然不同，但两种结构变压器求取电抗的方法是相同的，即根据铭牌上给出的各绕组两两之间的短路电压，求出各绕组的短路电压，即

$$\left.\begin{aligned}U_{k1}\% &= \frac{1}{2}[U_{k(1-2)}\% + U_{k(3-1)}\% - U_{k(2-3)}\%]\\ U_{k2}\% &= \frac{1}{2}[U_{k(1-2)}\% + U_{k(2-3)}\% - U_{k(3-1)}\%]\\ U_{k3}\% &= \frac{1}{2}[U_{k(2-3)}\% + U_{k(3-1)}\% - U_{k(1-2)}\%]\end{aligned}\right\} \tag{2-20}$$

再按与双绕组变压器相似的计算公式求各绕组的电抗，即

$$\left.\begin{aligned}X_{T1} &= \frac{U_{k1}\%U_N^2}{S_N}\times 10\\ X_{T2} &= \frac{U_{k2}\%U_N^2}{S_N}\times 10\\ X_{T3} &= \frac{U_{k3}\%U_N^2}{S_N}\times 10\end{aligned}\right\} \tag{2-21}$$

必须指出的是，与求取电阻时不同，制造厂提供的短路电压百分值 $U_{k(1-2)}\%$、$U_{k(2-3)}\%$、$U_{k(3-1)}\%$已是归算到各绕组中通过变压器额定电流时的数值。因此，在计算三绕组变压器电抗时，对第二、三种变压器，其短路电压不要再归算。

3. 电导和电纳

求取三绕组变压器导纳的方法和求取双绕组变压器导纳的方法相同。

【例 2-2】 某 10kV 变电所装有一台 SJL1- 750/10 型变压器，铭牌上数据为 $S_N=750$kV・A、电压比 10/0.4kV、$\Delta P_k=11.5$kW、$\Delta P_0=3.26$kW、$U_k\%=4.5$、$I_0\%=2$。求该台变压器归算到 10kV 侧的各电气参数。

解　由式（2-12）可得

$$R_T=\frac{\Delta P_k U_N^2}{S_N^2}\times 10^3=\frac{11.5\times 10^2}{750^2}\times 10^3=2.04(\Omega)$$

由式（2-13）可得

$$X_T=\frac{U_k\% U_N^2}{S_N}\times 10=\frac{4.5\times 10^2}{750}\times 10=6(\Omega)$$

由式（2-14）可得

$$G_T=\frac{\Delta P_0}{U_N^2}\times 10^{-3}=\frac{3.26}{10^2}\times 10^{-3}=3.26\times 10^{-5}(\mathrm{S})$$

由式（2-15）可得

$$B_T=\frac{I_0\% S_N}{U_N^2}\times 10^{-5}=\frac{2\times 750}{10^2}\times 10^{-5}=1.5\times 10^{-4}(\mathrm{S})$$

【例 2-3】 某降压变电所中装有一台 SFSL1-31500/110 型三相三绕组电力变压器，其铭牌数据为：容量比 31500/31500/31500kV・A、电压比 110/38.5/10.5kV、$\Delta P_0=38.4$kW、$I_0\%=0.8$、$\Delta P_{k(1-2)}=212$kW、$\Delta P_{k(2-3)}=181.6$kW、$\Delta P_{k(3-1)}=229$kW、$U_{k(1-2)}\%=18$、$U_{k(2-3)}\%=6.5$、$U_{k(3-1)}\%=10.5$。试计算以变压器高压侧电压为基准的各变压器参数值。

解　由式（2-14）可得励磁电导 G_T 为

$$G_T=\frac{\Delta P_0}{U_N^2}\times 10^{-3}=\frac{38.4}{110^2}\times 10^{-3}=3.17\times 10^{-6}(\mathrm{S})$$

由式（2-15）可得励磁电纳 B_T 为

$$B_T=\frac{I_0\% S_N}{U_N^2}\times 10^{-5}=\frac{0.8\times 31500}{110^2}\times 10^{-5}=2.08\times 10^{-5}(\mathrm{S})$$

由式（2-16）可得每个绕组的短路损耗，即

$$\Delta P_{k1}=\frac{1}{2}[\Delta P_{k(1-2)}+\Delta P_{k(3-1)}-\Delta P_{k(2-3)}]$$

$$=\frac{1}{2}\times(212+229-181.6)=129.7(\mathrm{kW})$$

$$\Delta P_{k2}=\frac{1}{2}[\Delta P_{k(1-2)}+\Delta P_{k(2-3)}-\Delta P_{k(3-1)}]$$

$$=\frac{1}{2}\times(212+181.6-229)=82.3(\mathrm{kW})$$

$$\Delta P_{k3}=\frac{1}{2}[\Delta P_{k(2-3)}+\Delta P_{k(3-1)}-\Delta P_{k(1-2)}]$$

$$=\frac{1}{2}\times(181.6+229-212)=99.3(\text{kW})$$

再由式（2-17）求出各绕组电阻，即

$$R_{T1}=\frac{\Delta P_{k1}U_N^2}{S_N^2}\times10^3=\frac{129.7\times110^2}{31500^2}\times10^3=1.58(\Omega)$$

$$R_{T2}=\frac{\Delta P_{k2}U_N^2}{S_N^2}\times10^3=\frac{82.3\times110^2}{31500^2}\times10^3=1.004(\Omega)$$

$$R_{T3}=\frac{\Delta P_{k3}U_N^2}{S_N^2}\times10^3=\frac{99.3\times110^2}{31500^2}\times10^3=1.21(\Omega)$$

由式（2-20）可求得各绕组的短路电压百分值，即

$$U_{k1}\%=\frac{1}{2}\times[U_{k(1-2)}\%+U_{k(3-1)}\%-U_{k(2-3)}\%]$$

$$=\frac{1}{2}\times(18+10.5-6.5)=11$$

$$U_{k2}\%=\frac{1}{2}\times[U_{k(1-2)}\%+U_{k(2-3)}\%-U_{k(3-1)}\%]$$

$$=\frac{1}{2}\times(18+6.5-10.5)=7$$

$$U_{k3}\%=\frac{1}{2}\times[U_{k(2-3)}\%+U_{k(3-1)}\%-U_{k(1-2)}\%]$$

$$=\frac{1}{2}\times(6.5+10.5-18)=-0.5$$

再由式（2-21）求得各绕组电抗，即

$$X_{T1}=\frac{U_{k1}\%U_N^2}{S_N}\times10=\frac{11\times110^2}{31500}\times10=42.25(\Omega)$$

$$X_{T2}=\frac{U_{k2}\%U_N^2}{S_N}\times10=\frac{7\times110^2}{31500}\times10=26.89(\Omega)$$

$$X_{T3}=\frac{U_{k3}\%U_N^2}{S_N}\times10=\frac{-0.5\times110^2}{31500}\times10=-1.92(\Omega)$$

从［例 2-2］计算可以知道，这是一台升压结构的降压变压器，位置居于中间的低压绕组［见图 2-8（b）］由于内、外侧绕组对其互感作用很强，当超过低压绕组本身自感时低压绕组电抗便出现了负值。不论何种结构的三绕组变压器，其处于居中位置绕组的等值电抗呈现负值是常见现象，但并不表示该绕组真具有容性漏抗。在计算时，由于这个负电抗值往往很小，故可近似取为零值。

［例 2-3］中值得注意的另一个问题是，升压、降压结构只不过是对变压器绕组排列方式的一种称谓，并非是升压结构只能用作升压变压器或者降压结构只能用作降压变压器。究

竟选择何种结构形式的三绕组变压器，通常要根据潮流计算或短路电流计算的结果来确定。

第三节　电抗器的等值电路和参数计算

由制造厂提供的电抗器电抗数据往往以百分值表示。由于此电抗百分值与以欧姆值表示的电抗有名值之间存在如下关系，即

$$X_L\% = \frac{\sqrt{3}I_N X_L}{U_N} \times 100 \tag{2-22}$$

从而有

$$X_L = \frac{U_N \times 10^{-2} \times X_L\%}{\sqrt{3}I_N} \tag{2-23}$$

式中　X_L——电抗器电抗，Ω；

$X_L\%$——电抗器电抗的百分值；

U_N——电抗器的额定电压，kV；

I_N——电抗器的额定电流，kA。

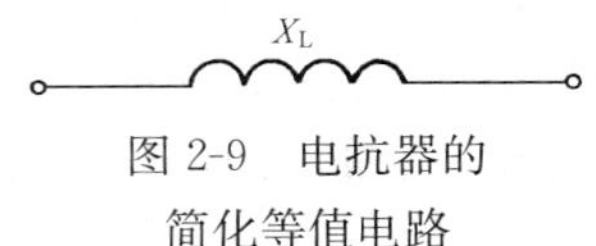

图 2-9　电抗器的简化等值电路

一般可以忽略电抗器的电阻，所以其等值电路是纯电抗，如图 2-9 所示。

第四节　供配电网络的等值电路

如图 2-10 所示，当分别求得各电力线路和变压器的等值电路后，就可以根据这些元件的等值电路建立起整个网络的等值电路。但是在多电压级配电网中，各元件（电力线路、变压器、电抗器）是处于不同电压等级的，这些元件电气参数一般是以其所处的电压级的电压值求得的，所以整个网络的等值电路不是各元件等值电路的简单连接，必须对它们的参数进行必要的归算。所谓归算就是将网络中各元件的阻抗、导纳以及这些元件所处电压级的电压、电流值折算到规定电压等级中去。这个电压等级称为基本级。

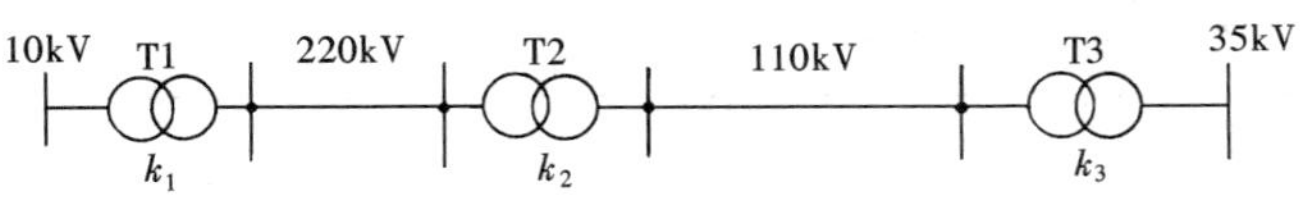

图 2-10　多电压级配电网络

基本级可根据计算需要任意选择。当电压基本级选定后，其他电压级中的元件参数需按下式归算，即

$$R' = R(k_1k_2\cdots)^2 \tag{2-24}$$

$$X' = X(k_1k_2\cdots)^2 \tag{2-25}$$

$$G' = G\left(\frac{1}{k_1k_2\cdots}\right)^2 \tag{2-26}$$

$$B' = B\left(\frac{1}{k_1k_2\cdots}\right)^2 \tag{2-27}$$

$$U' = U(k_1k_2\cdots) \tag{2-28}$$

$$I' = I\left(\frac{1}{k_1k_2\cdots}\right) \tag{2-29}$$

式中 R, X, G, B, U, I——归算前的电阻、电抗、电导、电纳和相应的电压、电流值；

R', X', G', B', U', I'——归算到基本级的电阻、电抗、电导、电纳和相应的电压、电流值；

$k_1, k_2, k_3, \cdots$——各电压等级线路段与基本电压级线路段之间所有变压器的变比。

需注意的是，式（2-24）～式（2-29）中的变比 k 值的确定方法是：k 的分子是指向基本级一侧的电压，分母则是待归算一侧的电压，即

$$k = \frac{U_{\mathrm{I}}(\text{基本级侧})}{U_{\mathrm{II}}(\text{待归算侧})} \tag{2-30}$$

在图 2-10 中，当选择 220kV 为基本级时，可取变压器的额定变比进行计算，即 $k_1 = 242/10.5$，$k_2 = 220/121$，$k_3 = 110/38.5$。如需精确计算，则变压器变比 k 就取变压器的实际变比，它的大小与变压器工作在哪一个分接头位置有关。

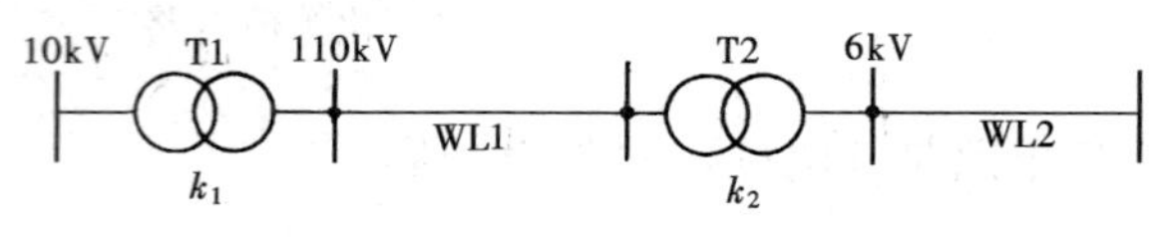

图 2-11 ［例 2-4］图

【例 2-4】 某系统接线图如图 2-11 所示。图中各元件的技术数据见表 2-2、表2-3，试采用额定变比，作出归算到 110kV 侧和 6kV 侧的网络等值电路。（变压器的电阻、导纳，线路 WL1、WL2 的电导都略去不计。）

表 2-2 **变压器技术数据**

符　号	名　称	容量 (kV·A)	电压 (kV)	$U_k\%$	ΔP_k (kW)	$I_0\%$	ΔP_0 (kW)
T1	变压器	31500	10.5/121	10.5	190	3	32
T2	变压器	20000	110/6.6	10.5	135	2.8	22

表 2-3 **线路技术数据**

符号	名称	导线型号	长度 (km)	电压 (kV)	电阻 (Ω/km)	电抗 (Ω/km)	电纳 (S/km)
WL1	架空线路	LGJ-185	50	110	0.17	0.38	
WL2	架空线路	LGJ-300	5	6	0.105	0.383	3.15×10^{-6}

解 采用额定变比计算。

（1）归算到 110kV 侧。变压器 T1 的电抗为

$$X_{T1} = \frac{U_{k1}\%U_N^2}{S_N}\times 10 = \frac{10.5\times 121^2}{31500}\times 10 = 48.8(\Omega)$$

线路 WL1 的电阻、电抗和电纳为

$$R_{WL1} = r_1 l = 0.17\times 50 = 8.5(\Omega)$$

$$X_{WL1} = x_1 l = 0.38\times 50 = 19.5(\Omega)$$

$$\frac{1}{2}B_{WL1} = \frac{1}{2}b_1 l = \frac{1}{2}\times 3.15\times 50\times 10^{-6} = 7.875\times 10^{-5}(\mathrm{S})$$

变压器 T2 的电抗为

$$X_{T2}=\frac{U_{k2}\%U_N^2}{S_N}\times 10=\frac{10.5\times 110^2}{20000}\times 10=63.5(\Omega)$$

线路 WL2 的电阻、电抗为

$$R_{WL2}=r_2lk_2^2=0.105\times 5\times\left(\frac{110}{6.6}\right)^2=145.8(\Omega)$$

$$X_{WL2}=x_2lk_2^2=0.383\times 5\times\left(\frac{110}{6.6}\right)^2=531.9(\Omega)$$

将以上计算结果标在图 2-12 中。

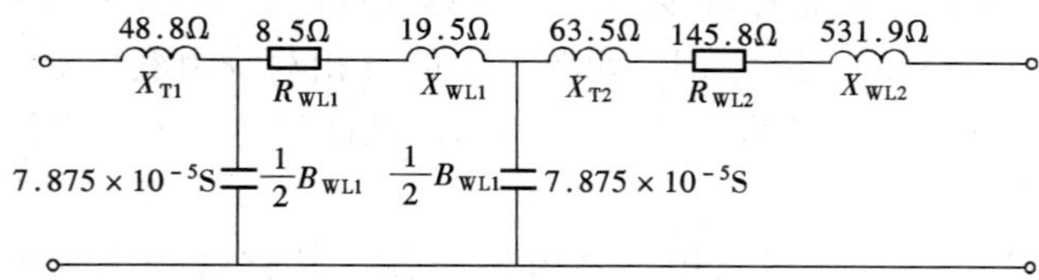

图 2-12 [例 2-4] 等值电路（一）

（2）归算到 6kV 侧，则有

$$X'_{T1}=X_{T1}\left(\frac{6.6}{110}\right)^2=48.8\times(0.06)^2=0.1757(\Omega)$$

$$R'_{WL1}=R_{WL1}\left(\frac{6.6}{110}\right)^2=8.5\times 0.06^2=0.0306(\Omega)$$

$$X'_{WL1}=X_{WL1}\left(\frac{6.6}{110}\right)^2=19.5\times 0.06^2=0.0702(\Omega)$$

$$\frac{1}{2}B'_{WL1}=\frac{1}{2}B_{WL1}\left(\frac{110}{6.6}\right)^2=7.875\times 10^{-5}\times 16.66^2=2187.5\times 10^{-5}(S)$$

$$X'_{T2}=X_{T2}\left(\frac{6.6}{110}\right)^2=63.5\times 0.06^2=0.228(\Omega)$$

$$R'_{WL2}=r_2l=0.105\times 5=0.525(\Omega)$$

$$X'_{WL2}=x_2l=0.383\times 5=1.915(\Omega)$$

将以上计算结果标在图 2-13 中。

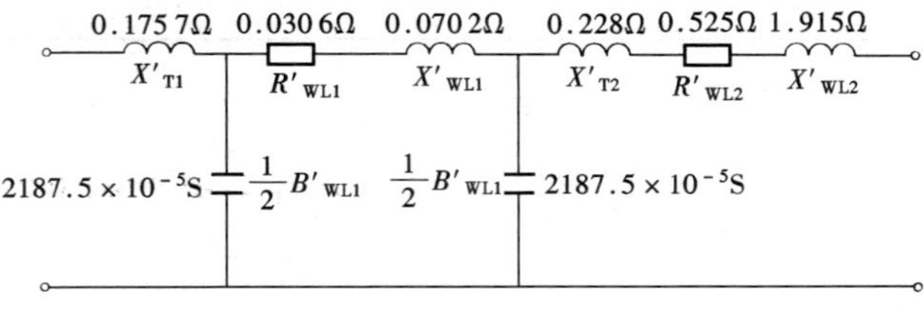

图 2-13 [例 2-4] 等值电路（二）

思考题及习题

2-1 为什么工程计算用的线路电阻大于直流电阻？

2-2 解释架空线路电阻、电抗、电纳、电导的物理意义。

2-3 三相水平布置或垂直布置的交流输电线路必须经过整循环换位的原因是什么？什么叫相间几何均距？

2-4 中等长度的架空输电线路的等值电路有几种？常用哪一种？

2-5 在三绕组变压器中，降压结构和升压结构的区别是什么？

2-6 变压器的空载、短路试验数据与变压器等值参数的求取有何对应关系？

2-7 计算三绕组变压器等值参数应注意什么？

2-8 某110kV单回架空输电线路，长度为60km，导线型号为LGJ-240，导线水平布置，线间距离为4m，并已经过整循环换位，试计算此线路参数并绘等值电路。

2-9 一台121/10.5kV、容量为31500kV·A的三相双绕组变压器，其铭牌数据为$\Delta P_0=47$kW、$I_0\%=2.7$、$\Delta P_k=200$kW、$U_k\%=10.5$。试计算变压器归算到高压侧的等值参数(有名值)、绘等值电路。

2-10 某SFSL1-15000/110型三相三绕组变压器，其铭牌数据为容量比15000/15000/15000kV·A、电压比110/38.5/10.5kV、$\Delta P_0=22.7$kW、$I_0\%=1.3$、$\Delta P_{k(1-2)}=120$kW、$\Delta P_{k(2-3)}=95$kW、$\Delta P_{k(3-1)}=120$kW、$U_{k(1-2)}\%=10.5$、$U_{k(2-3)}\%=6$、$U_{k(3-1)}\%=17$。试求：

(1) 变压器的参数并绘等值电路(归算到110kV侧)；

(2) 说明此变压器的绕组布置方式。

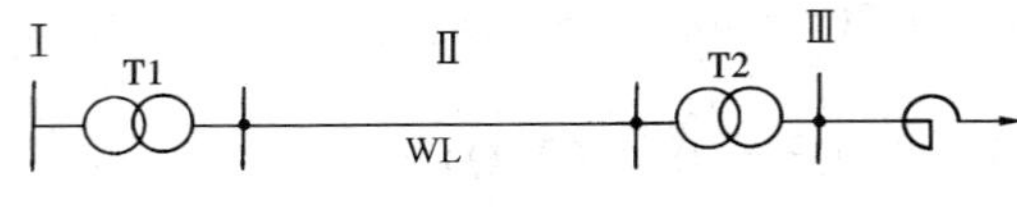

图2-14 题2-11图

2-11 如图2-14所示输电系统，线路导线型号LGJ-185，长度50km，几何均距为5m，电抗器额定电压6kV，额定电流0.3kA，$X_L\%=5$，变压器参数在表2-4中给出。选第Ⅱ段为基本段，按变压器实际变比计算各元件参数，并绘等值电路。

表2-4 题2-11变压器参数

符号	名称	容量(kV·A)	电压(kV)	$U_k\%$	ΔP_k(kW)	$I_0\%$	ΔP_0(kW)
T1	变压器	31500	10.5/121	10.5	190	3	32
T2	变压器	20000	110/6.6	10.5	135	2.8	22

第三章　供配电系统电网的潮流计算

潮流是指电力系统在稳定运行状态下电压、电流、功率的分布，即通常所说的潮流分布。其中人们研究较多的是电压与功率的分布。潮流计算是电力系统稳定运行状态的最基本计算，它的任务是根据给定的运行条件确定系统的运行状态，如母线的电压（幅值及相角）、电网中的功率分布及功率损耗等。

潮流计算的目的如下：

(1) 在电力系统规划、设计中，用于检验所提出的规划方案能否满足各种运行方式的要求和选择系统接线方式及电气设备；

(2) 在电力系统运行中，用于分析机组发电出力和负荷的变化以及电网结构的改变对系统电能质量和安全经济运行的影响；

(3) 在电力系统经济运行、调度自动化和电力系统稳定计算中，提供基础数据。

目前潮流计算均采用计算机完成，但手算可以建立清晰的物理概念，也是计算机潮流计算的理论基础。本章介绍简单开式网的潮流手算过程，以使读者对潮流计算方法有基本了解。

第一节　电网的电压计算

一、电网负荷的表示方法

在稳态计算时不考虑发电机内部电磁过程，将发电机母线视作系统的边界点，因而常将此类电力系统计算称为电网计算。

在具体分析以前，先对复功率的表示符号作一说明。本书采用国际电工委员会推荐的规定，取复功率

$$\widetilde{S}_{ph}=\dot{U}_{ph}\overset{*}{I}=P_{ph}+jQ_{ph}$$

即

$$\widetilde{S}_{ph}=\dot{U}_{ph}\overset{*}{I}=U_{ph}I\angle\varphi_u-\varphi_i=U_{ph}I\angle\varphi$$

$$\dot{U}_{ph}=U_{ph}\angle\varphi_u,\ \overset{*}{I}=I\angle-\varphi_i,\ \varphi=\varphi_u-\varphi_i$$

式中　$\widetilde{S}_{ph}$——每相复功率；

$\dot{U}_{ph}$——相电压相量；

$\overset{*}{I}$——电流相量的共轭相量；

φ——相电压相量与电流相量的相位差角。

将复功率 $\widetilde{S}_{ph}=U_{ph}I\angle\varphi$ 分解为实部和虚部，即

$$\widetilde{S}_{ph}=U_{ph}I\cos\varphi+jU_{ph}I\sin\varphi=P_{ph}+jQ_{ph}$$

上式两端同时乘以 3 可得到以线电压 U 表示的三相负荷功率。

因为$U=\sqrt{3}U_{ph}$，所以

$$\widetilde{S}=\sqrt{3}UI\cos\varphi+j\sqrt{3}UI\sin\varphi=P+jQ$$

式中 P——三相有功功率，kW或MW；

Q——三相无功功率，kvar或Mvar。

故三相视在功率

$$S=\sqrt{P^2+Q^2}=\sqrt{3}UI$$

式中 S——三相视在功率，kV·A或MV·A。

根据以上对复功率符号的规定，当负荷以滞后功率因数运行时所吸收的无功功率（感性无功功率）为正，以超前功率因数运行时所吸收的无功功率（容性无功功率）为负；而发电机以滞后功率因数运行时所发出的无功功率为正，以超前功率因数运行时所发出的无功功率为负。

在进行电网潮流手工计算时，尽可能避免复数运算，以使运算过程简化。现分述如下。

二、电网的电压降落

当输电线路传输功率时，电流将在线路的阻抗上产生电压降落，由于电压变化程度是衡量电能质量的重要指标之一，所以研究电网电压变化规律是十分必要的。

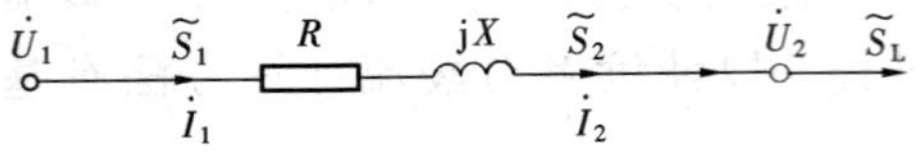

$\dot{U}_1$ $\widetilde{S}_1$ R jX $\widetilde{S}_2$ $\dot{U}_2$ $\widetilde{S}_L$ $\dot{I}_1$ $\dot{I}_2$

图3-1 电网某环节的简化等值电路

为了使分析简便，输电线路代之以集中参数的等值电路，不考虑电容的影响，设一电网某环节的简化等值电路如图3-1所示。其中$\dot{U}_1$、$\dot{U}_2$为环节首末端的电压相量，$\widetilde{S}_L$为环节末端所带负荷，由图3-1可知$\widetilde{S}_2=\widetilde{S}_L$。

所谓电压降落是指电网任意两点的电压相量差。所以由图3-1可得

$$\dot{U}_1-\dot{U}_2=(R+jX)\dot{I}_2=(R+jX)\dot{I}_1 \tag{3-1}$$

(1) 已知环节末端电压$\dot{U}_2$及功率$\widetilde{S}_2$。设$\dot{U}_2$为参考相量，则$\dot{U}_2=U_2\underline{/0^\circ}$。负荷为感性时$\widetilde{S}_2=\dot{U}_2\overset{*}{I}_2=P_2+jQ_2$，则

$$\dot{I}_2=\frac{P_2-jQ_2}{U_2}=I_2\underline{/-\varphi_2} \tag{3-2}$$

将式(3-2)代入式(3-1)得

$$\begin{aligned}\dot{U}_1&=\dot{U}_2+(R+jX)\dot{I}_2\\&=U_2+(R+jX)\frac{P_2-jQ_2}{U_2}\\&=U_2+\frac{P_2R+Q_2X}{U_2}+j\frac{P_2X-Q_2R}{U_2}\end{aligned} \tag{3-3}$$

或

$$\dot{U}_1=U_2+\Delta U_2+j\delta U_2 \tag{3-4}$$

$$\Delta U_2=\frac{P_2R+Q_2X}{U_2} \tag{3-5}$$

$$\delta U_2=\frac{P_2X-Q_2R}{U_2} \tag{3-6}$$

式中　ΔU_2、δU_2——末端电压降落的纵、横分量，其含义如图 3-2（a）所示。

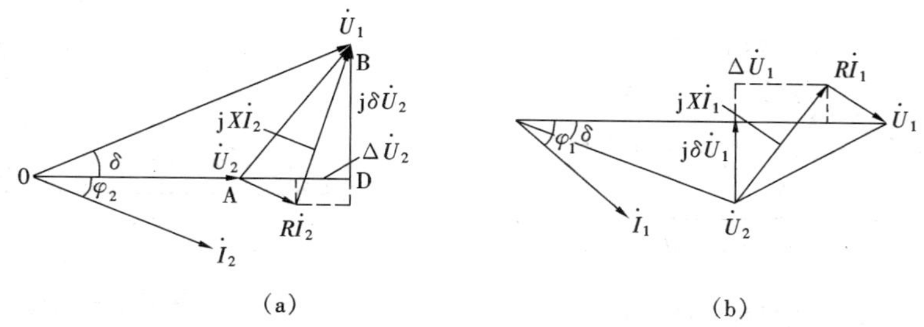

图 3-2　电压降落相量图

（a）末端电压降落的纵、横分量；（b）首端电压降落的纵、横分量

式（3-4）又可写为

$$\dot{U}_1 = U_1 \angle\delta$$

$$U_1 = \sqrt{(U_2 + \Delta U_2)^2 + (\delta U_2)^2} \tag{3-7}$$

$$\delta = \tan^{-1}\frac{\delta U_2}{U_2 + \Delta U_2} \tag{3-8}$$

式（3-8）中，等式左端的 δ 代表 $\dot{U}_1$ 超前 $\dot{U}_2$ 的角度，请勿与 δU_2 符号混淆。因为 δU_2 值很小，可以忽略，所以

$$U_1 \approx U_2 + \Delta U_2 \tag{3-9}$$

（2）已知环节首端电压 $\dot{U}_1$ 及功率 $\widetilde{S}_1$ 。设 $\dot{U}_1$ 为参考相量，则 $\dot{U}_1 = U_1 \angle 0°$ ，参照上述推导，环节末端的电压 $\dot{U}_2$ 为

$$\dot{U}_2 = \dot{U}_1 - (R + jX)\dot{I}_1$$

$$= U_1 - \frac{P_1R + Q_1X}{U_1} - j\frac{P_1X - Q_1R}{U_1} \tag{3-10}$$

$$= U_1 - \Delta U_1 - j\delta U_1 \tag{3-11}$$

$$= U_2 \angle -\delta \tag{3-12}$$

$$U_2 = \sqrt{(U_1 - \Delta U_1)^2 + (\delta U_1)^2} \tag{3-13}$$

同理

$$U_2 \approx U_1 - \Delta U_1 \tag{3-14}$$

$$\delta = \tan^{-1}\frac{\delta U_1}{U_1 - \Delta U_1} \tag{3-15}$$

式中　ΔU_1、δU_1——首端电压降落的纵、横分量，其含义如图 3-2（b）所示。

注意：当已知末端的电压及功率求首端的电压时，是取 $\dot{U}_2$ 为参考相量的；而当已知首端的电压及功率求末端电压时，是取 $\dot{U}_1$ 为参考相量的，所以有 $\Delta U_1 \neq \Delta U_2, \delta U_1 \neq \delta U_2$ ，但 $\sqrt{\Delta U_1^2 + \delta U_1^2} = \sqrt{\Delta U_2^2 + \delta U_2^2}$ ，这点由图 3-3 可见。

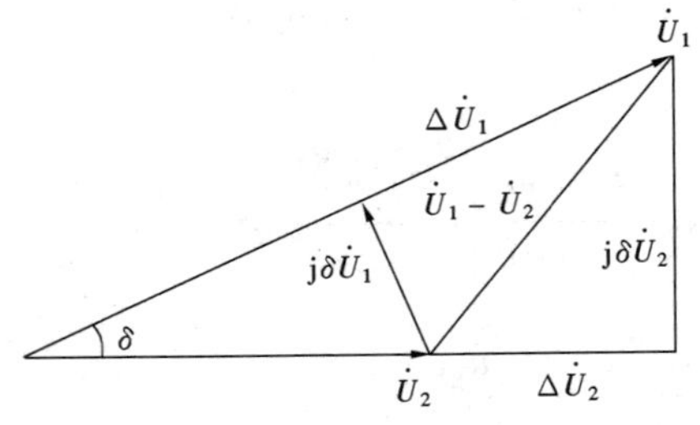

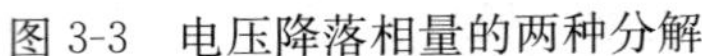
图 3-3 电压降落相量的两种分解

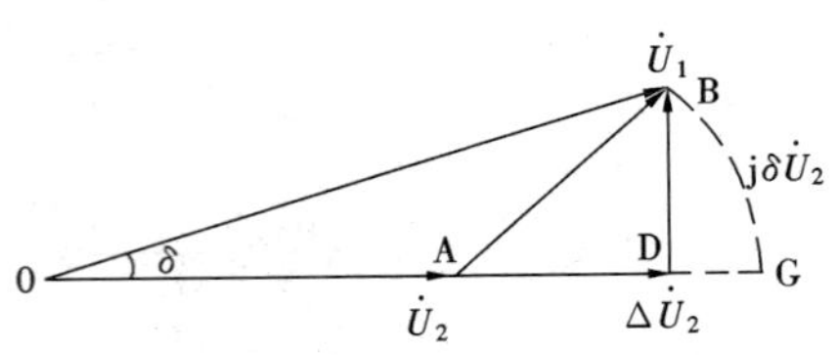

图 3-4 电压损耗示意图

因此在利用式(3-3)、式(3-11)求解时，功率和电压必须取同一点的值。

上述公式均是在感性负荷下推出，若为容性负荷时，公式不变，只需改变无功功率 Q 的符号。式(3-3)～式(3-15)中，将电压改为线电压，同时将功率改为三相功率时，关系仍成立。

下面进一步讨论电网环节的潮流方向。对于高压电网，一般 $X \gg R$，为了简化问题，令 $R=0$，式(3-6)变为

$$\delta U_2 = \frac{P_2 X}{U_2}$$

由图 3-2(a)得

$$\sin\delta = \frac{P_2 X}{U_1 U_2},\ P_2 = \frac{U_1 U_2}{X}\sin\delta$$

当 $\dot{U}_1$ 超前于 $\dot{U}_2$ 时，$\sin\delta > 0$，P 为正值，说明电网环节中有功功率是从电压超前的一端输向电压滞后的一端，电压的相角差主要取决于输送的有功功率。

$X \gg R$ 时，式(3-5)变为

$$\Delta U_2 = \frac{Q_2 X}{U_2}$$

即

$$Q_2 = \frac{U_2(U_1 - U_2)}{X}$$

当 $U_1 > U_2$ 时，Q_2 为正，说明电网环节中感性无功功率是从电压高的一端输向电压低的一端（也可以说，容性无功功率从电压低的一端输向电压高的一端），电压的数值差主要取决于输送的无功功率。

以上结论的条件是 $R=0$，对于低压配电系统或电缆线路，由于 R 与 X 相当，甚至 $R > X$，上述结论就不成立了。

三、电网的电压损耗

所谓电压损耗是指电网中两点电压的绝对值之差，用 ΔU 表示，即 $\Delta U = U_1 - U_2$。由图 3-4 可见，电压损耗的大小为图 3-4 中的 AG，当 δU_2 不大，即两电压 $\dot{U}_1$、$\dot{U}_2$ 之间的相角差 δ 不大时，AG 与 AD 相差不大，而且对电压为 110kV 及以下的电网来说，由于横分量 δU 一项对电压绝对值大小的影响很小，常可略去不计，但对 220kV 及以上的高压、超高压电网而言，其横分量 δU 一项就不能忽略。如忽略其横分量 δU，电压损耗是由两部分组成的，即

$$\Delta U=\frac{PR}{U}+\frac{QX}{U} \tag{3-16}$$

如将式（3-3）～式（3-15）的线路阻抗换为变压器阻抗，这些公式也可适用于变压器。

四、电网的电压偏移

在供用电网络中，某指定点的实际电压与额定电压的代数差，称为该点的电压偏移，常用百分值表示，即

$$m\%=\frac{U-U_{\rm N}}{U_{\rm N}}\times 100 \tag{3-17}$$

例如

$$首端电压偏移\ \%=\frac{U_1-U_{\rm 1N}}{U_{\rm 1N}}\times 100 \tag{3-18}$$

$$末端电压偏移\ \%=\frac{U_2-U_{\rm 2N}}{U_{\rm 2N}}\times 100 \tag{3-19}$$

式中　$U_{\rm 1N}$，$U_{\rm 2N}$——首端、末端的额定电压。

当$m\%$为正值时，说明实际电压高于额定电压；当$m\%$为负值时，说明实际电压低于额定电压。实际工作中，不需关心两点间电压在相位上有什么区别，而要关心某指定点电压与额定电压的偏移，因此，常以电压损耗和电压偏移作为衡量电压质量的主要指标。

【例 3-1】　有一条 35kV 输电线路，全长 40km，导线型号为 LGJ-120，几何均距 $D=2$m，查得线路参数 $r_1=0.27\Omega/\text{km}$，$x_1=0.365\Omega/\text{km}$。导纳可忽略不计，已知线路末端有功功率 $P_2=4000$kW，功率因数 $\cos\varphi_2=0.85$。如要求该线路末端电压维持$U_2=35$kV，回答下列问题：

（1）画出等值电路。

（2）该线路首端电压 U_1 应为多少千伏？线路上的电压降为多少千伏？

（3）计算电压损耗及首端电压偏移，并判断电压偏移是否在允许的范围内？

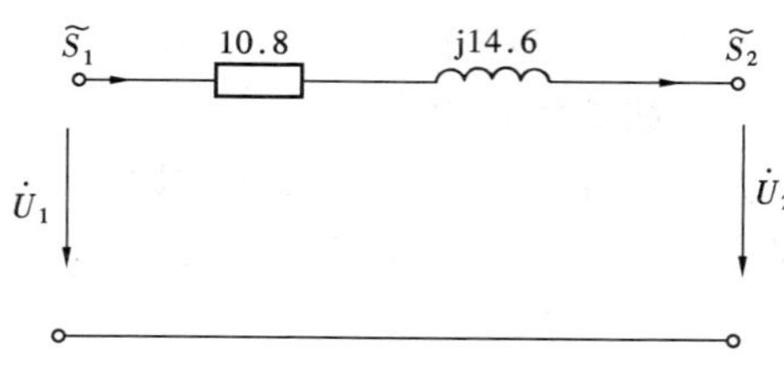

图 3-5　［例 3-1］等值电路

解　（1）画出的等值电路，如图 3-5 所示，其中

$$R=r_1 l=0.27\times 40=10.8(\Omega)$$

$$X=x_1 l=0.365\times 40=14.6(\Omega)$$

$$P_2=4000\text{kW}，\cos\varphi_2=0.85，$$

$$Q_2=\tan(\cos^{-1}0.85)P_2=0.62\times 4000=2479(\text{kvar})$$

$$\widetilde{S}_2=P_2+\text{j}Q_2=4000+\text{j}2479\ \text{kV}\cdot\text{A}=4+\text{j}2.479\ \text{MV}\cdot\text{A}$$

（2）已知$U_2=35$kV，$\widetilde{S}_2=4+\text{j}2.479$MV·A，则电压降纵分量

$$\Delta U_2=\frac{P_2R+Q_2X}{U_2}=\frac{4\times 10.8+2.479\times 14.6}{35}=2.27(\text{kV})$$

电压降横分量

$$\delta U_2=\frac{P_2X-Q_2R}{U_2}=\frac{4\times 14.6-2.479\times 10.8}{35}=0.9(\text{kV})$$

电压降

$$dU=\sqrt{\Delta U_2^2+\delta U_2^2}=\sqrt{2.27^2+0.9^2}=2.44(\text{kV})$$

$$\dot{U}_1=U_2+\Delta U_2+\text{j}\delta U_2=35+2.27+\text{j}0.9=37.27+\text{j}0.9(\text{kV})$$

$$U_1=\sqrt{37.27^2+0.9^2}=37.28(\text{kV})$$

为了保持 $U_2=35\text{kV}$，U_1 应等于 37.28kV。

(3) 计算电压损耗及电压偏移。因为电压等级为 35kV，故可忽略 δU。所以电压损耗就等于电压降纵分量 ΔU，即为 2.27kV。若不忽略 δU_2，则电压损耗为 U_1 和 U_2 绝对值之差，等于 37.28－35＝2.28 (kV)。可见忽略 δU_2 而引起误差仅为 2.28－2.27＝0.01 (kV)，数值极小。

$$\text{首端电压偏移}=\frac{U_1-U_{1N}}{U_{1N}}\times 100=\frac{37.28-35}{35}\times 100=6.5>5$$

显然首端电压偏移过大，超过允许范围，需采取其他措施。

第二节 电网的功率损耗

当电网运行时，在线路和变压器中将要产生功率损耗。通常电网的损耗由两部分组成。一部分是与传输功率有关的损耗，它产生在输电线路和变压器的串联阻抗上，传输功率越大则损耗越大，这种损耗叫变动损耗；在总损耗中所占比重较大。另一部分损耗则仅与电压有关，它产生在输电线路和变压器的并联导纳上，如输电线路的电晕损耗、变压器的激磁损耗等，这种损耗叫固定损耗。

一、线路的功率损耗

如图 3-6 (a) 所示的简单线路，若已知末端电压 U_2 和末端功率 $S_L=P_L+\text{j}Q_L$，忽略电导时，可用图 3-6 (b) 中的 π 型等值电路表示。该线路的功率损耗由下述三部分组成。

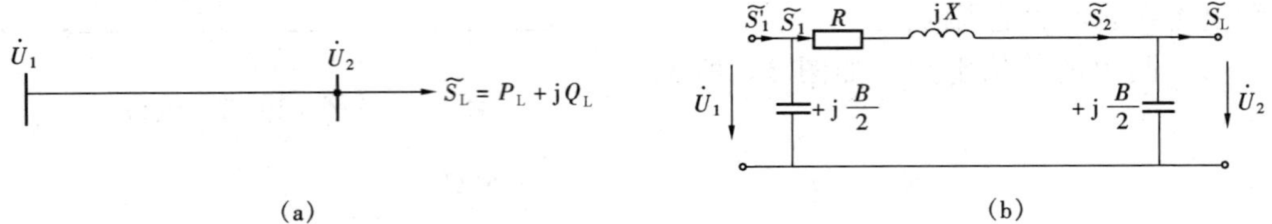

图 3-6 线路的 π 型等值电路

(a) 简单线路；(b) π 型等值电路

(一) 线路末端导纳的功率损耗

由于忽略了线路中的电导，故只余线路末端电纳（其值为线路总电纳 B 的 1/2）的功率损耗，其值与线路末端电压 U_2 有关，即

$$\Delta Q_{B2}=-\frac{B}{2}U_2^2 \tag{3-20}$$

式中 U_2——线路末端电压，kV；

B——线路总电纳，S；

ΔQ_{B2}——线路末端导纳的功率损耗，Mvar。

式 3-20 中的负号表示容性无功功率。

（二）阻抗的功率损耗

线路阻抗的功率损耗包括有功功率损耗和无功功率损耗两部分，其值大小与通过阻抗的电流平方成正比，分别为

$$\left.\begin{aligned}\Delta P_{\mathrm{R}}=3I^2R\\ \Delta Q_{\mathrm{X}}=3I^2X\end{aligned}\right\}\tag{3-21}$$

式中 R——线路一相的电阻，Ω；

X——线路一相的电抗，Ω；

I——通过输电线路一相的电流，它既可用线路末端的功率 S_2 和电压 U_2 表示，也可用首端的功率 S_1 和电压 U_1 来表示，kA；

ΔP_{R}——线路总有功损耗，MW；

ΔQ_{X}——线路总无功损耗，Mvar。

如已知条件是末端功率、末端电压，则有 $\overset{*}{I}=\dfrac{\widetilde{S}_2}{\sqrt{3}U_2}=\dfrac{P_2+\mathrm{j}Q_2}{\sqrt{3}U_2}$，代入式（3-21）得

$$\Delta P_{\mathrm{R}}=\frac{P_2^2+Q_2^2}{U_2^2}R\tag{3-22}$$

$$\Delta Q_{\mathrm{X}}=\frac{P_2^2+Q_2^2}{U_2^2}X\tag{3-23}$$

相反，若已知条件为首端功率和电压，则式（3-22）、式（3-23）改为

$$\Delta P_{\mathrm{R}}=\frac{P_1^2+Q_1^2}{U_1^2}R\tag{3-24}$$

$$\Delta Q_{\mathrm{X}}=\frac{P_1^2+Q_1^2}{U_1^2}X\tag{3-25}$$

式中 P_1，P_2——线路首端、末端的有功功率，MW；

Q_1，Q_2——线路首端、末端的无功功率，Mvar；

U_1，U_2——线路首端、末端的电压，kV；

ΔP_{R}——线路总有功损耗，MW；

ΔQ_{X}——线路总无功损耗，Mvar。

需要特别指出的是，在应用式（3-22）～式（3-25）时，必须采用线路上同一点的功率和电压，如果所取的功率是线路末端的功率，则所用的电压必须是线路末端的电压；如所取的功率是首端的功率，则电压也必须是首端的电压。

（三）线路首端导纳的功率损耗

该功率损耗与线路首端电压有关，由于略去了电导，只余电纳中的无功损耗，即

$$\Delta Q_{\mathrm{B1}}=-\frac{B}{2}U_1^2\tag{3-26}$$

注意，在 π 型等值电路中。两条导纳支路（忽略电导后）的电纳值相同，均为$\dfrac{B}{2}$。但由于首末端电压的不同，电纳中的无功损耗并不相同，即 $\Delta Q_{\mathrm{B1}}\neq\Delta Q_{\mathrm{B2}}$。实际线路首末端电压差不大，一般近似认为 $\Delta Q_{\mathrm{B1}}\approx\Delta Q_{\mathrm{B2}}=-\dfrac{B}{2}U_{\mathrm{N}}^2$。

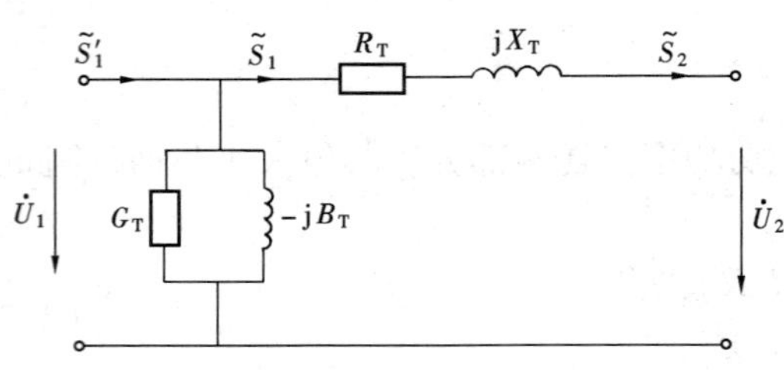

图 3-7 双绕组变压器等值电路

二、变压器的功率损耗

变压器的功率损耗包括阻抗的功率损耗与导纳的功率损耗两部分。对于图 3-7 所示的双绕组变压器等值电路，只要阻抗 $Z_T=R_T+jX_T$ 及导纳 $Y_T=G_T-jB_T$ 均已求出，便可求出功率损耗。

(一) 阻抗的功率损耗

双绕组变压器阻抗的功率损耗计算，可以套用线路阻抗功率损耗的计算公式，即式 (3-21) ～式 (3-24)，可得

$$\Delta P_{TR}=\frac{P_2^2+Q_2^2}{U_2^2}R_T,\ \Delta Q_{TX}=\frac{P_2^2+Q_2^2}{U_2^2}X_T \tag{3-27}$$

或

$$\Delta P_{TR}=\frac{P_1^2+Q_1^2}{U_1^2}R_T,\ \Delta Q_{TX}=\frac{P_1^2+Q_1^2}{U_1^2}X_T \tag{3-28}$$

对于三绕组变压器，这些公式同样可以求出各侧绕组的功率损耗，即

$$\begin{aligned}\Delta\tilde{S}_{T1}&=\Delta P_{TR1}+j\Delta Q_{TX1}=\frac{P_1^2+Q_1^2}{U_1^2}R_{T1}+j\,\frac{P_1^2+Q_1^2}{U_1^2}X_{T1}\\ \Delta\tilde{S}_{T2}&=\Delta P_{TR2}+j\Delta Q_{TX2}=\frac{P_2^2+Q_2^2}{U_1^2}R_{T2}+j\,\frac{P_2^2+Q_2^2}{U_1^2}X_{T2}\\ \Delta\tilde{S}_{T3}&=\Delta P_{TR3}+j\Delta Q_{TX3}=\frac{P_3^2+Q_3^2}{U_1^2}R_{T3}+j\,\frac{P_3^2+Q_3^2}{U_1^2}X_{T3}\end{aligned} \tag{3-29}$$

式中 $\Delta\tilde{S}_{T1}$，$\Delta\tilde{S}_{T2}$，$\Delta\tilde{S}_{T3}$——绕组 1、2、3 的功率损耗，MV·A；
P_1，P_2，P_3——绕组 1、2、3 的负荷有功功率，MW；
Q_1，Q_2，Q_3——绕组 1、2、3 的负荷无功功率，Mvar；
R_{T1}，R_{T2}，R_{T3}——归算到绕组 1 侧的绕组 1、2、3 的等值电阻，Ω；
X_{T1}，X_{T2}，X_{T3}——归算到绕组 1 侧的绕组 1、2、3 的等值电抗，Ω；
U_1——绕组 1 侧的额定电压，kV。

(二) 导纳的功率损耗

变压器导纳的功率损耗为

$$\Delta P_{TG}=G_TU_1^2,\ \Delta Q_{TB}=B_TU_1^2 \tag{3-30}$$

注意，变压器导纳的无功功率损耗是感性的，所以符号为正。

在有些情况下，如不必求取变压器内部的电压降，因而不需要计算出变压器的阻抗、导纳时，这些功率损耗可直接由制造厂家提供的短路和空载试验数据求得，将第二章求变压器参数的公式代入式 (3-27) 及式 (3-30) 中，即得

$$\left.\begin{aligned}\Delta P_{TR}&=\frac{\Delta P_kU_N^2S_2^2}{U_2^2S_N^2}\\ \Delta Q_{TX}&=\frac{U_k\%U_N^2S_2^2}{100U_2^2S_N}\\ \Delta P_{TG}&=\frac{\Delta P_0U_1^2}{U_N^2}\\ \Delta Q_{TB}&=\frac{I_0\%U_1^2S_N}{100U_N^2}\end{aligned}\right\} \tag{3-31}$$

实际计算时通常设$U_1=U_N$、$U_2=U_N$，所以这些公式可以简化为

$$\left.\begin{aligned}\Delta P_{TR}&=\frac{\Delta P_k S_2^2}{S_N^2}\\ \Delta Q_{TX}&=\frac{U_k\% S_2^2}{100S_N}\\ \Delta P_{TG}&=\Delta P_0\\ \Delta Q_{TB}&=\frac{I_0\%}{100}S_N\end{aligned}\right\}\tag{3-32}$$

式中　ΔP_k，ΔP_0——变压器的短路损耗和空载损耗，kW；

$U_k\%$，$I_0\%$——变压器的短路电压百分数和空载电流百分数；

S_N——变压器的额定容量，kV·A；

S_2——变压器负荷的视在功率，kV·A。

假如有n台容量及参数均相同的变压器并列运行，其中每台的额定容量为S_N，总负荷为S，则其总有功功率损耗为

$$\Delta P_T=n\Delta P_0+n\Delta P_k\left(\frac{S}{nS_N}\right)^2\tag{3-33}$$

而总的无功功率损耗为

$$\Delta Q_T=n\frac{I_0\%}{100}S_N+n\frac{U_k\%S_N}{100}\left(\frac{S}{nS_N}\right)^2\tag{3-34}$$

式中　n——并列运行变压器的台数。

在用以上公式计算阻抗、导纳中的功率损耗时，所利用的制造厂提供的试验数据皆以kW或kvar表示，而电力系统潮流计算有时可取MW、Mvar为单位，此时要注意，需将公式中的单位换算一致。

电网的总有功功率损耗和总无功功率损耗应是所有线路和变压器的有功、无功功率损耗之和。

第三节　开式网潮流计算

一、开式区域网的潮流计算

一端电源供电的电网称为开式网。实际进行开式区域网潮流计算时，根据已知条件的不同有两种基本的算法。

对于图3-8（a）所示的简单系统，其等值电路如图3-8（b）所示。

对供电部门来说，在计算此类开式区域网潮流分布时，一般给出的已知条件是：

（1）最大或最小负荷运行条件下，降压变电所低压侧的负荷$\widetilde{S}_L$；

（2）输电线路及变压器的参数；

（3）降压变电所低压侧母线的电压$\dot{U}_L$，或发电厂（或电源侧）供电母线的电压$\dot{U}_1$。

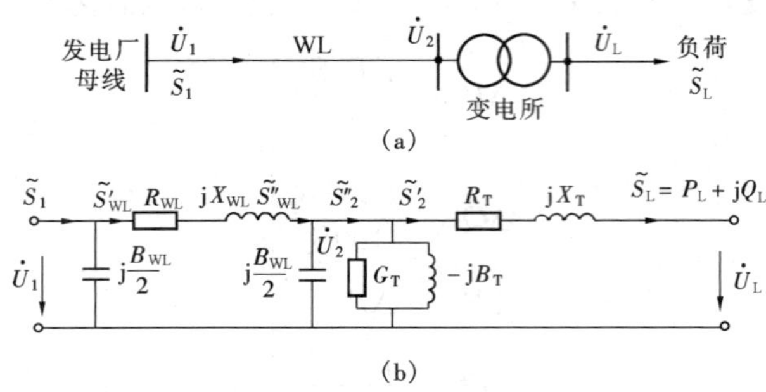

图 3-8 简单开式区域网及其等值电路

(a) 系统图；(b) 等值电路

这些条件实际上包括了以下两种情况。

第一种情况：给定的已知条件是同一点的功率和电压，例如给出末端功率 $\tilde{S}_L$ 和末端电压 $\dot{U}_L$，需要求取首端功率 $\tilde{S}_1$ 和首端电压 $\dot{U}_1$。由于是单侧电源的开式区域网，故这一类问题的计算比较简单，只需按本章第一、二节中介绍的电压损耗、功率损耗等计算方法逐步进行计算即可。

第二种情况：给定的已知条件是不同点的功率和电压，例如给出的首端电压 $\dot{U}_1$ 与末端功率 $\tilde{S}_L$，需要求取首端功率 $\tilde{S}_1$ 和末端电压 $\dot{U}_L$；或者反过来已知 $\tilde{S}_1$ 和 $\dot{U}_L$ 而去求 $\dot{U}_1$ 及 $\tilde{S}_L$ 时，都是属于这种情况。由于给出的不是同一点的功率和电压，所以这类计算比较麻烦，不可能直接计算出电压损耗和功率损耗值，而只能利用“迭代法”或简化计算等方法去求解。

以下根据图 3-8 的等值电路就两种已知条件情况分别讨论。

(一) 给定同一点的电压和功率

已知 $\tilde{S}_L$、$\dot{U}_L$，要求 $\tilde{S}_1$、$\dot{U}_1$。计算步骤如下：

(1) 先求变压器阻抗上的功率损耗 ΔS_{TZ} 和电压损耗 ΔU_T，求得功率 $\tilde{S}'_2$ 和电压 $\dot{U}_2$；

(2) 由 $\dot{U}_2$ 求得变压器导纳上的功率损耗 ΔS_{TY} 和线路一条电纳支路的功率损耗 ΔS_{WLY}；

(3) 求得功率 $\tilde{S}''_2$、$\tilde{S}''_{WL}$；

(4) 求取线路串联阻抗上的功率损耗 $\Delta\tilde{S}_{WLZ}$ 和电压损耗 ΔU_L，求得功率 $\tilde{S}'_{WL}$ 电压 $\dot{U}_1$；

(5) 最后再由线路另一条电纳支路的功率损耗 $\Delta\tilde{S}'_{WLY}$ 求取首端功率 $\tilde{S}_1$。

以上采取的是将电压和功率由已知点向未知点交替递推计算的方法。对于 110kV 及以下的网络，在计算电压损耗时常略去横分量，使计算进一步简化。在计算时注意变压器两侧参数与电压的归算。

【例 3-2】 如图3-8所示系统，变压器容量为 20MV·A，110/38.5kV，$Z_T=R_T+jX_T=4.93+j63.5\Omega$（已归算至高压侧），$Z_{WL}=R_{WL}+jX_{WL}=21.6+j33\Omega$，$B_{WL}/2=1.1\times10^{-4}$S，变压器励磁功率为 $\Delta\tilde{S}_{TY}=60+j600$kV·A，低压侧负荷 $\tilde{S}_L=15+j11.25$MV·A，现要求低压侧电压为 36kV，求电源处的母线电压及输送的功率。

解　将低压侧电压归算至高压侧

$$U_L=36\times110/38.5=102.86\text{（kV）}$$

变压器串联阻抗的功率损耗为

$$\Delta\widetilde{S}_{TZ}=\frac{P_L^2+Q_L^2}{U_L^2}(R_T+jX_T)$$
$$=\frac{15^2+11.25^2}{102.86^2}\times(4.93+j63.5)=0.16+j2.11\text{（MV·A）}$$

进入变压器的功率为

$$\widetilde{S}''_2=S''_L+\Delta S_{TZ}+\Delta S_{TY}=(15+j11.25)+(0.16+j2.11)+(0.06+j0.6)$$
$$=15.22+j13.96\text{(MV·A)}$$

变压器的电压损耗为

$$\Delta U_T=\frac{P_LR_T+Q_LX_T}{U_L}=\frac{15\times4.93+11.25\times63.5}{102.86}=7.66\text{(kV)}$$

变压器低压侧电压为

$$U_2=U_L+\Delta U_T=102.86+7.66=110.52\text{(kV)}$$

线路一条电纳支路的功率损耗为

$$\Delta\widetilde{S}_{WLY}=U_2^2\left(-j\frac{B_L}{2}\right)=-110.52^2\times j1.1\times10^{-4}=-j1.34\text{(MV·A)}$$

线路功率为

$$\widetilde{S}''_{WL}=\widetilde{S}''_2+\Delta\widetilde{S}_{WLY}=(15.22+j13.96)+(-j1.34)=15.22+j12.62\text{(MV·A)}$$

线路串联阻抗的功率损耗为

$$\Delta\widetilde{S}_{WLZ}=\frac{P''^2_{WL}+Q''^2_{WL}}{U_2^2}(R_{WL}+jX_{WL})=\frac{15.22^2+12.62^2}{110.52^2}\times(21.6+j33)=0.69+j1.06\text{(MV·A)}$$

线路电压的损耗为

$$\Delta U_{WL}=\frac{P''_{WL}R_{WL}+Q''_{WL}X_{WL}}{U_2}=\frac{15.22\times21.6+12.62\times33}{110.52}=6.74\text{（kV）}$$

$$U_1=U_2+\Delta U_{WL}=110.52+6.74=117.26\text{（kV）（略去}\delta U_{WL}\text{）}$$

线路另一条电纳支路的功率损耗为

$$\Delta\widetilde{S}'_{WLY}=U_1^2\left(-j\frac{B_{WL}}{2}\right)=-117.26^2\times j1.1\times10^{-4}=-j1.51\text{（MV·A）}$$

进入系统的功率为

$$\widetilde{S}_1=\widetilde{S}''_{WL}+\Delta\widetilde{S}_{WLZ}+\Delta\widetilde{S}'_{WLY}=(15.22+j12.62)+(0.69+j1.06)+(-j1.51)$$
$$=15.91+j12.17\text{(MV·A)}$$

因此　$U_1=117.26\text{kV}$，$\widetilde{S}_1=15.91+j12.17\text{ MV·A}$

（二）给定不同点的电压和功率

因为给定的不是同一点的电压和功率，如若直接利用前述计算方法计算电压损耗及功率损耗，则将出现一组非线性方程，解析算法将出现困难。因而采取如下的算法：首先在已知功率点假定一个电压，按上述第一种情况进行交替递推，求得已知电压点的功率；再由此点的已知电压与求得的功率返回交替递推，求得已知功率点电压；然后再将此已知点的功率与所求得电压交替递推……如初始电压选择得好，往往经过一两次反复递推即可求得足够精确的结果。一般初始电压可取该级网络的额定电压。

常见的情况是，给出开式电网的末端负荷与首端电压。对于这种情况可进一步简化计算，不必进行反复递推。设全网为额定电压（一般可将全网参数归算到同一个电压等级），由网络末端向首端推算各元件的功率损耗和功率分布，而不计算电压；待求得首端功率后，再由给定的首端电压与求得的首端功率、网络各处的功率分布，从首端向末端推算各元件电压损耗和各母线（节点）电压，此时不再重新计算功率损耗与功率分布。实践证明，这样的方法对于工程计算来说具有足够的准确度。

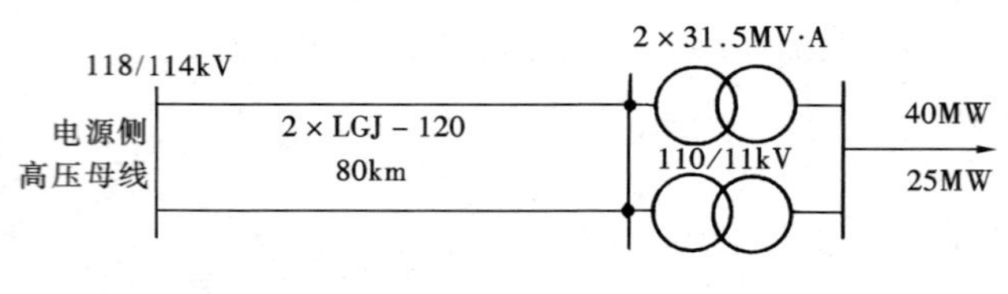

图 3-9 ［例 3-3］图

【例 3-3】 某双回输电线路如图 3-9 所示，已知线路导线型号为 LGJ-120，水平布置，$D'=5$m，线路全长 l 为 80km，末端连接的降压变电所有两台并列运行的变压器，其铭牌数据为：$S_N=31500$kV·A，$\Delta P_k=190$kW，$\Delta P_0=31.05$kW，$U_k\%=10.5$，$I_0\%=0.7$，变比为 110/11kV。已知变压器在+2.5%的分接头运行，最小负荷时不切除变压器；变电所的最大负荷为 40MW，最小负荷为 25MW，功率因数均为 0.9；电源侧高压母线在最大负荷时维持 118kV，在最小负荷时维持 114kV。试求：

（1）最大、最小运行方式时的潮流分布和电压分布；

（2）该降压变电所低压侧母线的实际电压及电压偏移。

解 本例题已知条件是首端电压和末端功率，需求末端电压，属于前述的第二种情况，可按简化计算法求解，取全网电压为额定电压 110kV。

（1）先计算参数并画出等值电路。查得线路导线为 LGJ-120 型，当 $D'=5$m 时，线路参数为

$$r_1=0.27\Omega/\text{km}$$

$$R_{WL}=r_1 l\times\frac{1}{2}=0.27\times80\times\frac{1}{2}=10.8\ (\Omega)$$

$$x_1=0.423\Omega/\text{km}$$

$$X_{WL}=x_1 l\times\frac{1}{2}=0.423\times80\times\frac{1}{2}=16.92\ (\Omega)$$

$$b_1=2.69\times10^{-6}\text{S/km}$$

$$\frac{B_{WL}}{2}=\frac{1}{2}\times b_1 l\times2=\frac{1}{2}\times2.69\times10^{-6}\times80\times2=2.15\times10^{-4}\ (\text{S})$$

变压器参数为

$$R_T=\frac{\Delta P_k U_N^2}{S_N^2}\times10^3\times\frac{1}{2}=\frac{190\times110^2}{31500^2}\times10^3\times\frac{1}{2}=1.16\ (\Omega)$$

$$X_T=\frac{U_k\%U_N^2}{S_N}\times10\times\frac{1}{2}=\frac{10.5\times110^2}{31500}\times10\times\frac{1}{2}=20.17\ (\Omega)$$

$$G_T=\frac{\Delta P_0}{U_N^2}\times10^{-3}\times2=\frac{31.05}{110^2}\times10^{-3}\times2=5.13\times10^{-6}\ (\text{S})$$

$$B_T=\frac{I_0\%S_N}{U_N^2}\times10^{-5}\times2=\frac{0.7\times31500}{110^2}\times10^{-5}\times2=3.65\times10^{-5}\ (S)$$

图 3-9 所示网络的等值电路如图 3-10 所示。

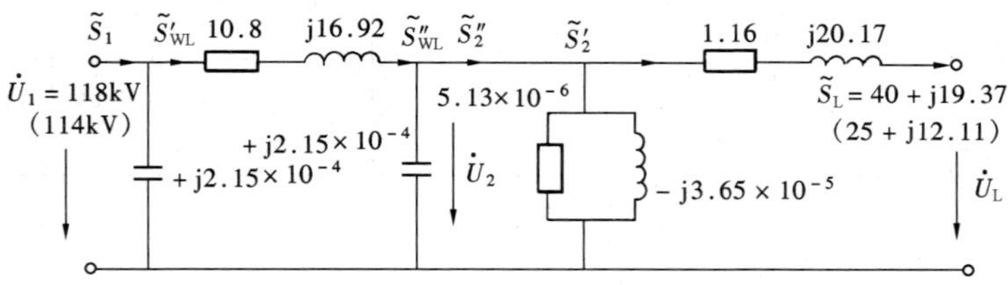

图 3-10　图 3-9 所示网络的等值电路

由于需要计算两种运行方式，即最大运行方式和最小运行方式，所以最好对这两种运行方式同时并行计算，这样既可节约时间，又便于发现计算过程中的错误。

（2）取全网电压为额定电压 U_N＝110kV，由末端向首端求功率分布，其过程见表 3-1 。

（3）根据求得的 S_1 和给定的 U_1，由首端向末端求电压分布，见表 3-2。

（4）求降压变电所低压侧母线的实际电压及电压偏移，其过程见表 3-3。

显然，在最大负荷和最小负荷时，变电所低压侧母线的电压水平都比较理想。

表 3-1　　**［例 3-3］潮流计算过程（一）**

参　数	最大运行方式	最小运行方式
负荷功率	$\tilde{S}_L=40+j19.37$ MV·A	$\tilde{S}_L=25+j12.11$ MV·A
变压器阻抗的功率损耗	$\Delta\tilde{S}_{TZ}=\frac{P_L^2+Q_L^2}{U_N^2}(R_T+jX_T)$ $=\frac{40^2+19.37^2}{110^2}\times(1.16+j20.17)$ $=0.189+j3.29$ (MV·A)	$\Delta\tilde{S}_{TZ}=\frac{25^2+12.11^2}{110^2}\times(1.16+j20.17)$ $=0.07+j1.29$(MV·A)
变压器阻抗传输的功率	$\tilde{S}'_2=\tilde{S}_L+\Delta\tilde{S}_{TZ}$ $=(40+j19.37)+(0.189+j3.29)$ $=40.189+j22.66$ (MV·A)	$\tilde{S}'_2=(25+j12.11)+(0.07+j1.29)$ $=25.07+j13.4$ (MV·A)
变压器导纳的功率损耗（铭牌上已给出）	$\Delta\tilde{S}_{TY}=\left(\Delta P_0+j\frac{I_0\%}{100}S_N\right)\times2$ $=\left(31.05\times10^{-3}+j\frac{0.7}{100}\times31.5\right)\times2$ $=0.06+j0.44$ (MV·A)	$\Delta\tilde{S}_{TY}=0.06+j0.44$ MV·A

续表

参数	最大运行方式	最小运行方式
变压器的输入功率	$\widetilde{S}''_2=\widetilde{S}_L+\Delta\widetilde{S}_{TZ}+\Delta\widetilde{S}_{TY}$ $=(40+j19.37)+(0.189+j3.29)$ $+(0.06+j0.44)$ $=40.249+j23.1$ (MV·A)	$\widetilde{S}''_2=(25+j12.11)+(0.07+j1.29)$ $+(0.06+j0.44)$ $=25.13+j13.84$ (MV·A)
线路末端电纳的功率损耗	$jQ_{YZ}=-j\dfrac{B}{2}U_N^2$ $=-j2.15\times10^{-4}\times110^2$ $=-j2.602$ (Mvar)	$jQ_{YZ}=-j2.602$ Mvar
线路阻抗传输功率	$\widetilde{S}''_{WL}=\widetilde{S}''_2+j\Delta Q_{YZ}$ $=(40.249+j23.1)+(-j2.602)$ $=40.249+j20.498$ (MV·A)	$\widetilde{S}''_{WL}=(25.13+j13.84)+(-j2.602)$ $=25.13+j11.238$ (MV·A)
线路阻抗的功率损耗	$\Delta\widetilde{S}_{WLZ}=\dfrac{P''^2_{WL}+Q''^2_{WL}}{U_N^2}(R_{WL}+jX_{WL})$ $=\dfrac{40.249^2+20.498^2}{110^2}$ $\times(10.8+j16.92)$ $=1.821+j2.853$ (MV·A)	$\Delta\widetilde{S}_{WLZ}=\dfrac{25.13^2+11.238^2}{110^2}$ $\times(10.8+j16.92)$ $=0.676+j1.06$ (MV·A)
线路首端电纳的功率损耗	$j\Delta Q_{Y1}=-j2.602$Mvar	$j\Delta Q_{Y1}=-j2.602$Mvar
电源侧高压母线输出的功率	$\widetilde{S}_1=\widetilde{S}''_{WL}+\Delta\widetilde{S}_{WLZ}+j\Delta Q_{Y1}$ $=(40.249+j20.498)$ $+(1.821+j2.853)+(-j2.602)$ $=42.07+j20.749$ (MV·A)	$\widetilde{S}_1=(25.13+j11.238)$ $+(0.676+j1.06)+(-j2.602)$ $=25.806+j9.696$ (MV·A)

表 3-2　[例 3-3] 潮流计算过程（二）

参数	最大运行方式	最小运行方式
电源侧高压母线	$U_1=118$ (kV)	$U_1=114$ (kV)
线路阻抗电压损耗(用同一点的功率和电压值)	$\widetilde{S}'_{WL}=42.07+j23.351$MV·A $\Delta U_{WL}=\dfrac{P'_{WL}R_{WL}+Q'_{WL}X_{WL}}{U_1}$ $=\dfrac{42.07\times10.8+23.351\times16.92}{118}$ $=7.199$ (kV)	$\widetilde{S}'_{WL}=25.806+j12.298$MV·A $\Delta U_{WL}=\dfrac{25.806\times10.8+12.298\times16.92}{114}$ $=4.27$ (kV)

续表

参　数	最大运行方式	最小运行方式
线路末端电压	$U_2=U_1=\Delta U_{WL}=118-7.199$ $=110.8$（kV）	$U_2=114-4.27=109.73$（kV）
变压器阻抗电压损耗	$\Delta U_T=\dfrac{P'_2R_T+Q'_2X_T}{U_2}$ $=\dfrac{40.189\times1.16+22.66\times20.17}{110.8}$ $=4.55$（kV）	$\Delta U_T=\dfrac{25.07\times1.16+13.4\times20.17}{109.73}$ $=2.73$（kV）
归算到110kV侧的变压器低压侧电压	$U_L=U_2-\Delta U_T=110.8-4.55=106.25$（kV）	$U_L=109.72-2.73=107$（kV）

表3-3　**［例3-3］潮流计算过程（三）**

参　数	最大运行方式	最小运行方式
当变压器在+2.5%分接头运行时的变比	$\dfrac{110\times(1+0.025)}{11}=10.25$	
变电所低压侧母线实际电压	$U'_L=\dfrac{U_L}{10.25}=\dfrac{106.25}{10.25}=10.37$（kV）	$U'_L=\dfrac{107}{10.25}=10.44$（kV）
变电所低压侧母线电压偏移	$\dfrac{U'_L-U_N}{U_N}\times100\%=\dfrac{10.37-10}{10}\times100\%=3.7\%$	$\dfrac{10.43-10}{10}\times100\%=4.4\%$

二、开式地方网的潮流计算

地方网的特点是电压低、线路短、输送功率小，在潮流计算时可以采取以下措施：

（1）等值电路不计导纳及导纳中的功率损耗；

（2）不计阻抗中的功率损耗；

（3）不计电压降落的横分量；

（4）在计算公式中，可用U_N代替实际电压。

下面就具有集中负荷的开式地方网和具有均匀分布负荷的开式地方网分别讨论其潮流计算。

（一）具有集中负荷的开式地方网

通过举例来说明集中负荷的开式地方网的潮流计算方法。

【例3-4】　某35kV电网接线如图3-11（a）所示。线路AB采用LGJ-95型导线，几何均距为3.5m；线路BC、CD、BE、EF均采用LGJ-35型导线，几何均距为3m。线路长度及负荷数据已标于图中，求电网的最大电压损耗。

解　（1）求参数并画等值电路，如图3-11（b）所示。查附表得LGJ-95型导线，$r_1=0.33\Omega/km$，$x_1=0.406\Omega/km$；LGJ-35型导线，$r_1=0.91\Omega/km$，$x_1=0.429\Omega/km$。

(2) 计算潮流分布。首先计算各负荷点的复功率，标于图 3-11 (b)，然后由负荷点向电源推算每条线路的功率分布。由于地方网不需计算网络中的功率损耗，得到线路的功率分布为

$$P_{CD}+jQ_{CD}=0.7+j0.714\ \text{MV}\cdot\text{A},\ P_{BC}+jQ_{BC}=1.1+j1.014\ \text{MV}\cdot\text{A}$$

$$P_{EF}+jQ_{EF}=0.4+j0.3\ \text{MV}\cdot\text{A},\ P_{BE}+jQ_{BE}=1.2+j0.9\ \text{MV}\cdot\text{A}$$

$$P_{AB}+jQ_{AB}=2.7+j2.214\ \text{MVA}$$

将各线路功率分布标于图 3-11 (b) 上。

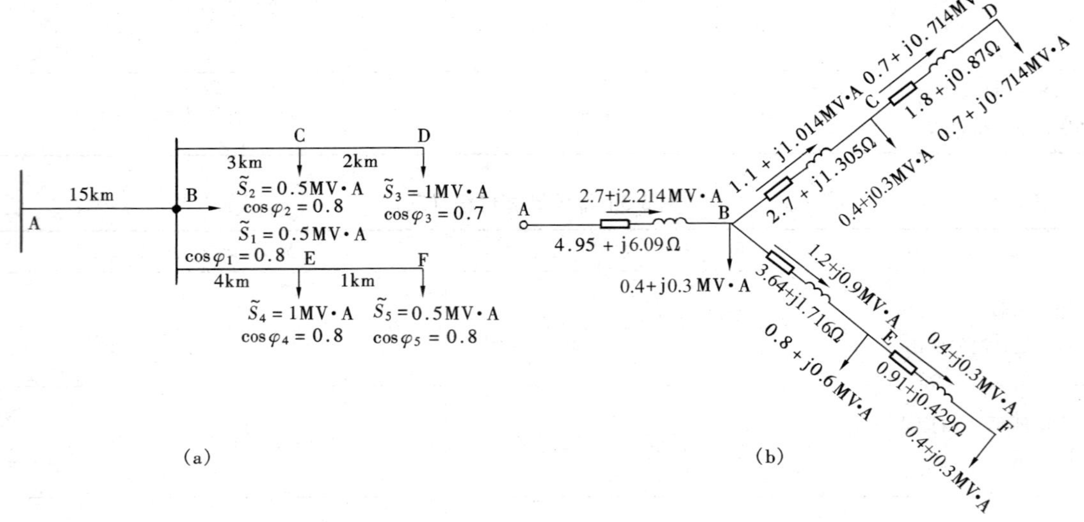

图 3-11 [例 3-4] 图

(a) 电网接线图；(b) 潮流分布图

(3) 计算最大电压损耗。各线路电压损耗分别为

$$\Delta U_{AB}=\frac{2.7\times4.95+2.214\times6.09}{35}=0.767\ (\text{kV})$$

$$\Delta U_{BC}=\frac{1.1\times2.73+1.014\times1.287}{35}=0.123\ (\text{kV})$$

$$\Delta U_{CD}=\frac{0.7\times1.82+0.714\times0.858}{35}=0.054\ (\text{kV})$$

$$\Delta U_{AD}=0.767+0.123+0.054=0.944\ (\text{kV})$$

$$\Delta U_{BE}=\frac{1.2\times3.64+0.9\times1.716}{35}=0.169\ (\text{kV})$$

$$\Delta U_{EF}=\frac{0.4\times0.9+0.3\times0.429}{35}=0.014\ (\text{kV})$$

$$\Delta U_{AF}=0.767+0.169+0.014=0.95\ (\text{kV})$$

电网最大电压损耗为 $\Delta U_{AF}=0.95$kV。

对于地方电网，一般调压设备少，线路最大电压损耗是比较重要的运行参数。

(二) 具有均匀分布负荷的开式地方网

对于城市配电网，某些农村配电网及路灯负荷等，可以近似地认为负荷沿线路均匀分布

（简称匀布负荷），匀布负荷线路的最大电压损耗推导如下。

图3-12（a）中，在 dl 线路上的负荷对线路产生的电压损耗为

$$d(\Delta U)=\frac{1}{U_N}(pr_1+qx_1)l\mathrm{d}l$$

式中 p，q——线路单位长度有功、无功功率，kW/km、kvar/km；

r_1，x_1——线路单位长度的电阻、电抗、Ω，Ω/km。

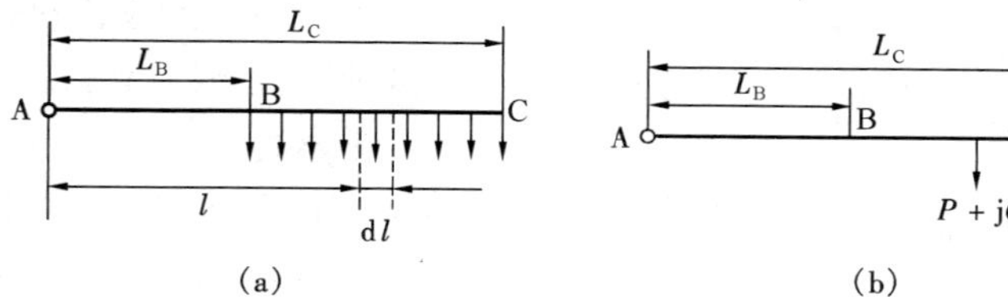

图3-12 ［例3-4］图

AC线路的最大电压损耗为

$$\Delta U_{AC}=\frac{P_{r1}+Q_{x1}}{U_N}\times\frac{L_C+L_B}{2} \tag{3-35}$$

式中 P，Q——匀布负荷线路总有功、无功功率，kW、kvar。

式（3-35）表明，计算匀布负荷线路的最大电压损耗时，可以用一个与匀布总负荷相等、位于匀布负荷中心的集中负荷等值代替，如图3-12（b）所示。

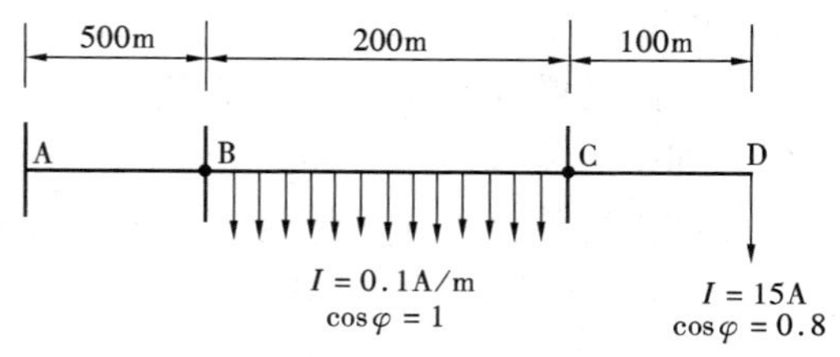

图3-13 ［例3-5］图

【例3-5】 有一条380V的供电线路，导线型号为LJ-25，水平排列，相间距离0.8m，负荷分布见图3-13，求线路的电压损耗。

解 （1）计算线路参数。查附表得LJ-25型导线的 $r_1=1.33\Omega/\mathrm{km}$，$x_1=0.37\Omega/\mathrm{km}$。

（2）计算线路电压损耗。每米匀布负荷为

$$p=\sqrt{3}UI\cos\varphi=\sqrt{3}\times0.38\times0.1\times1=0.06582\ (\mathrm{kW/m})$$

D点集中负荷为

$$P_D+\mathrm{j}Q_D=\sqrt{3}\times0.38\times15\times(0.8+\mathrm{j}0.6)=7.9+\mathrm{j}5.92\ (\mathrm{kV\cdot A})$$

仅考虑匀布负荷时，线路AC的电压损耗为

$$\Delta U_{AC}=\frac{Pr_1+Qx_1}{U_N}\times\frac{L_C+L_B}{2}=\frac{0.06582\times200\times1.33}{0.38}\times\frac{0.7+0.5}{2}=27.64\ (\mathrm{V})$$

仅考虑D点集中负荷时，线路AD的电压损耗为

$$\Delta U_{AD}=\frac{7.9\times1.33\times0.8+5.9\times0.37\times0.8}{0.38}=26.72\ (\mathrm{V})$$

线路总损耗为

$$27.64+26.72=54.36\ (\mathrm{V})$$

思考题及习题

3-1 什么是电网的电压降、电压损失、电压偏移？并分别用公式表示出。

3-2 何谓年最大负荷利用小时数 T_{max}？T_{max}的数值大小各说明什么问题？T_{max}的用途是什么？

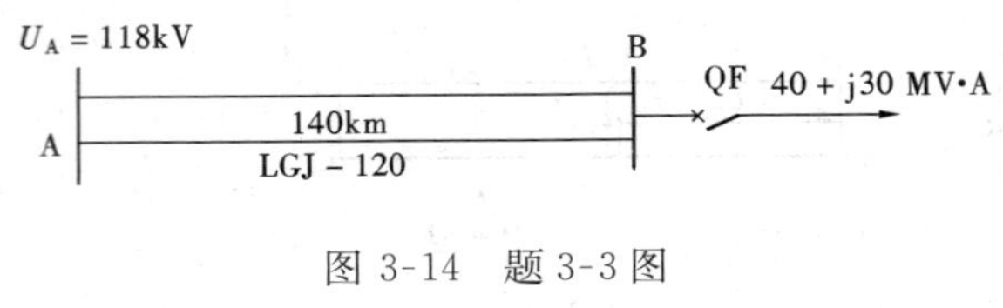

图 3-14 题 3-3 图

3-3 某 110kV 双回输电线路如图 3-14 所示，长 140km，线路采用 LGJ-120 型导线，$r=15.2mm$，线间几何均距为 5m，线路末端接有负荷 40＋j30MV·A，如图 3-14 所示。试求：

(1) 正常运行情况下，线路末端电压 U_B；

(2) 当负荷侧断路器 QF 突然断开时，线路末端的电压 U_B；

(3) 当其中某一条线路断开，另一条线路单独运行，负荷仍为 40＋j30MV·A 时，U_B 的值。

3-4 有一条 110kV 输电线路，长 100km，导线型号为 LGJ-240，$r=21.3mm$。导线间的几何均距为 5m，线路末端输送功率为 20＋j10MV·A。如果要求线路末端电压维持 110kV，试问：

(1) 线路送端应维持的电压是多少？

(2) 如果想使该线路多输送 5MW 有功功率，则线路送端电压应为多少？

(3) 如果想使该线路多输送 5Mvar 无功功率，则线路送端电压应为多少？

3-5 有一 6kV 三相配电系统，如图 3-15 所示，供电点 A 的电压为 6.3kV，B、C、D 所接负荷及功率因数已标在图中，设线路单位长度阻抗 $z_1=r_1+jx_1=0.4+j0.4\Omega/km$，试求 B、C、D 点的电压，并校验这三处电压偏移是否合格。

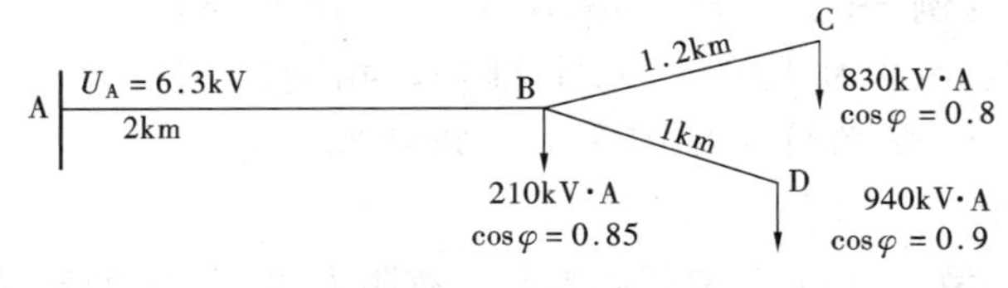

图 3-15 题 3-5 图

3-6 某电网如图 3-16 所示，已知每台变压器 $S_N=100MV\cdot A$，$\Delta P_0=450kW$，$I_0\%=14$，$\Delta P_k=1000kW$，$U_k\%=12.5$，变比为 220/11kV；每回线路长 250km，$r_1=0.08\Omega/km$，$x_1=0.4\Omega/km$，$b_1=2.8\times10^{-6}S/km$，负荷 $P_L=150MW$，$\cos\varphi=0.85$；线路首端电压 245kV。试计算该电网的潮流。

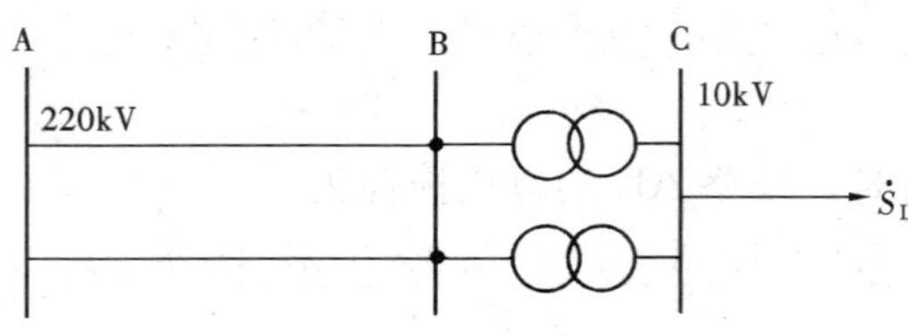

图 3-16 题 3-6 图

第四章 供配电系统的无功补偿和电压调整

第一节 供配电系统的电压偏移与无功平衡

一、电压偏移对用电设备的影响

电压是电能质量主要指标之一，电压偏移超过允许范围时，对用电设备的运行有很大影响。各种用电设备都规定有额定工作电压，且在额定电压下运行时能在经济技术综合指标上取得最佳的效果。若电压偏移过大，则会对用电设备的经济和安全运行造成不利。

照明设备的亮度和寿命受电压变动影响很大。白炽灯和日光灯的电压特性显示：电压降低10%时，白炽灯的亮度将减少30%，日光灯的亮度将减少10%，白炽灯的寿命将延长1倍以上。电压过低，日光灯就不能启辉，且启辉器的不断闪烁将大大降低日光灯的寿命。如果电压过高，白炽灯和日光灯的亮度虽然都增加，但寿命都将显著减短。

异步电动机占负荷比重最大，端电压变化时其转矩、电流和效率也要变化。转矩与端电压的平方成正比，若端电压下降10%，则转矩就要降低19%。因此，若电压过低，则电动机的转速将降低，电流增大，引起绕组温度升高，加速绝缘老化，严重时可能烧毁电动机。此外，对带机械负载的异步电动机，会因电压过低、转矩太小而停转或不能启动。如果加在异步电动机上的电压过高，则对绕组绝缘不利。

现代用电设备中日趋增多的电子设备，对电压的稳定提出了更高的要求。电压过高，会严重降低电子设备的寿命，且影响其安全性。电压过低时，电子设备的工作不稳定，失真严重，甚至无法正常工作。

二、电压偏移标准

电网电压随着负荷的大小不断变化而上下波动，特别是某些大容量冲击负荷（如电弧炉、轧钢机等）的急剧变化，造成电网电压严重波动，影响用电设备的正常工作。因此，保证电压质量，即保证用电设备的端电压偏移在允许的范围之内，是供配电系统运行的主要任务之一。

目前我国规定在正常运行情况下用户受端的允许电压偏移标准如下：

（1）35kV及以上电压供电的负荷为±5%；

（2）10kV及以下电压供电的负荷为±7%；

（3）低压照明与动力混合使用为+5%、−7%；

（4）单相低压照明负荷为+5%、−10%。

三、综合负荷的无功功率—电压静特性

用电设备所消耗的有功功率和无功功率[1]随电网电压的变化而变化，尤其是无功功率受电压的影响很大（比较图4-1中曲线1与曲线2），常用无功功率的电压静态特性表示负荷的电压静态特性。无功功率—电压静态特性 $U=f(Q)$ 表示，当系统频率一定时，负荷的无

[1] 用电设备消耗的无功功率为感性无功功率，以后提到未加说明的无功功率均指感性无功功率。

功功率随电压而变化的关系。

供配电系统的负荷，主要是电动机、照明设备、电热器具以及日趋增多的各种家用电器。其中异步电动机所占比例最大，因此异步电动机的无功功率与端电压关系基本上决定了供配电系统综合负荷无功功率的电压静特性。

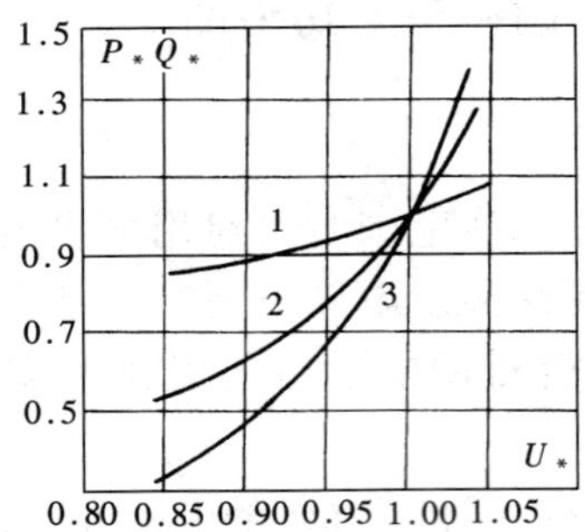

图 4-1 负荷电压静态特性

1—$P_*=f(U_*)$ 特性[1]；2—$Q_*=f(U_*)$ 特性（无电容器补偿）；3—$Q_*=f(U_*)$ 特性（电容器补偿 51%）

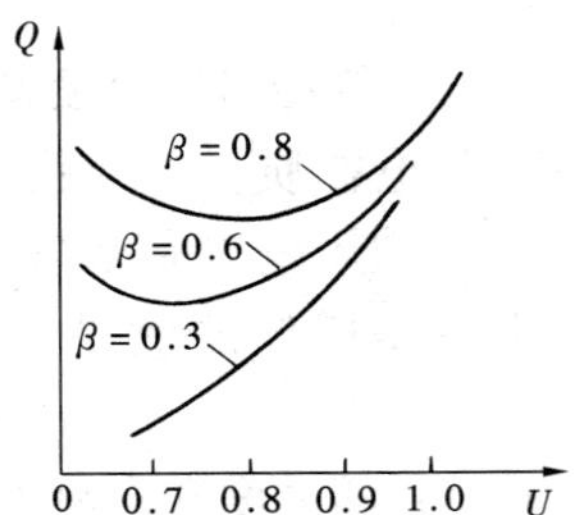

图 4-2 异步电动机的无功功率与端电压的关系

异步电动机消耗的无功功率由励磁功率和漏抗无功功率两部分组成，分析两部分无功功率变化的特点，得图 4-2 所示的曲线。图中 β 为电动机的负荷系数，它是电动机的实际负荷功率与其额定功率之比。由图 4-2 可见，在额定电压附近，电动机的无功功率随电压的升降而增减（当电压明显低于额定值时，无功功率主要由漏抗中的无功损耗决定，因此随电压下降反而具有上升的性质），显然具有与图 4-1 曲线 2、曲线 3 相同的变化特点。

四、无功平衡

电压变化对无功负荷的影响远大于有功负荷的影响。所以，影响供配电系统电压的主要因素是无功功率。由图 4-1 看出，要保持负荷的电压水平，就得向负荷供给它所需要的无功功率。只有当系统有能力向负荷供给足够的无功功率时，负荷的电压才有可能维持在正常的水平上。如果系统内的无功电源容量不足，负荷的端电压就将被迫降低。所以，维持供配电系统的电压水平与电力系统无功功率平衡，存在着不可分割的关系。

电力系统无功功率平衡包含两个含义。首先是对于运行中的各个设备，要求系统无功电源所发出的无功功率与系统无功负荷以及无功损耗所需要的无功功率相平衡，即

$$\sum Q_G = \sum Q_L + \sum \Delta Q \tag{4-1}$$

式中 $\sum Q_G$——系统无功电源所发出的无功功率；

$\sum Q_L$——系统无功负荷所需要的无功功率；

$\sum \Delta Q$——系统网络元件所引起的无功功率损耗。

其次是对于一个实际系统或是在系统的规划设计中，对系统无功电源设备容量要求与系统运行所需要的无功电源功率以及系统的备用无功电源功率相平衡，满足运行的可靠性及适应系统负荷发展的需要，即

$$\sum Q_N = \sum Q_G + \sum Q_R \tag{4-2}$$

[1] 下标 * 表示标幺值，详见第六章第二节。

式中　ΣQ_N——系统无功电源设备容量；

ΣQ_R——系统无功电源备用容量。

无功功率备用容量是维持电力系统无功功率平衡所必需的，一般可占无功负荷的7%～8%。

（一）电力系统的无功电源

电力系统的无功电源包括同步发电机、调相机、电容器、静止补偿器等。后三种又称无功补偿装置。

1. 同步发电机

同步发电机既是唯一的有功功率电源，又是最基本的无功功率电源。发电机在额定状态下运行时，可发出无功功率

$$Q_{GN}=S_{GN}\sin\varphi_N=P_{GN}\tan\varphi_N \tag{4-3}$$

式中　S_{GN}——发电机额定视在功率；

P_{GN}——发电机额定有功功率；

φ_N——发电机额定功率因数角。

发电机在非额定功率因数下运行时可能发出的无功功率，可利用发电机 P—Q 极限图加以分析。

假定隐极发电机连接在恒压母线上，母线电压为 $\dot{U}_N$ 时，发电机的等值电路和相量图如图4-3所示。图4-3（a）中 $\dot{E}$ 为发电机空载电动势，X_d 为纵轴同步电抗，$\dot{U}_N$ 为额定端电压（也就是母线电压），$\dot{I}_N$ 为定子额定电流。图4-3（b）中的C点是发电机的额定运行点，相量AC的长度代表 X_dI_N，它正比于定子额定电流，亦即正比于发电机的额定视在功率 S_{GN}，它在纵轴上的投影为 P_{GN}，在横轴上的投影为 Q_{GN}；相量OC的长度代表空载电动势 E，它正比于发电机的额定励磁电流。当改变功率因数运行时，发电机所发的有功功率 P 和无功功率 Q 要受定子电流额定值（额定视在功率）、转子电流额定值（空载电动势）、原动机出力（额定有功功率）的限制。在图4-3（b）中，以A为圆心，以AC为半径的圆弧虚线表示额定视在功率的限制；以O为圆心，以OC为半径的圆弧实线表示额定转子电流的限制；而水平实线 P_{GN}C表示原动机出力的限制。综合这些限制条件，得出如图4-3（b）中用实线绘制的曲线，称为发电机的 P—Q 极限曲线。可见，发电机只有在额定电压、电流和功率因数（即额定运行点C）下运行时视在功率才能达到额定值，其容量才能得到最充分的利用。一般发电机额定功率因数在0.8～0.9之间。

当电力系统无功电源不足，而有功备用容量较充裕时，可使靠近负荷中心的发电机在降低有功功率负荷（即降低功率因数）的条件下运行。这时，发电机的视在功率虽较额定值小，但可多发无功功率以提高电网的电压水平，不过此时发电机的运行点不能越出 P—Q 极限曲线的范围。

同步发电机在额定功率因数下运行，若发电机留有一定的有功功率备用容量，也就保持了一定的无功功率备用容量。

2. 调相机

调相机是专门设计的只发出无功功率的电机。它实质上是空载运行的同步发电机或同步电动机，可以过励磁运行，向系统输送无功功率；也可以欠励磁运行，从系统吸取无功功率。其运行状态可根据系统的要求来调节。调相机在欠励磁运行时的容量约为过励磁运行时

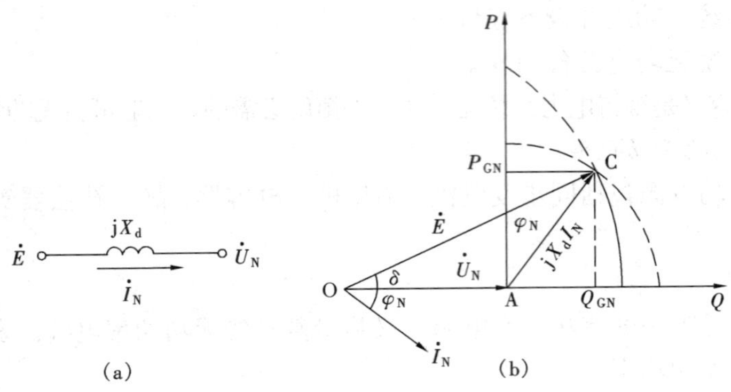

图 4-3 隐极发电机的等值电路和相量图

(a) 等值电路；(b) 相量图

容量的 50%。装有自动励磁调节装置的调相机，能根据装设地点电压的数值自动平滑改变输出（或吸收）的无功功率，进行电压调节。特别是当装有强行励磁装置时，即使在电网发生故障的情况下也能维持系统的电压，有利于提高系统运行的稳定性。但调相机是旋转机械，运行维护比较复杂，且调相机的有功功率损耗较大，满载时达额定容量的 1.5%～3%，容量越小，有功损耗的百分值越大。此外，调相机每千乏容量的投资与其容量成反比，即容量大时费用较低，容量小时费用较高。所以，一般当容量小于 5Mvar 时，就不宜采用调相机。在我国，调相机多安装在枢纽变电所，用以平滑调节电压和提高系统稳定性。

3. 静电电容器

静电电容器按三角形或星形接法并联在降压变电所低压母线上或大型用电设备旁，它只能向系统提供感性无功功率，所提供的无功功率与其端电压的平方成正比，即

$$Q_C = U^2 / X_C \tag{4-4}$$

式中 X_C——静电电容器电抗，$X_C = 1/\omega C$；

ω——角频率。

从式（4-4）可见，当电压下降时，静电电容器供给系统的无功功率将减少。因此，当系统发生故障或由于其他原因电压下降时，电容器无功功率输出的急剧减少将导致电压进一步下降。换言之，电容器的无功功率输出调节性能比较差，这是静电电容器的最大缺点。电容器只能做到阶梯调压是它的另一缺点。此外，电容器的寿命受投切次数和系统谐波影响很大，容易损坏。但静电电容器的优点是装设容量根据需要可大可小，能随意拆迁，既可集中使用，又能分散装设就地供应无功功率；每单位容量投资费用较小且与总容量的大小无关；运行时有功功率损耗较小，满载时仅达额定容量的 0.3%～0.5%；且由于电容器没有旋转元件，安装维护比较方便。为了在运行中调节电容器的输出无功功率，可将电容器连接成若干组，根据负荷的变化，分组投入或切除。关于在电力用户处用静电电容器进行无功功率补偿提高功率因数的内容，详见第五章第四节。

4. 静止无功补偿器

静止无功补偿装置（Static Var Compensator，SVC），区别于传统无功补偿方式（通过开关投切电容器或通过分接开关调节电容器端电压），属于动态无功补偿产品。它具有最快 10ms 的响应速度，是目前技术较为成熟的最快的无功补偿方式。由于 SVC 以晶闸管作为调

节执行单元，可进行连续无级调节（通过改变晶闸管导通角），调节时无涌流、拉弧，无机械开关使用寿命的限制等优点，特别适合一些需要快速补偿的工业场合，如电弧炉、轧机、电力机车等。SVC 可以显著提高用户的功率因数（最高可接近 1），最大限度地为用户节能降损，同时可降低用户接入电网的公共点的电压波动与闪变。此外，SVC 也可用于输电系统或枢纽变电所，对维持系统母线电压稳定，提高线路输送容量，以及提高输电系统的暂态稳定性都有一定的作用。SVC 成套装置一般由可调电抗（通过晶闸管单元或硅阀调节）、FC 无源滤波以及控制和保护系统组成。目前，根据可调电抗器的调节方式及工作原理不同，SVC 可分为 TCR 型（晶闸管控制的电抗器）、TCT 型（晶闸管控制的变压器）、MCR 型（磁控电抗器）三种类型。

图 4-4 所示为 MCR 型 SVC 的工作原理。它通过控制晶闸管的导通角，改变铁芯的磁饱和度，使 MCR 输出的无功功率可连续无极调节。

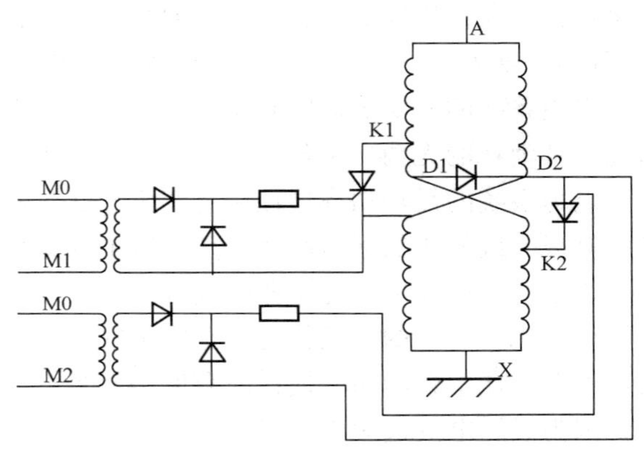

图 4-4　MCR 型 SVC 的工作原理

图 4-5（a）所示为 TCT 型 SVC 工作原理。TCT 又名晶闸管控制变压器，它是一种高漏抗变压器，其二次绕组接晶闸管，通过控制导通角就能提供连续变化的无功功率。如图 4-5（b）所示，当 TCT 阻抗电压达到 100%时，SCR 可工作在全短路状态。此时 TCT 工作在额定容量 S_N；当 SCR 的导通角在 90°～180°间变化时，TCT 的输出容量在 0～S_N 之间连续变化。

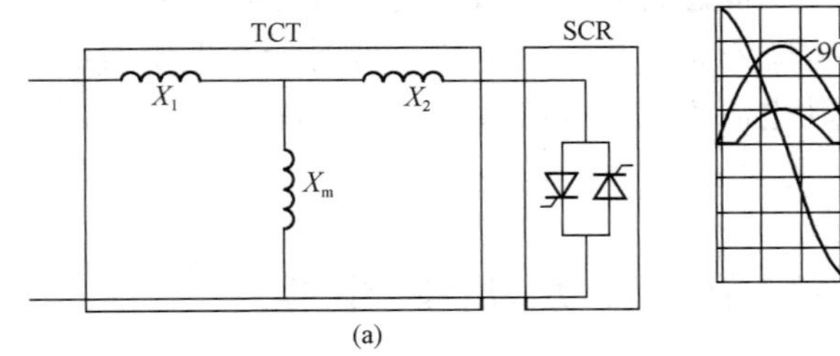

图 4-5　TCT 型 SVC 工作原理及波形图

（a）工作原理；（b）波形图

5. 静止无功发生器

静止无功发生器（Static Var Generation，SVG）是以大功率全控晶闸管 GTO、绝缘栅双极型晶体管 IGBT 和相控技术、脉宽调制技术、四象限变流技术为基础的更先进的无功补偿装置。SVG 有效克服了大功率元件时滞性较大、不能做到瞬时无功控制的缺点，适于实时补偿冲击性负荷的无功冲击电流和谐波电流。

SVG 基本原理就是将自换相桥式电路通过电抗器或直接并联在电网上，适当地调节桥式电路交流侧输出电压的相位和幅值，就可以使电路吸收或发出满足要求的无功电流，实现动态补偿的目的。SVG 根据直流侧采用电容和电感两种不同储能元件，分为电压型 SVG 和

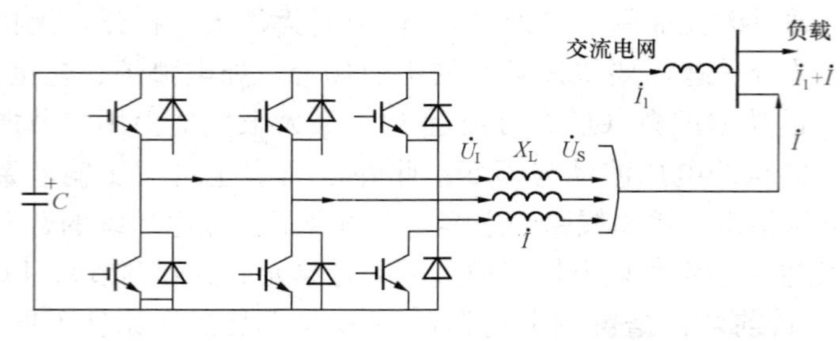

图 4-6 电压型静止无功发生器工作原理

电流型 SVG 两种。

图 4-6 所示为电压型 SVG 的工作原理。

以二极管构成的整流桥，从交流系统中吸收少量有功功率，对直流侧的电容 C 充电，保持电压稳定。控制器根据电网无功变化情况，调节 SVG 输出电压的大小和相位，通过六个全控开关器件构成的三相逆变器向系统输入感性无功或容性无功。

（二）电力系统的无功负荷和无功功率损耗

电力系统的无功负荷以异步电动机占的比例最大，其次为比例较少的电热类负荷，如前所述，其消耗的无功功率与电压的平方成正比。

电力系统的无功功率损耗主要产生于变压器和输配电线路中。由潮流计算可知，对一台变压器或一级变压的网络而言，变压器中的无功功率损耗并不大，满载时约为它额定容量的百分之十几。例如一台变压器的空载电流 $I_0\%=2.5$，短路电压 $U_k\%=10.5$，在额定满载下运行时，无功功率的损耗将达额定容量的 13%。实际上，从发电厂到用户通常需要经过多次变压，变压器中无功功率损耗的数值是相当可观的。线路中的无功功率损耗与线路电抗成正比，因为线路电抗远大于电阻，所以线路的无功功率损耗也较有功大。

据统计，多次变压的网络中，变压器的无功功率损耗最多可占用户总无功功率的 75%，输电线路总的无功功率损耗约为用户总无功功率的 25%。因此，需要由系统中各类无功电源供给的无功功率最多可达系统总无功负荷的两倍左右。

根据电力系统综合负荷的电压静态特性曲线和系统无功功率平衡方程可知，系统电压过低的根本原因，就是系统无功电源不足。当系统电压过低时，首先要增加系统的无功电源，保持系统无功平衡。增加的无功电源为无功补偿时，补偿设备的容量需要根据系统对功率因数的要求及调压要求来进行计算。

第二节 无功功率补偿

由本章第一节分析可知，有几级变压的电力系统总无功功率损耗最多可与总无功负荷相等，需要由系统各类无功电源供给的无功功率可达系统总无功负荷的两倍左右。据统计，电力系统用户所消耗的无功功率大约是其所消耗有功功率的 50%～100%。显然，系统的无功功率需求量常常远大于有功功率。如果系统的无功功率全部由发电机来负担，一方面将大大减少发电机的有功出力；另一方面由于发电机距用户很远，将大大增加无功功率通过网络时产生的线路损耗。所以需要无功补偿设备就地补充系统无功功率的不足，以维持整个系统的无功平衡。

一、无功补偿的原理

如图 4-7 所示，系统未加无功补偿设备前，负荷的有功功率、无功功率分别为 P、Q，与系统传输的功率相等。加装了一部分无功补偿设备 Q_C 后，系统传输的有功功率不变，无

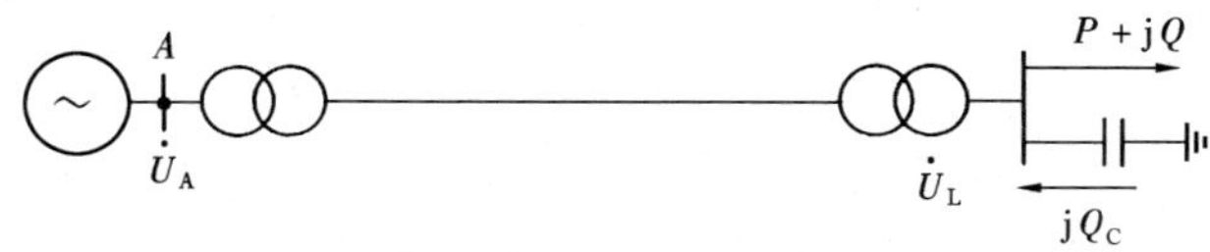

图 4-7　具有并联补偿设备的简单系统

功功率变为 $Q-Q_C$，相当于无功功率由 Q 减少到 $Q-Q_C$。

设 $Q'=Q-Q_C$，$S'=P+jQ'$，$S=P+jQ$。显然，视在功率 S' 比 S 小了，补偿后电网的功率因数由补偿前的 $\cos\varphi_1$ 提高到 $\cos\varphi_2$。

二、无功补偿的意义

加装无功补偿设备后，电网功率因数提高，具有以下几个方面的意义：

（1）减少系统元件的容量，换个角度看是提高电网的输送能力。电气设备的视在功率在补偿后为

$$S'=\sqrt{P^2+Q'^2}=\sqrt{P^2+(Q-Q_C)^2} \tag{4-5}$$

由式（4-5）可知，加装无功补偿 Q_C 后，减少了电网无功输送量，在输送同样的有功功率情况下，设备安装容量可以减少，节约大量有色金属，也节约了投资。

对运行中的电气设备而言，无功补偿后其中通过的无功功率减小了，有功的输送能力提高，使设备容量得到充分利用。

（2）降低网络功率损耗和电能损耗。当负荷电流流过线路时，其功率损耗为

$$\Delta P=\frac{P^2+Q^2}{U^2}R\times10^{-3}\ (\text{kW}) \tag{4-6}$$

线路输送的无功由补偿前的 Q 减少到 Q' 时，线路的功率损耗下降，每年在线路上和变压器中的电能损耗也下降。

（3）改善电压质量。潮流计算得到的线路电压损耗的公式为

$$\Delta U=\frac{PR+QX}{U}\ (\text{V}) \tag{4-7}$$

从式（4-7）可以看出，减少线路输送的无功功率，则电压损耗 ΔU 有所下降，改善了电网和用户的电压质量。可见无功补偿是保证电能质量的重要措施。

三、高压电网的无功补偿

目前电力系统的电压和无功管理的主要技术依据是国家电网公司颁布的《电力系统电压质量和无功电力管理规定》。

电力系统的无功补偿和无功平衡，是保证电压质量的基本条件。有效的电压控制和合理的无功补偿，不仅能保证电压质量，而且提高了电力系统运行的稳定性和安全性。

对于 330～500kV 的电网，应按无功电力分层分区就地平衡的基本要求配置高、低压并联电抗器，以补偿超高压线路的充电功率。可以避免负荷较小时，因无功电源过剩而引起系统电压过高。

在 220kV 及以下电压等级的变电所中，应根据需要配置无功补偿设备，以提高功率因数，改善电压质量。要求在主变压器最大负荷时，其二次侧的功率因数不小于表 4-1 中所列数据，或者由电网供给的无功功率与有功功率比值不大于表 4-1 中所列数据。

表 4-1　220kV 及以下变电所二次侧功率因数规定值

电压等级（kV）	220	35～110
功率因数	0.95～1	0.90～1
无功功率/有功功率	0.33～0	0.48～0

对于 220kV 变电所，在最大负荷时，一次侧功率因数应不低于 0.95；在最小负荷时，相应一次侧功率因数不宜高于 0.98。

对于 110kV 及以下的变电所，当电缆线路较多且在切除并联电容器后，仍出现向系统侧倒送无功电力时，可在变电所中、低压母线上装设并联电抗器。在最小负荷时，一次侧功率因数不应高于 0.98。

四、中、低压配电网无功功率补偿的管理方法

为了使电网安全经济运行和确保用户的电能质量，先要从减少大量无功功率的流动着手，按照《供电营业规则》规定：无功功率应就地平衡，用户应在提高用电自然功率因数的基础上，设计和安装无功补偿设备，并做到随其负荷和电压变动及时投入和切除，防止无功电力倒送。具体管理方法是：

（1）提高用户的功率因数。对容量为 320kV·A 以上的大宗用户，实行按功率因数调整电费的办法，电费按 $\cos\varphi=0.85$ 考虑，$\cos\varphi$ 低于或高于 0.85 时，增收或减收一定比例的电费；鼓励用户安装并联电容器或采用其他措施，以提高用电负荷本身的功率因数。

对功率因数的具体管理要求是：高压供电的工业用户和高压供电装有带负荷调整电压装置的电力用户，功率因数应在 0.90 以上；其他 100kV·A（kW）及以上电力用户和大、中型电力排灌站，功率因数应在 0.85 以上；趸售和农业用电，功率因数应在 0.80 以上。

（2）配电线路及变电所分散安装电力电容器。尽可能做到配电线路基本上不送无功负荷，$\cos\varphi$ 平时达到 0.95～0.99，在低谷负荷时甚至达到 1，就地解决用户电动机、配电变压器和配电线路上消耗的无功功率。我国一些地区在配电线路构架上和农村 6～10kV 变电所中安装并联电容器组。

在 10（6）kV 配电线路上配置的高压并联电容器，或者在配电变压器低压侧配置的低压电容器，其安装容量不宜过大，一般约为线路配电变压器总容量的 0.05～0.10，并且在线路最小负荷时，不能向变电所倒送无功。如果配置容量过大，还应装设自动投切装置。

（3）对大容量轧钢设备等冲击性的动态无功负荷，装设无功静止补偿装置或采用晶闸管开关自动快速投切电容器组。

以提高功率因数为标准的无功功率补偿计算将在下一章详细介绍。

五、配电网无功补偿的配置原则

无功补偿设备的配置实际包括两个方面的内容：一是确定补偿地点和补偿方式，二是对无功补偿总容量进行布点分配。因此，除了要研究网络本身的结构特点和无功电源分布之外，还需要对网络的无功损耗构成作出基本分析。

通过对典型各级配电网络无功损耗构成情况分析，得到各电压等级的无功损耗占总无功损耗的比重：0.4kV 级损耗占 50%，10kV 级占 20%，35kV 级占 10%，110kV 级占 20%。可见低压网占总损耗的一半。

从各级电网无功功率损耗的基本状况可以看出，各级供用电网络和设备都要消耗一定数量的无功功率，尤以配电网所占比重最大。为了最大限度地减少无功功率的传输损耗，提高输配电设备的效率，无功补偿设备的配置应按照“就地补偿，分级分区平衡”的原则进行规划，合理布局。以下几点是无功补偿设备合理配置的主要原则：

（1）总体平衡与局部平衡相结合。要做到各级电网的无功功率平衡，首先要满足电压较低等级（如县级）电网的无功功率平衡，其次要同时满足各个分所（变电所）、分线（配电线）的无功功率平衡。如果无功电源的布局选择不合理，局部地区的无功功率就不能就地平衡，会造成一些变电所或一些线路的无功功率偏多、电压偏高，过剩的无功功率就要向外输出；也可能会造成一些变电所或一些线路的无功功率不足，电压下降，必然要向上级电网吸取无功功率。这样仍然会造成不同分区之间无功功率的远距离输送和交换，使电网的功率损耗和电能损耗增加。所以，在规划时就要在总体平衡的基础上，研究各个局部的补偿方案，获得最优化的组合，才能达到最佳的补偿效果。

（2）电业部门补偿和用户补偿相结合。统计资料表明，在各级电网中用户消耗的无功功率约占50%，在工业网络中用户消耗的无功功率约占60%，其余的无功功率消耗在输配电网中。因此，为了减少无功功率在网络中的输送，要尽可能地实现无功就地补偿、就地平衡，所以应当根据总的无功功率需求，同时发挥供电部门和用户的作用，共同进行补偿，搞好无功功率的建设和管理。

（3）分散补偿与集中补偿相结合，以分散为主。无功补偿既要达到总体平衡，又要满足局部平衡；既要开展供电部门的补偿，又要进行用户的补偿。这就要求采取分散补偿与集中补偿相结合的方式。集中补偿是指在变电所集中装设容量较大的补偿设备进行补偿；分散补偿是指在配电网络中的分散区（如配电线路、配电变压器和用户的用电设备等）分散进行的无功补偿。

变电所的集中补偿，主要是补偿主变压器本身的无功损耗，及减少变电所上一级线路传输的无功功率，从而降低供电网络的无功损耗；但它不能降低配电网络的无功损耗，因为用户需要的无功功率仍需要通过变电所以下的配电线路向负荷输送。所以，为了有效地降低线损，必须进行分散补偿。由于配电网的线损占全网总损失的70%左右，因此，应当以分散补偿为主。

（4）降损与调压相结合，以降损为主。利用并联电容器进行无功补偿，其主要目的是为了达到无功功率就地平衡，减少网络中的无功损耗，以降低线损。与此同时，也可以利用电容器组的分组投切，对电压进行适当调整。

根据补偿设备特点，在各种补偿形式中，并联电容器当为首选。特别是在感性负荷多、功率因数低的地区，安装并联电容补偿无功功率效益十分显著。由于并联电容补偿既减轻了线路和配电设备的负荷，又使线损大大下降，节电效益明显。在变电所安装并联电容器补偿，适时、分级投切又可使电压质量得到改善。因此，无论是用户还是供电部门，都普遍采用并联电容器补偿无功功率。在全国电力系统中，90%以上的无功补偿装置为并联电容器。

第三节　供配电系统的电压调整

一、电压中枢点和调压方式

供配电系统调压的目的是使用户的电压保持在规定的范围内。

由于电力系统结构复杂、负荷极多，如对每个用电设备电压都进行监视和调整，不仅没有可能，而且也无必要。只要控制、监视电压中枢点的电压在一定的允许范围之内，就可以使由其供电的各负荷点的电压质量都得到保证。所谓电压中枢点是指某些可反映系统电压水平，运行中需对其电压进行监视、控制和调整的母线。因很多负荷都由这些中枢点供电，如能控制这些点的电压偏移，也就控制了系统中大部分负荷的电压偏移。于是，电力系统的电压调整问题也就转化为保证各电压中枢点的电压偏移不越出给定范围的问题。

通常选择下列母线作为电压中枢点：

(1) 区域性发电厂和枢纽变电所的高压母线；

(2) 重要变电所的 6～10kV 电压母线；

(3) 有大量地方负荷的发电机电压母线。

电压中枢点的调压方式，按电网的性质和用电设备对电压的要求不同而有所不同，通常的调压方式有逆调压、恒调压和顺调压三种类型。

1. 逆调压

负荷变动较大（即最大负荷与最小负荷的差别较大），距电压中枢点较远，各负荷的变化规律大致相同，而电压质量要求又较高的电网，一般规定在中枢点实行逆调压，即在最大负荷时，把中枢点电压提高到线路额定电压的 105%；在最小负荷时，把中枢点电压减小到线路的额定电压。例如，电压中枢点所连线路的额定电压为 10kV，采用逆调压方式，在最大负荷时，应使中枢点电压为 10.5kV；在最小负荷时，应使中枢点电压为 10kV。为满足这种调压方式的要求，一般需要在电压中枢点装设较贵重的调压设备（如调相机、静止补偿器、有载调压变压器等）。

2. 恒调压

对于负荷变动较小，线路上的电压损耗也较小，主要负荷为三班制企业的电网，一般规定在中枢点实行恒调压，即在最大负荷和最小负荷时均保持中枢点的电压为线路额定电压的 102%～105%。恒调压比逆调压的要求稍低，一般不需要装设贵重的调压设备，通过合理选择变压器的分接头和并联电力电容器补偿，就可满足调压的要求。

3. 顺调压

对于距电压中枢点较近，负荷变动不大，或用户允许的电压偏移较大的电网，一般在中枢点实行顺调压，即在最大负荷时保持中枢点电压不低于线路额定电压的 102.5%；在最小负荷时，保持中枢点电压不超过线路额定电压的 107.5%。例如，某降压变电所的低压母线采用顺调压方式，变压器的电压为（110±2×2.5%）/11kV，则在最大负荷时，应使低压母线的电压不低于 10.25（10×102.5%）kV；在最小负荷时，应使低压母线的电压不超过 10.75（10×107.5%）kV。顺调压要求低，一般不需要装设特殊的调压设备就能满足调压要求。

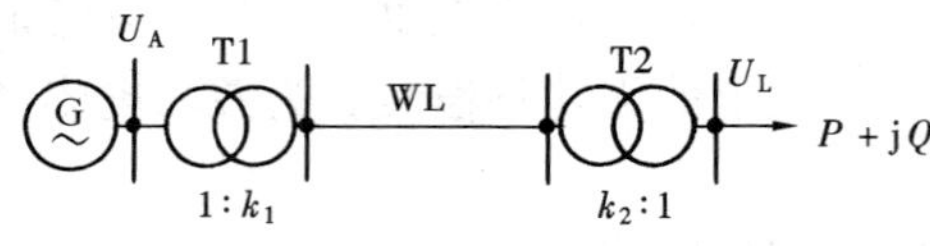

图 4-8 简单电力系统

二、电压调整的基本原理

前面已经指出，拥有较充足的无功功率是保证电力系统有较好电压水平的必要条件，但是要使所有用户处的电压质量都符合要求，还必须采用各种调压手段。

现以图 4-8 所示的简单电力系统为例，说明常用的各种调压措施所依据的基本原理。

发电机 G 通过升压变压器 T1、线路 WL 降压变压器 T2 向用户供电，要求调整负荷节点电压 U_L。为简单起见，略去线路的对地导纳支路和变压器导纳支路，并不计网络功率损耗，变压器的参数均已归算至高压侧。此时负荷点的电压

$$U_L=(U_Ak_1-\Delta U)/k_2=\left(U_Ak_1-\frac{PR+QX}{U_N}\right)\Big/k_2 \tag{4-8}$$

式中　k_1，k_2——升压、降压变压器变比；

R，X——线路和变压器的总电阻、总电抗；

U_N——线路的额定电压。

由式（4-8）可见，为了调整负荷点电压 U_L 可采取以下的措施：

（1）调节励磁电流以改变发电机端电压 U_A；

（2）采用改变变压器分接头进行调压；

（3）通过改变电网无功功率分布进行调压；

（4）通过改变输电线路参数进行调压。

显然，前两种措施是利用改变电压水平的方法来得到所需要的电压，后两种措施是用改变电压损耗的方法来达到调压的目的。

三、利用发电机调压

调节发电机的励磁电流，可以改变发电机的无功输出，实现电力系统无功功率平衡和调整端电压。此种调压措施不需要增加设备和投资，且影响范围广，是调整用户端电压的主要手段。

改变发电机的励磁电流，可以改变发电机的电动势和端电压。当系统负荷增大，引起电网的电压损耗增加，用户端电压下降时，增加发电机的励磁电流，提高发电机的端电压，从而提高用户的端电压。当系统负荷减少，引起电网的电压损耗降低，用户端电压升高时，减少发电机的励磁电流，可以降低用户的端电压。此种调压方式，就是前面介绍的逆调压。发电机端电压的调节范围是其额定值的±5%。

在规模较小的电力系统中，特别是孤立运行的发电机或发电厂中，改变发电机励磁调压是一种既简单、经济、行之有效的最常用的调压方法。例如由发电机经过直配线路给用户供电的电力系统，因供电线路不长，线路上电压损耗不大，往往单靠发电机调压就能满足用户电压质量的要求。

在大型电力系统中，为满足系统无功功率经济分配的要求，大型发电机（厂）的无功出力（电压）是按照系统调度下达的无功出力（电压）曲线运行的。改变发电机励磁调节端电压只是一种辅助的调压措施。

四、改变变压器变比进行调压

双绕组变压器的高压侧绕组和三绕组变压器的高、中压侧绕组为了调整电压，都设有若干个分接头（抽头）供选择使用，如图 4-9 所示。容量在 6300kV·A 以下的变压器一般设有三个分接头，即 $1.05U_N$、U_N、$0.95U_N$，调节范围为±5%。容量在 8000kV·A 以上的变压器有五个分接头，分别在 $1.05U_N$、$1.025U_N$、U_N、$0.975U_N$、$0.95U_N$ 处引出，调节范围为±2×2.5%。额定电压 U_N 对应的为主接头，其他为附加分接头。

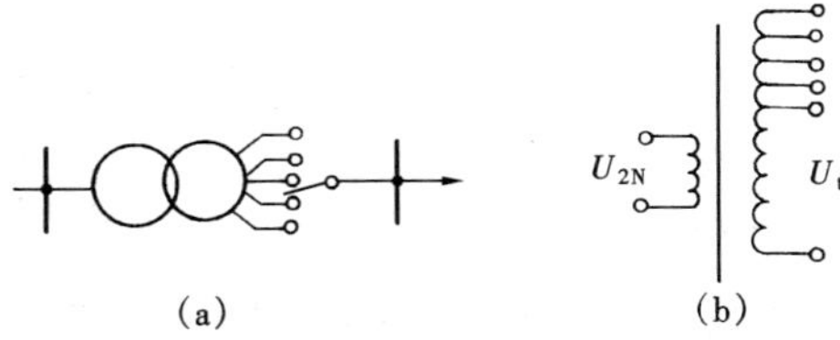

图 4-9　变压器的分接头

（a）简化接线；（b）原理接线

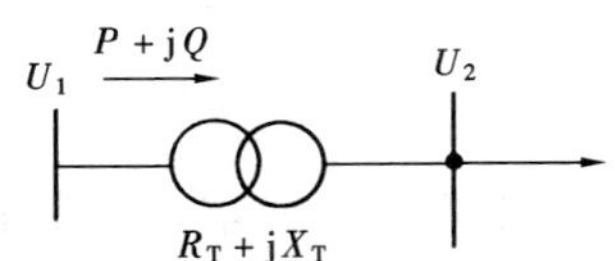

图 4-10　降压变压器接线

下面针对供配电系统常用的降压变压器讲解变压器分接头的选取。

变压器的实际变比近似等于高压绕组分接头电压 U_t 与低压绕组额定电压 U_{2N} 之比，即

$$k=U_t/U_{2N}$$

变压器低压绕组的匝数是一定的，因此，改变高压绕组的分接头，就是改变高压绕组的匝数，也就改变了变压器的变比，从而使变压器二次侧电压得到改变。

图 4-10 所示为一降压变压器，高压侧实际电压为 U_1，归算至高压侧的变压器阻抗为 R_T+jX_T，通过变压器的功率为 $P+jQ$，低压侧要求得到的电压为 U_2，归算到高压侧的变压器电压损耗为

$$\Delta U=\frac{PR_T+QX_T}{U_1}$$

因为

$$U_2=(U_1-\Delta U)/k \tag{4-9}$$

将 $k=U_t/U_{2N}$ 代入，得到高压侧分接头电压

$$U_t=\frac{U_1-\Delta U}{U_2}\times U_{2N} \tag{4-10}$$

参照式（4-10），最大负荷时应选择的变压器分接头电压为

$$U_{tmax}=\frac{U_{1max}-\Delta U_{max}}{U_{2max}}\times U_{2N} \tag{4-11}$$

最小负荷时应选择的变压器分接头电压为

$$U_{tmin}=\frac{U_{1min}-\Delta U_{min}}{U_{2min}}U_{2N} \tag{4-12}$$

式（4-11）、式（4-12）中 U_{tmax}，U_{tmin}——最大、最小负荷时变压器高压侧理想分接头；

U_{1max}，U_{1min}——最大、最小负荷时变压器高压侧实际电压（由潮流计算得到）；

U_{2max}，U_{2min}——最大、最小负荷时变压器低压侧目标电压（由调压方式决定）；

ΔU_{max}，ΔU_{min}——最大、最小负荷时变压器电压损耗。

对于普通的变压器，其分接头只能在停电的情况下改变，在正常的运行中，无论负荷如何变化，只能使用一个固定的分接头，显然，分接头电压应兼顾最大、最小负荷两种运行情况，所以应选分接头为

$$U_t=\frac{U_{tmax}+U_{tmin}}{2} \tag{4-13}$$

根据式（4-13）计算出分接头电压后，选择一个最接近的降压变压器的标准分接头电压。选出了标准分接头后，应根据变压器低压侧调压方式要求的电压进行校验，即

$$U_{2min}=\frac{U_{1min}-\Delta U_{min}}{U_t}\times U_{2N} \tag{4-14}$$

$$U_{2max}=\frac{U_{1max}-\Delta U_{max}}{U_t}\times U_{2N} \tag{4-15}$$

如果不满足要求，应考虑与其他调压措施配合进行调压。需要说明的是式（4-14）、式（4-15）计算得到的是最大、最小负荷时变压器低压侧实际电压。

在升压变电所也可用分接头调压，方法相同，只要注意电压损耗计入时有所不同，这里

不再累述。

【例 4-1】 某降压变电所的变压器归算至高压侧的阻抗为 3.2＋j45Ω，电压为（110±2×2.5%）/11kV，最大负荷 $S_{2max}=30+j15$MV·A 时，高压侧母线电压 $U_{1max}=112.5$kV；最小负荷 $S_{2min}=12+j8$MV·A 时，$U_{1min}=115$kV。低压侧母线电压允许变动范围为 10～11kV，顺调压。试选择变压器分接头位置。

解 最大负荷时，变压器中的电压损耗为

$$\Delta U_{max}=\frac{P_{max}R_T+Q_{max}X_T}{U_{1max}}=\frac{30\times3.2+15\times45}{112.5}=6.85\ (kV)$$

最小负荷时，变压器中的电压损耗为

$$\Delta U_{min}=\frac{P_{min}R_T+Q_{min}X_T}{U_{1min}}=\frac{12\times3.2+8\times45}{115}=3.46\ (kV)$$

按顺调压要求，最大负荷时变压器二次侧电压不得低于 10kV，则分接头电压为

$$U_{tmax}=\frac{U_{1max}-\Delta U_{max}}{U_{2max}}\times U_{2N}=\frac{112.5-6.85}{10}\times11=116.22\ (kV)$$

按要求最小负荷时变压器二次侧电压不得高于 11kV，则分接头电压为

$$U_{tmin}=\frac{U_{1min}-\Delta U_{min}}{U_{2min}}\times U_{2N}=\frac{115-3.46}{11}\times11=111.54\ (kV)$$

应选的分接头电压为

$$U_t=\frac{U_{tmax}+U_{tmin}}{2}=\frac{116.22+111.54}{2}=113.88\ (kV)$$

选取最接近的分接头电压 112.75kV，即分接头位置在＋2.5%挡。

校验：最大负荷时变压器二次侧母线实际电压为

$$U_{2max}=\frac{U_{1max}-\Delta U_{max}}{U_t}\times U_{2N}=\frac{112.5-6.85}{112.75}\times11=10.31\ (kV)>10\ (kV)$$

最小负荷时变压器二次侧母线实际电压为

$$U_{2min}=\frac{U_{1min}-\Delta U_{min}}{U_t}\times U_{2N}=\frac{115-3.46}{112.75}\times11=10.88\ (kV)<11\ (kV)$$

可见，均未超出允许变动范围，因此所选分接头位置是合适的。

改变普通变压器的分接头很不方便，必须使变压器退出运行后方能进行，称作“无载调压”。目前国内外大量使用有载调压变压器，这种变压器的高压侧有可以调节分接头的调节绕组，能在带有负荷的情况下改变分接头，调压范围也比较大，一般在 15%以上。目前我国 110kV 电压级的有载调压变压器的调压范围为±3×2.5%，有七挡分接头；220kV 电压级的有载调压变压器的调压范围为±4×2.5%，有九挡分接头。对某些有特殊要求的有载调压变压器还可有更多的分接头。

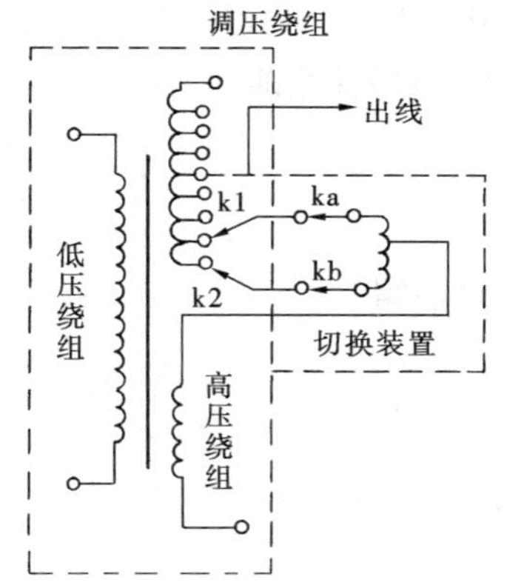

图 4-11 具有调压绕组的有载调压变压器

图 4-11 为具有调压绕组的有载调压变压器，装有特殊切换装置，能在负荷情况下改变分接头，该装置有四个可动触头。改变分接头时，先将一个动触头移到选定的分接头上，然后再将另一动触头移到该分接头上。为了避免切换过程中产生电弧使变压器油劣化，在可动触头 k1、k2 的支路中分别串联上接触器 ka、kb，当调节分接头时，先将接触器 ka

打开，将可动触头 k1 切换到选定的分接头上，然后接通 ka，再断开 kb，将 k2 切换到选定的分接头上，再接通 kb。

五、改变电网的无功功率分布进行调压

供配电网中，电压调整的主要措施是改变电网无功功率分布调压和改变变压器分接头调压。对于无功功率不足的系统，首要问题是增加无功功率电源。前面曾讨论过，无功功率补偿能取得多方面效益，可以根据不同目的决定补偿容量。下面讨论按调压要求确定无功补偿容量的计算方法。

线路和变压器上的电压损耗是造成电压偏移的主要原因之一，如能设法减少电网的电压损耗，就可以在一定范围内解决调压问题。根据潮流计算可知，线路的电压损耗近似为电压降落的纵分量，即

$$\Delta U=\frac{PR+QX}{U}$$

显然，当线路参数已定时，决定电压损耗的因素有两个，即有功功率 P 和无功功率 Q。但实际上不可能通过改变有功功率的分布来进行调压，因为电网的任务就是向用户输送有功功率。而无功功率既可由发电机供给，也可由装设在枢纽变电所或者负荷点附近的无功功率补偿设备供给。所以，并联电容补偿是一种有效的调压措施。

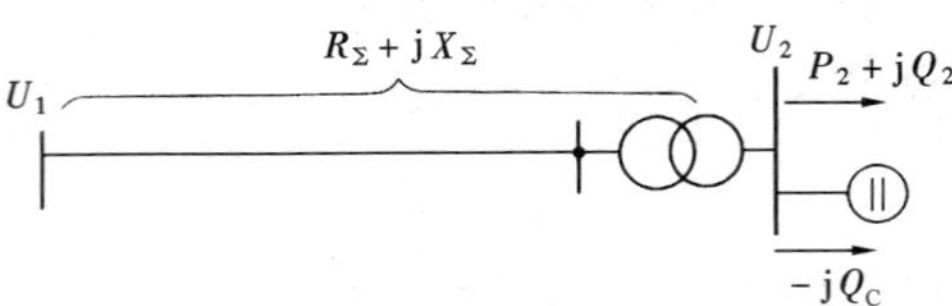

图 4-12 并联电容补偿

按母线运行电压的要求选择并联电容补偿容量的原理如图 4-12 所示，变电所低压侧的负荷为 P_2+jQ_2（MV·A），线路与变压器的总阻抗为

$$Z_\Sigma=R_\Sigma+jX_\Sigma \tag{4-16}$$

未装并联补偿装置前，电网首端电压为（略去电压降落的横分量）

$$U_1=U'_2+\frac{P_2R_\Sigma+Q_2X_\Sigma}{U'_2} \tag{4-17}$$

式中 U'_2——归算到高压侧的变电所低压侧母线电压，kV。

变电所低压母线装设容量为 Q_C 的并联电容补偿装置后，电网首端电压为

$$U_1=U'_{2C}+\frac{P_2R_\Sigma+(Q_2-Q_C)X_\Sigma}{U'_{2C}} \tag{4-18}$$

式中 U'_{2C}——设并联电容补偿装置后，变电所低压侧母线电压归算到高压侧的值，kV。

如果补偿前后 U_1 不变，则比较式（4-17）和式（4-18）得

$$U'_2+\frac{P_2R_\Sigma+Q_2X_\Sigma}{U'_2}=U'_{2C}+\frac{P_2R_\Sigma+(Q_2-Q_C)X_\Sigma}{U'_{2C}}$$

整理后得

$$\frac{Q_CX_\Sigma}{U'_{2C}}=(U'_{2C}-U'_2)+\left(\frac{P_2R_\Sigma+Q_2X_\Sigma}{U'_{2C}}-\frac{P_2R_\Sigma+Q_2X_\Sigma}{U'_2}\right) \tag{4-19}$$

式（4-19）中等号右边的第二项的数值一般很小，可以略去不计，则有

$$Q_C=\frac{U'_{2C}}{X_\Sigma}(U'_{2C}-U'_2) \tag{4-20}$$

若补偿后的低压侧母线电压用未经折算到高压侧的电压 U_{2C} 表示，则有

$$Q_C=\frac{U_{2C}}{X_\Sigma}\left(U_{2C}-\frac{U'_2}{k}\right)k^2 \tag{4-21}$$

式中　k——降压变压器变比。

由式（4-21）可以看出，补偿容量 Q_C 的大小，不仅取决于调压的要求，而且与变压器变比选择也有关。通常在大负荷时降压变电所电压偏低，小负荷时降压变电所电压偏高，并联电容器只能发出感性无功功率以提高电压，在电压过高时却不能吸收感性无功功率以降低电压，为了充分利用并联电容器补偿容量，在最大负荷时电容器应全部投入，在最小负荷时应全部退出。所以，应按最小负荷时没有补偿情况来选择变压器的分接头，即

$$U_{tmin}=U'_{2min}\frac{U_{2N}}{U_{2min}} \tag{4-22}$$

式中　U_{tmin}——变压器的分接头电压，kV；

U_{2min}——最小负荷时并联电容器全部切除后低压侧要求的电压，kV；

U'_{2min}——最小负荷时并联电容器全部切除后低压侧电压 U_{2min} 归算到高压侧的值，kV；

U_{2N}——变压器二次侧额定电压，kV。

根据分接头电压确定对应的变压器变比 k，最后根据最大负荷时对电压偏移的要求，可以确定并联电容器的补偿容量为

$$Q_C=\frac{U_{2Cmax}}{X_\Sigma}\left(U_{2Cmax}-\frac{U'_{2max}}{k}\right)k^2 \tag{4-23}$$

式中　U_{2Cmax}——最大负荷时低压侧要求的电压，kV；

U'_{2max}——最大负荷时未装无功补偿低压侧电压 U_{2max} 归算到高压侧的值，kV。

【例 4-2】　某简单电力系统如图4-13所示。降压变电所低压侧母线要求恒调压，保持10.5kV。变压器的变比为（110±2×2.5%）/11kV，已知 $U_1=115$kV，阻抗 $R_\Sigma+jX_\Sigma=20+j108\ \Omega$ 为归算至高压侧的值，试确定采用并联电容器补偿时的无功补偿容量。

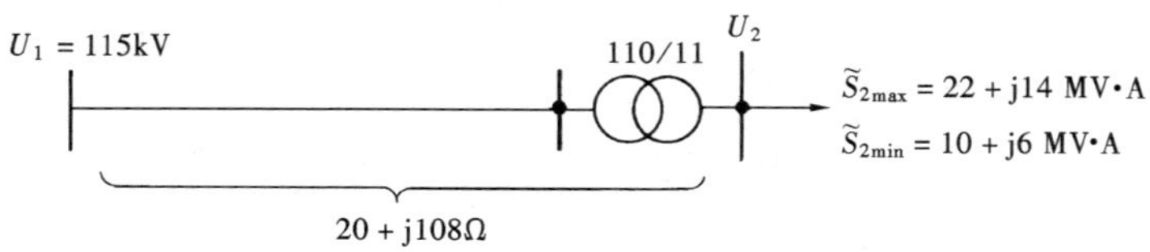

图 4-13　［例 4-2］图

解　由于已知首端电压、末端功率，故先假定全网为额定电压，从末端向首端计算功率损耗，即

$$\Delta\widetilde{S}_{max}=\frac{P_{2max}^2+Q_{2max}^2}{U_N^2}\ (R_\Sigma+jX_\Sigma)$$

$$=\frac{22^2+14^2}{110^2}\times(20+j108)=1.12+j6.07\ (\text{MV}\cdot\text{A})$$

$$\Delta\widetilde{S}_{min}=\frac{P_{2min}^2+Q_{2min}^2}{U_N^2}\ (R_\Sigma+jX_\Sigma)$$

$$=\frac{10^2+6^2}{110^2}\times(20+j108)=0.23+j1.21\ (\text{MV}\cdot\text{A})$$

对应的首端功率为

$$\widetilde{S}_{1max}=\widetilde{S}_{2max}+\Delta\widetilde{S}_{max}=(22+j14)+(1.12+j6.07)=23.12+j20.07(MV\cdot A)$$

$$\widetilde{S}_{1min}=\widetilde{S}_{2min}+\Delta\widetilde{S}_{min}=(10+j6)+(0.23+j1.21)=10.23+j7.21(MV\cdot A)$$

未进行补偿，最大负荷时变电所低压母线电压归算到高压侧的值为

$$\begin{aligned}U'_{2max}&=U_1-\frac{P_{1max}R_{\Sigma}+Q_{1max}X_{\Sigma}}{U_1}\\&=115-\frac{23.12\times20+20.07\times108}{115}=92.13(kV)\end{aligned}$$

未进行补偿，最小负荷时变电所低压母线折算到高压侧的值为

$$\begin{aligned}U'_{2min}&=U_1-\frac{P_{1min}R_{\Sigma}+Q_{1min}X_{\Sigma}}{U_1}\\&=115-\frac{10.23\times20+7.21\times108}{115}=106.45(kV)\end{aligned}$$

在最小负荷时将电容器全部切除，选择分接头电压值为

$$U_{tmin}=U'_{2min}\frac{U_{2N}}{U_{2min}}=106.45\times\frac{11}{10.5}=111.52(kV)$$

选用+2.5%抽头，分接头电压为112.75kV。按最大负荷时的调压要求确定Q_C，即

$$\begin{aligned}Q_C&=\frac{U_{2Cmax}}{X_{\Sigma}}\left(U_{2Cmax}-\frac{U'_{2max}}{k}\right)k^2\\&=\frac{10.5}{108}\times\left(10.5-\frac{92.13}{112.75/11}\right)\times\left(\frac{112.75}{11}\right)^2=15.44(Mvar)\end{aligned}$$

若选择单台容量为Q_1=200kvar的电容器，需选择的台数为

$$n=Q_C/Q_1=15.44/0.2=78$$

验算电压偏移，在最大负荷时补偿设备全部投入

$$U'_{2Cmax}=115-\frac{23.12\times20+(20.07-78\times0.2)\times108}{115}=106.78(kV)$$

最大负荷时低压母线实际电压为

$$U_{2Cmax}=106.78\times\frac{11}{112.75}=10.42(kV)$$

最小负荷时，补偿设备全部退出，则

$$U_{2Cmin}=106.45\times\frac{11}{112.75}=10.39(kV)$$

根据调压要求，最大负荷时电压偏移为

$$\frac{10.42-10.5}{10.5}\times100\%=-0.76\%$$

最小负荷时电压偏移为

$$\frac{10.39-10.50}{10.50}\times100\%=-1.05\%$$

可见，选择的电容器容量能满足恒调压要求。

需要指出的是，并非所有的场合都能使用这种调压措施。对于大截面架空线路及有变压器的网络，利用改变无功功率分布调压将取得显著的效果；而在小截面架空线路和所有的电缆线路中，因$R>X$，电压损耗主要由有功功率引起，改变无功Q值对降低ΔU并无多大影

响，因此不宜采用这种调压措施。

六、串联电容补偿

对于长距离输电线路，由于线路感抗较大，产生较大的电压损耗和无功功率损耗，同时也限制了线路的输送容量。为了减少线路感抗，缩短线路的电气距离，可采用串联电容器，补偿线路感抗，降低电压损耗和无功损耗。

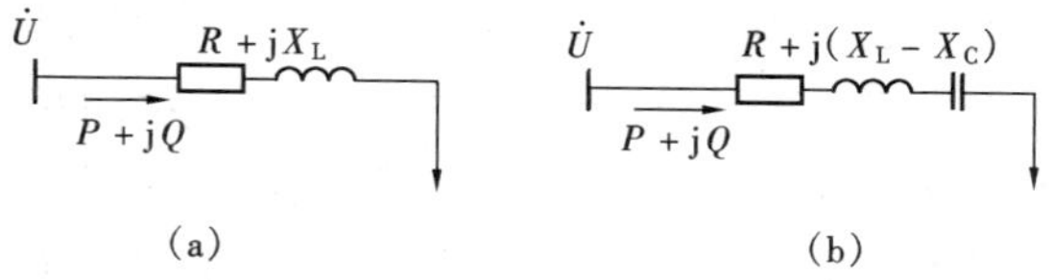

现以图 4-14 所示线路为例，来分析串联电容补偿容量的计算。为简化计算，取首端功率进行下面推导。

图 4-14　串联电容补偿

(a) 未装串联电容器前；(b) 串入电容器后

未装设串联电容器以前，线路中电压损耗为

$$\Delta U=\frac{PR+QX_L}{U}$$

式中　U——线路首端的电压；

Q——线路首端的无功功率。

线路中串入容抗为 X_C 的电容器时，电压损耗为

$$\Delta U'=\frac{PR+Q(X_L-X_C)}{U}$$

设根据调压要求线路串入电容器后，电压需提高的数值为 $\Delta U''$，则可得

$$\Delta U''=\Delta U-\Delta U'=\frac{PR+QX_L}{U}-\frac{PR+Q(X_L-X_C)}{U}=\frac{QX_C}{U}$$

所以，串联电容器的总容抗为

$$X_C=\frac{U\Delta U''}{Q} \tag{4-24}$$

串联电容补偿的性能可用补偿度来表示。所谓补偿度，是指串联电容器的容抗 X_C 与线路感抗 X_L 的比值，用 K_C 表示，则

$$K_C=\frac{X_C}{X_L}\times 100\% \tag{4-25}$$

补偿度一般不宜大于 50%，且应防止次同步谐振，并装设过电压保护和防止短路电流对电容器冲击的保护电器。

七、各种调压措施的合理应用

电压质量问题从全局看是整个系统的电压水平问题。如前所述，为了确保运行中系统具有正常的电压水平，电力系统的无功必须平衡。如果系统无功不足，致使电压水平低，首先应设法增加无功补偿设备和无功电源出力，解决系统的无功功率平衡。其方法有：

(1) 要求各类用户将负荷的功率因数提高到现行规程规定的数值（参见本章第二节）。

(2) 挖掘系统的无功潜力。改变发电机励磁既可以改变发电机输出的无功功率，又可以改变发电机的端电压，是最方便和最经济的调压措施，可与其他调压措施配合使用；用户的同步电动机过励磁运行等。

(3) 根据无功功率平衡的需要，增添必要的无功补偿容量，并按无功功率就地平衡的原则进行补偿容量的分配。小容量的、分散的无功补偿，可采用静电电容器；大容量的、配置在系统中枢点的无功补偿，则易采用同步调相机或静止补偿器。

当系统的无功功率供应比较充裕时，各变电所的调压问题可以通过选择变压器的分接头来解决。当最大负荷和最小负荷两种情况下的电压变化幅度不很大又不要求逆调压时，适当调整普通变压器的分接头一般就可满足要求。当电压变化幅度比较大或要求逆调压时，宜采用带负荷有载调压的变压器，有载调压变压器调压，将非常灵活而有效。

必须指出，在整个系统无功不足的情况下，不宜采用调整变压器分接头的办法来提高电压，因为如果当某一局部的电压由于变压器分接头的改变而被强制升高后，该地区所需的无功功率也增大了，这就可能进一步扩大系统的无功缺额，从而导致整个系统的电压水平更加下降。从全局效果来看，这样做是不可取的。

对于 10kV 及以下电压级的电网，由于负荷分散、容量不大，按允许电压损耗来选择导线截面是解决电压质量问题的正确途径。

关于各种调压措施的具体应用，还要根据实际电力系统的具体情况进行技术经济比较后，才能最后确定合理的方案。

思考题及习题

4-1　什么是电力系统的无功功率平衡？有什么含义？

4-2　电力系统有哪些无功功率电源？哪些无功功率损耗？哪些无功补偿装置？

4-3　电力系统综合负荷的无功—电压静特性是怎样的？

4-4　在电力系统调压方式中，顺调压和逆调压各指的是什么样的调压方式？

4-5　电力系统有哪些调压措施？其调压原理各是什么？

4-6　为什么当电力系统无功电源不足时，不允许用变压器分接头调压？

4-7　电力电容器串联补偿和并联补偿的作用原理有何区别？

4-8　图示并联无功补偿的原理，简述提高功率因数的意义。

4-9　简述无功补偿设备配置的规划原则及具体内容。

4-10　如图 4-15 所示，已知变电所最大负荷为 30+j22.5MV·A；变电所装设变压器的技术数据为 S_N=31.5MV·A，(110±2×2.5%)/11kV。ΔP_k=135kW，ΔP_0=20kW，U_k%=10.5，I_0%=0.9；变电所最小负荷为最大负荷的 50%；变电所高压母线电压在最大负荷时为 U_1=108kV，在最小负荷时为 U_1=112kV；主变压器低压侧允许电压偏移在最大负荷时为 0%，在最小负荷时 7%。试选择主变压器分接头（忽略变压器中功率损耗）。

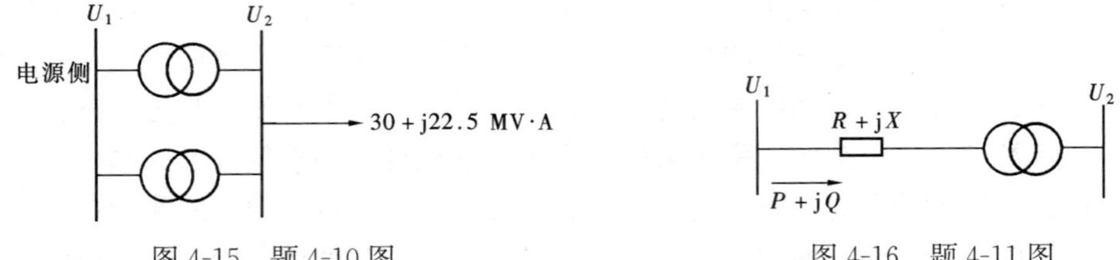

图 4-15　题 4-10 图　　图 4-16　题 4-11 图

4-11　如图 4-16 所示，已知降压变压器容量为 31.5MV·A，变比为(110±2×2.5)/6.3kV，变压器归算到高压侧的阻抗为 $R+jX$=2.44+j40Ω；最大负荷和最小负荷时进入变压器的功率（忽略励磁损耗）分别为 $\tilde{S}_{max}$=28+j14MV·A 和 $\tilde{S}_{min}$=10+j6MV·A；高压侧电压分别为 U_{1max}=110kV，U_{1min}=113kV。现要求低压母线最大负荷时为 6.3kV，最小负荷时为 6.0kV，试选择变压器分接头。

4-12　某降压变电所中有一台容量为 10MV·A 变压器，电压为（110±2×2.5%）/11kV。已知最大负荷时高压侧实际电压为 113kV，变压器阻抗中电压损耗为额定电压的 4.63%；最小负荷时，高压侧实际电压为 115kV，阻抗中电压损耗为 2.81%。变电所低压母线采用顺调压方式，试选择变压器分接头电压。

4-13　某供电所以双回架空线路向用户供电，见图 4-17，已知 $U_A=36.6$kV；线路导线型号为 LGJ-95，参数为 $r_1+jx_1=0.33+j0.4\Omega$/km。试求：

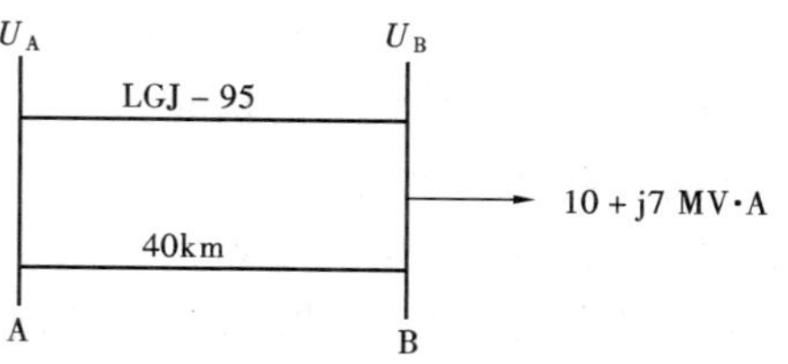

图 4-17　题 4-13 图

（1）用户处 B 母线的电压；

（2）用户处 B 母线的电压偏移和 $\cos\varphi$；

（3）若欲使用户 B 母线电压 $U_B=35$kV，其他条件不变，则供电所母线电压 U_A 应等于多少？

（4）若 U_A 维持 36.6kV，而欲使用户处 $U_B=35$kV，采用在 35kV 线路上串联电容的方法，则在双回线上共应串入多大电容？

（5）若 $U_A=36.6$kV，在用户处进行并联电容补偿，欲使 U_B 仍为 35kV 时，并联电容器的容量 Q_C 应为多少？

（6）若 $U_A=36.6$kV 而使用户处功率因数达到 0.9，则并联补偿电容器的容量 Q_C 应为多少？此时用户 B 母线上电压是多少？

第五章 工厂供配电系统供电负荷的计算

第一节 负荷曲线与特征参数

一、电力系统负荷的构成

电力系统的总负荷就是系统中千万个用电设备消费功率的总和。它们大致分异步电动机、同步电动机、电热电炉、整流设备、照明设备等几大类。不同行业中，这些用电设备占的比重也不同。表5-1所列为几种工业部门用电设备比重的统计。

表5-1 几种工业部门用电设备比重的统计

类别 比重(%)	综合性中小企业	辅助工业	化学工业化肥焦化厂	化学工业电化厂	大型机械加工工业	钢铁工业
异步电动机	79.1	99.8	56.0	13.0	82.5	20.0
同步电动机	3.2		44.0		1.3	10.0
电热电炉	17.7	0.2			15.0	70.0
整流设备				87.0	1.2	

注 1. 比重按功率计。
2. 照明设备的比重很小，未统计在内。

将各工业部门消费的功率与农业、交通运输和市政生活消费的功率相加就可得到电力系统的综合用电负荷。综合用电负荷加网络中损耗的功率为系统中各发电厂应供出的功率，因而称作电力系统的供电负荷。供电负荷再加各发电厂本身消费的功率——厂用电，为系统中各发电机应发出的功率，称作电力系统的发电负荷。

二、负荷曲线

反映电力负荷随时间变化情况的曲线称为负荷曲线。按负荷种类可分有功负荷曲线和无功负荷曲线；按时间的长短可分日负荷、月负荷和年负荷曲线；按计量地点可分个别用户、电力线路、变电所、发电厂乃至整个地区、整个系统的负荷曲线。将上述三种特征按需组合，就确定了某一种特定的负荷曲线。有的负荷曲线是按一定时间为间隔绘制出来的，但是逐点描绘的负荷曲线为依次连续的折线，不适于实际应用。为了计算简单起见，往往将逐点描绘的负荷曲线用等效的阶梯曲线来代替，如图5-1(a)所示就是钢铁工业的有功功率日负荷曲线。

相对来说，无功功率负荷曲线的用途较小，无论是电力系统的运行或设计部门，一般都不编制无功负荷曲线，而只是隔一段时间编制一次无功功率平衡表或各枢纽点电压曲线。而有功功率负荷曲线对电力系统的运行十分有用，电力系统的计划生产主要是建立在预测的有功负荷曲线的基础之上的。以下介绍几种典型的负荷曲线。

(一)日负荷曲线

日负荷曲线表示一天24h内负荷变化的情况，如图5-1所示。此曲线可用于决定系统的日发电量。

(二)年最大负荷曲线

年最大负荷曲线可根据典型日负荷曲线间接制成，表示从年初到年终的整个1年内的逐

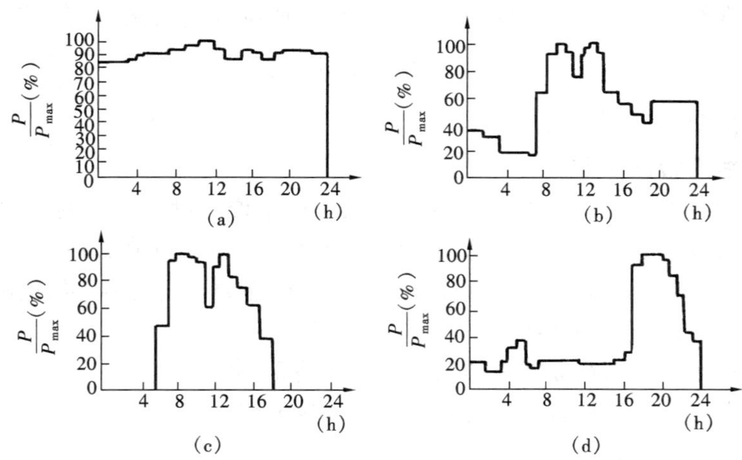

图 5-1　几种行业的有功功率日负荷曲线

(a) 钢铁工业；(b) 食品工业；(c) 农村加工业；(d) 市政生活

月（或逐日）综合最大负荷的变化情形，如图 5-2 所示。从图上可以看出，夏季的最大负荷较小，这是由于夏季日长夜短，照明负荷普遍减小的缘故。但是如果季节性负荷（农村排灌、空调制冷等）的比重较大，则也可能使夏季的最大负荷反而超过冬季（国外及国内沿海城市常有）。至于年终负荷较年初为大，则是由于各工矿企业为超额完成年度计划而增加生产，以及新建、扩建厂矿投入生产的结果。年最大负荷曲线可以用来决定整个系统的装机容量，以便有计划地扩建发电机组或新建发电厂。此外，还可以利用负荷较小的时段安排发电机组的检修计划。

（三）年负荷持续曲线

年负荷持续曲线如图 5-3 所示。它是不分日月先后的界限，只按全年的负荷变化，根据各个不同的负荷值在一年中的累计持续时间而重新排列组成的，即反映了工厂全年负荷变动与负荷持续时间的关系。例如，图 5-3 中的 P_1 对应的时间为 t_1，说明一年内负荷超过 P_1 的累计持续时间有 t_1 小时。根据图 5-3 的曲线可以计算一年内消耗的总电能 A，即

$$A=\int_0^{8760}P\mathrm{d}t$$

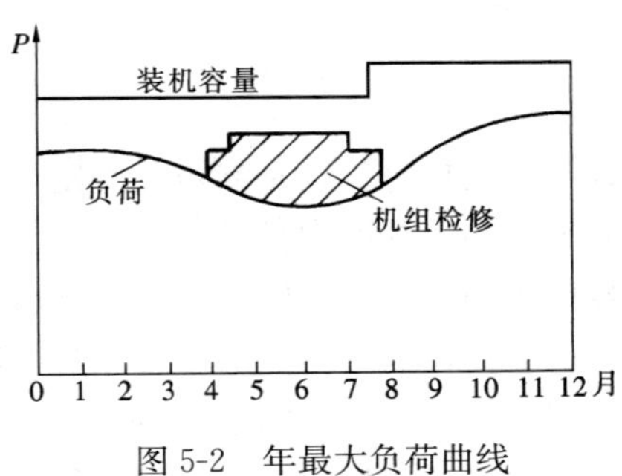

图 5-2　年最大负荷曲线

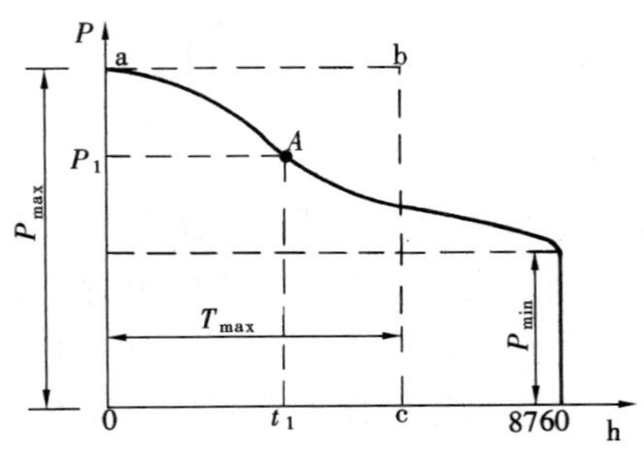

图 5-3　年负荷持续曲线

根据第三章介绍的年最大负荷利用小时数 T_{max}，便可将上式进一步写成

$$A = P_{max} T_{max} = \int_0^{8760} P\mathrm{d}t$$

从而使计算大为简化。

三、负荷曲线的特征参数

分析负荷曲线可以了解负荷变动的规律。从工厂来说，可以合理地、有计划地安排车间、班次或大容量设备的用电时间，从而降低负荷高峰，填补负荷低谷。这种“削峰填谷”的办法可使负荷曲线比较平坦，调整负荷既提高了供电能力，也是节电的措施之一。从负荷曲线上还可以求得一些有用的参数：

（1）最大负荷 P_{max}，负荷曲线上的最高点，如图 5-3 所示。

（2）最小负荷 P_{min}，负荷曲线上的最低点，如图 5-3 所示。

（3）全年消耗的电能 A_Y 为

$$A_Y = \int_0^{8760} P\mathrm{d}t$$

全日消耗的电能 A_D 为

$$A_D = \int_0^{24} P\mathrm{d}t \tag{5-1}$$

（4）年最大负荷利用小时数 T_{max}（详见第三章第二节）。

（5）平均负荷 P_{av}，某段时间的平均负荷指这段时间内平均消耗的电能，即

$$P_{av} = \frac{A_Y}{8760} = \frac{A_D}{24} \tag{5-2}$$

（6）负荷率是指平均负荷与最大负荷的比值。对有功负荷来说，负荷率用 α 表示，即

$$\alpha = \frac{P_{av}}{P_{max}} \quad (\alpha < 1) \tag{5-3}$$

α 反映了有功负荷的均匀程度，α 越小，说明曲线起伏越大，即有功负荷变化大。

同样，对无功负荷来说，负荷率用 β 表示，即

$$\beta = \frac{Q_{av}}{Q_{max}} \quad (\beta < 1) \tag{5-4}$$

一般的工业企业负荷系数年平均值为

$$\alpha = 0.70 \sim 0.75, \quad \beta = 0.76 \sim 0.82$$

第二节 计算负荷及有关系数

一、计算负荷的意义

在选择供电系统中的导线和电缆截面、确定变压器容量、选择电气设备参数、整定保护装置动作值及制定提高功率因数措施等时，需要用到用电企业的全部电力负荷这一数据。但是，对于一个企业，简单地将全厂所有用电设备的额定容量相加作为全厂电力负荷是不合适的，因为工厂里各种用电设备在运行中其电力负荷总是在不断变化的，但一般不会超过其额定容量；而各台用电设备的最大负荷出现的时间也不会都相同，所以全厂的最大负荷总是比全厂各种用电设备额定容量的总和要小。如果根据设备容量总和来选择导线和供电设备必将

造成浪费。反之，若负荷计算过小，造成导线和供电设备选择得过小，在运行中必将使上述元件过热，加速绝缘老化，甚至损坏，因此必须合理地进行负荷计算。由于工厂用电设备是一些有各种各样变化规律的用电负荷，要准确算出负荷的大小是很困难的。所谓“计算负荷”是按发热条件选择电气设备的一个假定负荷。计算负荷产生的热效应须和实际变动负荷产生的最大热效应相等，所以根据计算负荷来选择导线及设备，在实际运行中它们的最高温升就不会超过容许值。

通常将根据半小时（30min）的平均负荷所绘制的负荷曲线上的“最大负荷”称为计算负荷，并作为按发热条件选择电气设备的依据。为什么这样考虑呢？因为导体通过电流达到稳定温升的时间大约为 3～4T（T 为发热时间常数），而一般中小截面导线的 T 都在 10min 以上，也就是说载流导体大约经半小时（30min）后可达到稳定温升值，为了使计算方法一致，对其他供电元件（如大截面导线、变压器、开关电器等）均采用从负荷曲线上测得的半小时“最大负荷”作为计算负荷。因此图 5-3 中的 P_{max} 便称为计算负荷。用 P_c 来表示有功计算负荷，其余 Q_c、S_c、I_c 分别表示无功计算负荷、视在计算负荷和计算电流。

二、确定计算负荷的系数

比较、分析大量的负荷曲线可以发现，同一类型的工业企业（或同一类型车间、设备）的负荷曲线具有大致相似的形状，从中可以找出数值较相近的系数。利用这些系数，根据工厂所提供的用电设备容量，即可得到需要的计算负荷。

1. 需要系数 K_d

如果定义

$$需要系数\ K_d=\frac{负荷曲线最大有功负荷}{设备容量}=\frac{P_{max}}{P_N} \tag{5-5}$$

由同一类型工业企业的负荷曲线可发现其需要系数 K_d 的数值都很接近。我国设计部门通过长期实践和调查研究，已经统计出一些用电设备（车间、工厂）典型的需要系数，有关数据见表 5-2～表 5-5。

表 5-2　各用电设备组的需要系数 K_d 及功率因数

用电设备组名称		K_d	$\cos\varphi$	$\tan\varphi$
单独传动的金属加工机床	冷加工车间	0.14～0.16	0.50	1.73
	热加工车间	0.20～0.25	0.55～0.6	1.52～1.33
压床、锻锤、剪床及其他锻工机械		0.25	0.60	1.33
连续运输机械	连锁的	0.65	0.75	0.88
	非连锁的	0.60	0.75	0.88
轧钢车间反复短时工作制的机械		0.3～0.40	0.5～0.6	1.73～1.33
通风机	生产用	0.75～0.85	0.8～0.85	0.75～0.62
	卫生用	0.65～0.70	0.80	0.75
泵、活塞式压缩机、鼓风机、电动发电机组、排风机等		0.75～0.85	0.80	0.75
破碎机、筛选机、碾砂机等		0.75～0.80	0.80	0.75
磨碎机		0.80～0.85	0.80～0.85	0.75～0.62
铸铁车间造型机		0.70	0.75	0.88

续表

用电设备组名称		K_d	$\cos\varphi$	$\tan\varphi$
搅拌器、凝结器、分级器等		0.75	0.75	0.88
水银整流机组（在变压器一次侧）	电解车间用	0.90～0.95	0.82～0.90	0.70～0.48
	起重机负荷	0.30～0.50	0.87～0.90	0.57～0.48
	电气牵引用	0.40～0.50	0.92～0.94	0.43～0.36
感应电炉（不带功率因数补偿装置）	高频	0.80	0.10	10.05
	低频	0.80	0.35	2.67
电阻炉	自动装料	0.7～0.80	0.98	0.20
	非自动装料	0.6～0.70	0.98	0.20
小容量试验设备和试验台	带电动发电机组	0.15～0.40	0.72	1.02
	带试验变压器	0.1～0.25	0.20	4.91
起重机	锅炉房、修理、金工、装配车间	0.05～0.15	0.50	1.73
	铸铁车间、平炉车间	0.15～0.30	0.50	1.73
	轧钢车间、脱锭工序等	0.25～0.35	0.50	1.73
电焊机	点焊与缝焊用	0.35	0.60	1.33
	对焊用	0.35	0.70	1.02
电焊变压器	自动焊接用	0.50	0.40	2.29
	单头手动焊接用	0.35	0.35	2.68
	多头手动焊接用	0.40	0.35	2.68
焊接用电动发电机组	单头焊接用	0.35	0.60	1.33
	多头焊接用	0.70	0.75	0.80
电弧炼钢炉变压器		0.90	0.87	0.57
煤气电气滤清机组		0.80	0.78	0.80

表 5-3　　3（6）～10kV 高压用电设备需要系数及功率因数

序　号	高压用电设备组名称	K_d	$\cos\varphi$	$\tan\varphi$
1	电弧炉变压器	0.92	0.87	0.57
2	锅　炉	0.90	0.87	0.57
3	转炉鼓风机	0.70	0.80	0.75
4	水压机	0.50	0.75	0.88
5	煤气站、排风机	0.70	0.80	0.75
6	空压站压缩机	0.70	0.80	0.75
7	氧气压缩机	0.80	0.80	0.75
8	轧钢设备	0.80	0.80	0.75
9	试验电动机组	0.50	0.75	0.88
10	高压给水泵（感应电动机）	0.50	0.80	0.75
11	高压输水泵（同步电动机）	0.80	0.92	0.43
12	引风机、送风机	0.8～0.9	0.85	0.62
13	有色金属轧机	0.15～0.20	0.70	1.02

表 5-4　各种车间的低压负荷需要系数及功率因数

序　号	车　间　名　称	K_d	$\cos\varphi$	$\tan\varphi$
1	铸钢车间（不包括电炉）	0.3～0.4	0.65	1.17
2	铸铁车间	0.35～0.4	0.7	1.02
3	锻压车间（不包括高压水泵）	0.2～0.3	0.55～0.65	1.52～1.17
4	热处理车间	0.4～0.6	0.65～0.7	1.17～1.02
5	焊接车间	0.25～0.3	0.45～0.5	1.98～1.73
6	金工车间	0.2～0.30	0.55～0.65	1.52～1.17
7	木工车间	0.28～0.35	0.6	1.33
8	工具车间	0.3	0.65	1.17
9	修理车间	0.2～0.25	0.65	1.17
10	落锤车间	0.2	0.6	1.33
11	废钢铁处理车间	0.45	0.68	1.08
12	电镀车间	0.4～0.62	0.85	0.62
13	中央实验室	0.4～0.6	0.6～0.8	1.33～0.75
14	充电站	0.6～0.7	0.8	0.75
15	煤气站	0.5～0.7	0.65	1.17
16	氧气站	0.75～0.85	0.8	0.75
17	冷冻站	0.7	0.75	0.88
18	水泵站	0.5～0.65	0.8	0.75
19	锅炉房	0.65～0.75	0.8	0.75
20	压缩空气站	0.7～0.85	0.75	0.88
21	乙炔站	0.7	0.9	0.48
22	试验站	0.4～0.5	0.8	0.75
23	发电机车间	0.29	0.60	1.32
24	变压器车间	0.35	0.65	1.17
25	电容器车间（机械化运输）	0.41	0.98	0.19
26	高压开关车间	0.30	0.70	1.02
27	绝缘材料车间	0.41～0.50	0.80	0.75
28	漆包线车间	0.80	0.91	0.48
29	电磁线车间	0.68	0.80	0.75
30	线圈车间	0.55	0.87	0.51
31	扁线车间	0.47	0.75～0.73	0.88～0.80
32	圆线车间	0.43	0.65～0.70	1.17～1.02
33	压延车间	0.45	0.78	0.80
34	辅助性车间	0.30～0.35	0.65～0.70	1.17～1.02
35	电线厂主厂房	0.44	0.75	0.88
36	电瓷厂主厂房（机械化运输）	0.47	0.75	0.88
37	电表厂主厂房	0.40～0.50	0.80	0.75
38	电刷厂主厂房	0.50	0.80	0.75

表 5-5　各种工厂的全厂需要系数及功率因数

工厂类别	需要系数 K_d		最大负荷时功率因数	
	变动范围	建议采用	变动范围	建议采用
汽轮机制造厂	0.38～0.49	0.38		0.88
锅炉制造厂	0.26～0.33	0.27	0.73～0.75	0.73
柴油机制造厂	0.32～0.34	0.32	0.74～0.84	0.74
重型机械制造厂	0.25～0.47	0.35		0.79
机床制造厂	0.13～0.3	0.2		
重型机床制造厂	0.32	0.32		0.71

续表

工厂类别	需要系数 K_d		最大负荷时功率因数	
	变动范围	建议采用	变动范围	建议采用
工具制造厂	0.34～0.35	0.34		
仪器仪表制造厂	0.31～0.42	0.37	0.8～0.82	0.81
滚珠轴承制造厂	0.24～0.34	0.28		
量具刃具制造厂	0.26～0.35	0.26		
电机制造厂	0.25～0.38	0.33		
石油机械制造厂	0.45～0.5	0.45		0.78
电线电缆制造厂	0.35～0.36	0.35	0.65～0.8	0.73
电气开关制造厂	0.3～0.6	0.35		0.75
阀门制造厂	0.38	0.38		
铸管厂		0.5		0.78
橡胶厂	0.5	0.5	0.72	0.72
通用机器厂	0.34～0.43	0.4		
小型造船厂	0.32～0.5	0.33	0.6～0.8	0.7
中型造船厂	0.35～0.45	有电炉时取高值	0.7～0.8	有电炉时取高值
大型造船厂	0.35～0.4	有电炉时取高值	0.7～0.8	有电炉时取高值
有色冶金企业	0.6～0.7	0.65		
化学工厂	0.17～0.38	0.28		
纺织工厂	0.32～0.60	0.5		
水泥工厂	0.50～0.84	0.71		
锯木工厂	0.14～0.30	0.19		
各种金属加工厂	0.19～0.27	0.21		
钢结构桥梁厂	0.35～0.40			0.60
混凝土桥梁厂	0.30～0.45			0.55
混凝土轨枕厂	0.35～0.45			

2. 利用系数 K_u

利用系数可定义为

$$\text{利用系数 } K_u = \frac{\text{负荷曲线平均有功负荷 } P_{av}}{\text{设备容量 } P_N} \tag{5-6}$$

与需要系数一样，同一类型工业企业负荷的利用系数也十分接近。

需要指出的是，上述所有的系数都不能认为是固定不变的，随着工业企业技术革新和进步，节约用电技术的不断推广以及负荷调整等，这些系数也将随之变化，因此需要定期加以修正。

3. 同时系数 K_Σ

当车间配电干线上接有多台用电设备时，对干线上连接的所有设备进行分组（m 组），然后分别求出各用电设备组的计算负荷。考虑到干线上各组用电设备的最大负荷不同时出现的因素，求干线上的计算负荷时，将干线上各用电设备组的计算负荷相加后应乘以相应的最大负荷同时系数（又称参差系数、混合系数）。

$$\text{有功同时系数 } K_{\Sigma P} = \frac{P_c}{\sum_{i=1}^{m} P_{ci}} \tag{5-7}$$

$$无功同时系数\ K_{\Sigma Q} = \frac{Q_c}{\sum_{i=1}^{m} Q_{ci}} \tag{5-8}$$

式中　P_{ci}，Q_{ci}——第 i 组设备的有功、无功计算负荷。

需要系数法的同时系数见表 5-6。

表 5-6　需要系数法的同时系数

应用范围		K_Σ
确定车间变电所低压母线最大负荷时，所采用的有功负荷或无功负荷的同时系数	冷加工车间	0.7～0.8
	热加工车间	0.7～0.9
	动力站	0.8～1.0
确定配电所母线最大负荷时，所采用的有功负荷或无功负荷的同时系数	计算负荷小于 5000kW	0.9～1.0
	计算负荷为 5000～10000kW	0.85
	计算负荷超过 10000kW	0.8

注　1. 当由各车间直接计算全厂最大负荷时，应同时乘以表中的两种同时系数。

2. 无功负荷的同时系数一般采用与有功负荷的同时系数相同的数值。

第三节　按需要系数法确定计算负荷

按需要系数法确定计算负荷，方法简便，是目前确定车间变电所负荷和全厂负荷的主要方法。

图 5-4 所示为工厂供电系统负荷计算图的一般形式，其负荷计算步骤应从负荷端开始，逐级上推，到电源进线端止。为清楚起见，对各级计算负荷 P_c、Q_c、S_c 均加数字下标，以示区别。

一、单台用电设备的设备容量（P'_N）和计算负荷（P_{c1}）

当供电线路上只连接有一台用电设备时，线路的计算负荷可按设备容量来确定。在每台用电设备的铭牌上都标有“额定功率”，但由于各用电设备的额定工作条件不同，例如有的是长期工作制，有的是重复短暂工作制，因此就不能简单地用铭牌上规定的额定功率直接计算，必须先将其换算为同一工作制下的额定功率，然后才能计算。所以，将换算至统一规

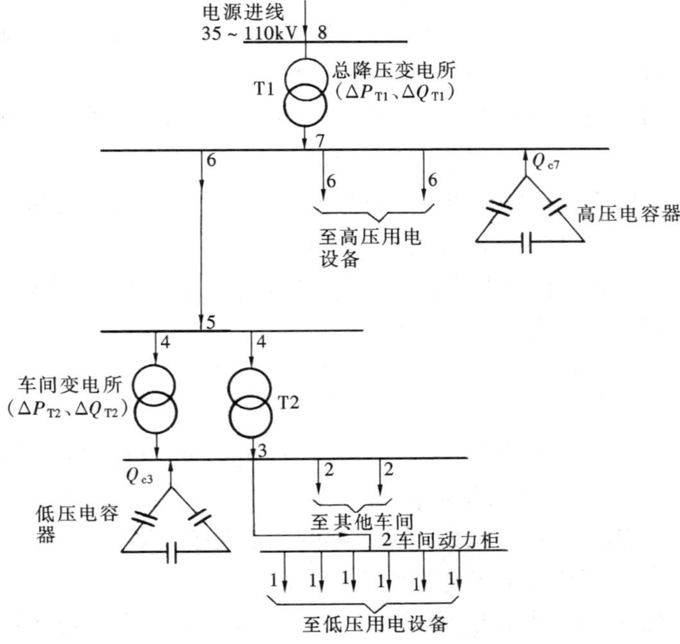

图 5-4　工厂供电系统的负荷计算图

定的工作制下的“额定功率”称为“设备容量”，用 P'_N表示。

（一）用电设备的工作方式

用电设备按工作方式不同可分为三种。

（1）连续运行工作制，是指工作时间较长，连续运行的用电设备的工作制，绝大多数用电设备都属于此类工作制。例如通风机、压缩机、各种泵类、各种电炉、机床、电解电镀设备、照明等。

（2）短时运行工作制（短暂工作制），是指工作时间很短，停歇时间相当长的用电设备的工作制。例如金属切削机床用的辅助机械（横梁升降、刀架快速移动装置等）、水闸用电机等，这类设备的数量很少。求计算负荷一般不考虑短时工作制的用电设备。

（3）断续周期工作制（重复短暂工作制），是指有规律性的，时而工作，时而停歇，反复运行的用电设备的工作制，如起重设备、吊车用电动机、电焊用变压器等。为表征其断续周期的特点，用整个工作周期里的工作时间与全周期时间之比来表示，即

$$\xi = \frac{t}{t + t_0} \tag{5-9}$$

$$JC\% = \xi \times 100\% \tag{5-10}$$

式中 t——用电设备工作时间，min；

t_0——用电设备停歇时间，min；

$t+t_0$——用电设备工作周期，min；

ξ——相对工作时间常数；

$JC\%$——暂载率，亦称为负荷持续率或接电率。

根据国家技术标准规定，重复短暂负荷下电气设备的额定工作周期为 10min。

吊车用电动机的标准暂载率有 15%、25%、40%、60% 四种；电焊设备的标准暂载率有 50%、65%、75%、100%四种，其中 100%为自动电焊机的暂载率。

（二）单台用电设备的设备容量

将用电设备按工作制分类后，确定各种用电设备的设备容量 P'_N的方法如下。

1. 连续工作制电动机的设备容量

连续工作制电动机的设备容量等于其铭牌上的额定功率，即 $P'_N=P_N$。

2. 断续工作制电动机（如起重机用的电动机）的设备容量

统一换算到暂载率为 $JC\%=25\%$时的额定功率（kW）。若其 $JC\%$不等于 25%时应进行换算，公式为

$$P'_N = \sqrt{\frac{JC\%}{JC_{25}\%}} P_N = 2P_N\sqrt{JC\%} \tag{5-11}$$

式中 P'_N——换算到 $JC_{25}\%=25\%$时电动机的设备容量，kW；

$JC\%$——铭牌暂载率；

P_N——换算前的电动机铭牌额定功率，kW。

3. 电焊机及电焊装置的设备容量

统一换算到暂载率 $JC\%=100\%$时的额定功率。若其铭牌暂载率 $JC\%$不等于 100%时，应进行换算，公式为

$$P'_{\mathrm{N}}=\sqrt{\frac{JC\%}{JC_{100}\%}}P_{\mathrm{N}}=\sqrt{JC\%}S_{\mathrm{N}}\cos\varphi_{\mathrm{N}} \tag{5-12}$$

式中　P'_{N}——换算到 $JC_{100}\%=100\%$时电焊机或电焊装置的设备容量，kW；

P_{N}——换算前的交流电焊机的额定功率，kW；

S_{N}——换算前的交流电焊机及电焊装置的额定视在功率，kV·A；

$JC\%$——与 S_{N} 或 P_{N} 相对应的铭牌暂载率；

$\cos\varphi_{\mathrm{N}}$——在 S_{N} 时的额定功率因数。

4. 电炉变压器的设备容量

电炉变压器的设备容量等于在额定功率因数时的额定功率（kW），即

$$P'_{\mathrm{N}}=S_{\mathrm{N}}\cos\varphi_{\mathrm{N}} \tag{5-13}$$

式中　S_{N}——电炉变压器的额定视在容量，kV·A；

$\cos\varphi_{\mathrm{N}}$——电炉变压器的额定功率因数。

5. 不对称单相负荷的设备容量

工厂里使用的多数为三相用电设备（如工厂的动力负荷中，三相异步电动机的总容量约占85%），但也有一些单相用电设备，如电焊机、电炉和照明设备等。单相设备有接于相电压和线电压之分，但无论如何都应尽可能地均衡分配，使三相负荷尽量平衡。由于负荷计算主要是用来选择导线和设备，所以当三相负荷不对称时，就应以最大负荷相有功负荷的3倍来作为等效的三相有功负荷进行计算。具体确定单相用电设备的设备容量时，可按下述方法处理：

（1）如果单相设备的总容量不超过三相设备总容量的15%，则不论单相设备如何连接，均可作为三相对称负荷对待。

（2）如单相用电设备总容量大于三相用电设备总容量的15%时，则设备容量 P'_{N}应按3倍最大相负荷的原则进行换算。根据不同的接法而有

$$\left.\begin{aligned}&\text{单相负荷 } P'_{\mathrm{N\cdot ph}} \text{ 接于相电压时：} P'_{\mathrm{N}}=3P'_{\mathrm{N\cdot ph}}\\&\text{单相负荷 } P'_{\mathrm{N\cdot ph}} \text{ 接于线电压时：} P'_{\mathrm{N}}=\sqrt{3}P'_{\mathrm{N\cdot ph}}\end{aligned}\right\} \tag{5-14}$$

（三）单台用电设备的计算负荷

用电设备的设备容量确定以后，单台用电设备的计算负荷 P_{c1} 为

$$P_{\mathrm{c1}}=P'_{\mathrm{N}} \tag{5-15}$$

可见，对一般可长期连续工作的单台用电设备，设备容量即是其计算负荷。不过要注意对单台电动机及其他需要计及效率时的单台用电设备，则其计算负荷为

$$P_{\mathrm{c1}}=\frac{P'_{\mathrm{N}}}{\eta} \tag{5-16}$$

式中　η——效率。

（四）照明设备容量及照明计算负荷的确定

1. 照明设备容量

计算照明设备的设备容量，应注意有镇流器的气体放电灯的设备容量是灯泡（管）额定功率与镇流器功率损耗之和。因此：

（1）白炽灯、碘钨灯设备容量就等于灯泡上标注的额定功率kW。

（2）荧光灯考虑镇流器的功率损失（为灯管功率的20%～30%），其设备容量应为灯管

额定功率的 1.2～1.3 倍，灯管功率小的取偏大值。

(3) 高压水银荧光灯亦考虑镇流器的功率损失（约为灯泡功率的 10%），其设备容量应为灯泡额定功率的 1.1 倍；自镇式高压汞灯的设备容量与灯泡额定功率相等。

(4) 高压钠灯考虑镇流器的功率损失（为灯泡功率的 10%～20%），其设备容量应为灯泡额定功率的 1.1～1.2 倍。灯泡功率小的取偏大值。

(5) 金属卤化物灯考虑镇流器的功率损失（为灯泡功率的 10%），其设备容量应为灯泡额定功率的 1.1 倍。

(6) 划入照明负荷的插座，除住宅插座的设备容量每个按 50W 计算外，其他每个可按 100W 计算。

2. 照明计算负荷的确定

在供电技术设计中，照明负荷计算一般均采用需要系数法。确定供电支路的照明计算负荷时，需要系数 K_d 可取为 1，也即是支路照明计算负荷就等于该支路的照明设备容量。支路的照明设备容量等于该支路所连接的所有照明设备的设备容量之和。根据车间照明设计，同样可计算出车间的照明设备容量。一般车间照明负荷的需要系数 $K_d=0.8\sim1$。当车间为大型车间、工艺流程为流水作业且未设插座时，K_d 可以为 1；当装设的一般插座较多时，K_d 可取 0.8～0.9。

3. 照明设备容量的估算

在供电初步设计中，照明的设备容量可按不同性质建筑物的单位建筑面积照明容量 A (W/m^2) 进行估算。设建筑物面积为 S (m^2)，则照明设备容量估算式为

$$\text{照明设备容量}=\frac{SA}{1000}(\text{kW}) \tag{5-17}$$

一般工厂车间及有关场所的单位建筑面积照明设备容量可查表 5-7。

表 5-7　一般工厂车间及有关场所的单位建筑面积照明设备容量

序号	房间名称	功率指标 (W/m^2)	序号	房间名称	功率指标 (W/m^2)
1	金工车间	6	14	各种仓库（平均）	5
2	装配车间	9	15	生活间	8
3	工具修理车间	8	16	锅炉房	4
4	金属结构车间	10	17	机车库	8
5	焊接车间	8	18	汽车库	8
6	锻工车间	7	19	住宅	4
7	热处理车间	8	20	学校	5
8	铸钢车间	8	21	办公楼	5
9	铸铁车间	8	22	单身宿舍	4
10	木工车间	11	23	食堂	4
11	实验室	10	24	托儿所	5
12	煤气站	7	25	商店	5
13	压缩空气站	5	26	浴室	3

注　表内数字按白炽灯计算，仅供粗略估算时参考。

二、确定用电设备组的计算负荷（P_{c2}）

确定了各用电设备容量之后，就要将用电设备按需要系数表上的分类方法详细地分成若干组，即将工艺性质相同且需要系数相近的用电设备合并成组，进行各用电设备组的负荷计算。用电设备组的计算负荷 P_{c2} 按下式计算，即

$$\left.\begin{aligned} P_{c2} &= K_d \Sigma P'_N \\ Q_{c2} &= P_{c2}\tan\varphi \\ S_{c2} &= \sqrt{P_{c2}^2 + Q_{c2}^2} \end{aligned}\right\} \tag{5-18}$$

式中　P_{c2}，Q_{c2}，S_{c2}——用电设备的有功、无功、视在计算负荷，kW、kvar、kV·A；

$\Sigma P'_N$——用电设备组设备容量的总和（不包括备用设备的容量），kW；

K_d——用电设备组的需要系数（参见表 5-2～表 5-5）；

$\tan\varphi$——与运行功率因数角相对应的正切值。

用电设备组需要系数 K_d 的意义，即确定成组用电设备的计算负荷时，应考虑在运行时可能出现的现象：

（1）各用电设备因工作情况不同，可能不同时工作，在负荷计算时要考虑同时使用系数 K_Σ，以反映最大负荷时工作着的用电设备的容量与全部用电设备总容量的比值；

（2）各用电设备工作时，并非所有设备全运行于满负荷情况下，在负荷计算时要考虑负荷系数 K_L，以反映在最大负荷时工作着的用电设备实际所需的功率与这些用电设备总容量的比值；

（3）各用电设备在工作时都要有功率损耗，负荷计算时要考虑用电设备组的平均效率 η_{av}；

（4）给用电设备组供电的线路在输送功率时要有线路功率损耗，还要考虑线路的效率 η_{WL}；

（5）加工条件和工人操作水平也是影响用电设备取用功率的因素，采用工作系数 K_W 来表示。

根据上述情况，计算负荷应为

$$P_{c2} = \frac{K_\Sigma K_L}{\eta_{av}\eta_{WL}} K_W \Sigma P'_N \tag{5-19}$$

令

$$K_d = \frac{K_\Sigma K_L}{\eta_{av}\eta_{WL}} K_W \leqslant 1 \tag{5-20}$$

所以

$$P_{c2} = K_d \Sigma P'_N \tag{5-21}$$

从式（5-20）可知，需要系数 K_d 包括上述五个影响计算负荷的因素。计算这些因素既复杂又困难，所以通常根据实测，将对计算负荷有影响的因素综合成一个需要系数 K_d，以简化计算过程。而 K_d 的数值将随着生产技术水平的发展而变化。

三、确定车间配电干线或变电所低压母线上的计算负荷（P_{c3}）

当车间配电干线上接有多个用电设备组时，须将该干线上各用电设备组的计算负荷相加，然后乘以最大负荷同时系数（又称最大负荷混合系数），即得该配电干线的计算负荷。计算变电所低压母线上的计算负荷，亦采用同样的方法，即将车间各用电设备组的计算负荷相加后，乘以最大负荷同时系数，便得车间变电所低压母线上的计算负荷 P_{c3}、Q_{c3}、S_{c3}，其中 S_{c3} 是选择车间变电所电力变压器容量的依据。它们的计算公式为

$$\left.\begin{aligned}P_{c3} &= K_P \Sigma P_{c2} \\ Q_{c3} &= K_Q \Sigma Q_{c2} \\ S_{c3} &= \sqrt{P_{c3}^2 + Q_{c3}^2}\end{aligned}\right\} \tag{5-22}$$

式中 P_{c3}，Q_{c3}，S_{c3}——车间变电所低压母线上的有功、无功及视在计算负荷，kW、kvar、kV·A；

ΣP_{c2}，ΣQ_{c2}——各用电设备组的有功、无功计算负荷的总和，kW、kvar；

K_P，K_Q——最大负荷时有功及无功负荷的同时系数（其数值参见表 5-6），考虑各用电设备组的最大计算负荷不会同时出现而引入的系数。

如果在变电所的低压母线上装有无功补偿用的静电电容器组，其容量为 Q_{C3}（kvar），则当计算 Q_{c3} 时，要减去无功补偿容量，即

$$Q_{c3} = K_Q \Sigma Q_{c2} - Q_{C3} \tag{5-23}$$

但需注意，在计算企业的总负荷时，应将整个企业的用电设备统一划组；计算车间的总负荷时，应将各工段的用电设备统一划组。统计 $\Sigma P'_N$ 要根据计算范围而定，取用 K_d 值一定要与 $\Sigma P'_N$ 的计算范围相对应。如按工厂为范围确定计算负荷时，则取用表 5-5 中的需要系数值；如按车间为范围确定计算负荷时，则取用表 5-4 中的需要系数值；如按用电设备组为范围确定计算负荷时，则取用表 5-2 及表 5-3 中的需要系数值。当 K_d 值有一定变动范围时，取值要作具体分析。如台数多时一般取用较小值，台数少时取用较大值；设备使用率高时取用较大值，使用率低时取用较小值。当一条线路内的用电设备的台数较少（$n \leqslant 3$ 台）时一般是将用电设备额定容量的总和作为计算负荷，或者采用较大的 K_d 值（0.85～1）。

四、确定车间变电所中变压器高压侧的计算负荷（P_{c4}）

将车间变电所低压母线的计算负荷加上车间变压器的功率损耗，即可得其高压侧负荷。计算公式为

$$\left.\begin{aligned}P_{c4} &= P_{c3} + \Delta P_{T2} \\ Q_{c4} &= Q_{c3} + \Delta Q_{T2} \\ S_{c4} &= \sqrt{P_{c4}^2 + Q_{c4}^2}\end{aligned}\right\} \tag{5-24}$$

式中 P_{c4}，Q_{c4}，S_{c4}——车间变电所中变压器高压侧的有功、无功及视在计算负荷，kW、kvar、kV·A；

ΔP_{T2}，ΔQ_{T2}——变压器的有功损耗与无功损耗，kW、kvar。

但是，在求计算负荷时，车间变压器的容量尚未选出，无法根据变压器的有功损耗与无功损耗的理论公式进行计算，因此一般按下列经验公式估算，即

$$\left.\begin{aligned}\Delta P_{T2} &= 2\% S_{c3} \\ \Delta Q_{T2} &= 10\% S_{c3}\end{aligned}\right\} \tag{5-25}$$

式中 S_{c3}——变压器低压母线上的计算负荷，kV·A。

五、确定车间变电所中高压母线上的计算负荷（P_{c5}）

当车间变电所的高压母线上接有多台电力变压器时，将车间变压器高压侧计算负荷相加，即得车间变电所高压母线上的计算负荷 P_{c5}、Q_{c5}、S_{c5}。其计算公式为

$$\left.\begin{aligned}P_{c5} &= \Sigma P_{c4} \\ Q_{c5} &= \Sigma Q_{c4} \\ S_{c5} &= \sqrt{P_{c5}^2 + Q_{c5}^2}\end{aligned}\right\} \tag{5-26}$$

六、确定总降压变电所出线上的计算负荷（P_{c6}）

确定总降压变电所 6～10kV 母线上高压出线计算负荷 P_{c6} 时，应将计算负荷 P_{c5} 加上供配电线路中的功率损耗。但由于工业企业厂区内范围不大，且高压线路中电流较小，故在高压配电线路中的功率损耗较小，在负荷计算中可忽略不计，故有

$$\left.\begin{aligned} P_{c6} &\approx P_{c5} \\ Q_{c6} &\approx Q_{c5} \\ S_{c6} &\approx S_{c5} \end{aligned}\right\} \tag{5-27}$$

七、确定总降压变电所低压侧母线的计算负荷（P_{c7}）

将总降压变电所 6～10kV 出线上的计算负荷（P_{c6}、Q_{c6}）分别相加后，乘以各自最大负荷的同时系数 K_P 或 K_Q，就可求得总降压变电所低压侧母线上的计算负荷 P_{c7}、Q_{c7}、S_{c7}。如果根据技术经济比较结果，决定在总降压变电所 6～10kV 二次母线侧采用高压电容器进行无功功率补偿，则在计算总无功功率 Q_{c7} 时，应减去补偿设备的容量 Q_{c7}，即

$$\left.\begin{aligned} P_{c7} &= K_P \Sigma P_{c6} \\ Q_{c7} &= K_Q \Sigma Q_{c6} - Q_{C7} \\ S_{c7} &= \sqrt{P_{c7}^2 + Q_{C7}^2} \end{aligned}\right\} \tag{5-28}$$

计算负荷 S_{c7} 是选择总降压变电所主变压器容量的依据。

八、确定全厂总计算负荷（P_{c8}）

将总降压变电所低压侧母线上的计算负荷（P_{c7}、Q_{c7}）加上主变压器的功率损耗（ΔP_{T1}、ΔQ_{T1}），就可求得全厂总计算负荷 P_{c8}、Q_{c8}、S_{c8}，即

$$\left.\begin{aligned} P_{c8} &= P_{c7} + \Delta P_{T1} \\ Q_{c8} &= Q_{c7} + \Delta Q_{T1} \\ S_{c8} &= \sqrt{P_{c8}^2 + Q_{c8}^2} \end{aligned}\right\} \tag{5-29}$$

此外，尚可求得全厂最大负荷时的功率因数和需要系数的计算值，即

$$\cos\varphi_8 = \frac{P_{c8}}{S_{c8}} \tag{5-30}$$

$$K_{d(c)} = \frac{P_{c8}}{\Sigma P'_N} \tag{5-31}$$

注意，这里的计算负荷 P_{c8} 就是用户向供电部门提供的全厂最大有功负荷（或称全厂最高需要容量），作为申请用电之用。功率因数 $\cos\varphi_8$ 作为原始资料提供给高压线路进行电气计算，以及判断是否需要进行无功功率补偿之用。

需要特别指出的是，表 5-2～表 5-6 中各种需要系数的值，是根据不同的负荷群（组、车间、工段、全厂）制定的。由于任何一个负荷群中都存在着各个设备的工作制不同、暂载率不同、运行时间的参差等现象，所以最终求得的 P_c 总是小于设备铭牌上额定容量的总和 ΣP_N。在运用需要系数法求计算负荷时要注意以下两点：

（1）K_d 是针对负荷群而言的，对于单台设备来说，不存在 K_d。负荷群中设备台数越多，K_d 越趋向准确；反之，K_d 越不准确。所以当某一负荷群只有几台设备，且彼此容量相差悬殊时（或不属于同一类型时），使用需要系数法求计算负荷就有较大误差。

(2) 在查表 5-2～表 5-6 取用需要系数时，一定要注意与负荷群的划分范围相对应。例如各用电设备组就应查表 5-2，全厂的需要系数就应查表 5-5 等。

需要系数法由于简单易行，为设计人员普遍接受，是当前通用的求取计算负荷的方法。需要系数法的数据来源于大量的测定和统计，但这种方法的缺点是将需要系数看作与负荷群中设备多少及设备容量悬殊情况都无关的固定值，这是不严格的。因为事实上，只有当设备台数足够多，总容量足够大，且无特大型用电设备时，K_d 才能趋于一个稳定数值。因此，需要系数法比较适用于求全厂或大型车间变电所的计算负荷。

确定负荷的方法还有“利用系数法”和“二项式系数法”，可参考其他资料，此处不详述。

第四节　工业企业供配电系统功率因数的提高

由第四章第二节的讨论可知，电力系统功率因数的高低是十分重要的问题。因此，必须设法提高电网中各有关部分的功率因数，以充分利用电力系统内各发电设备和变电设备的容量，增加其输电能力，减小供配电线路导线的截面，节约有色金属，减少电网中的功率损耗和电能损耗，并降低线路中的电压损失与电压波动，以达到节约电能和提高供电质量的目的。

目前，供电部门征收电费时，将用户的功率因数高低作为一项重要的经济指标。根据第四章第二节所述供电部门对各类用户功率因数的要求，供电部门将根据用户执行的情况，在收取电费时分别作出奖励、不奖不惩、罚款等处理。对功率因数达不到规定的新用户，供电部门可拒绝接电；未达到上述规定的现有用户，应在二三年内增添无功补偿设备，以达到上述规定；对长期不增添无功补偿设备又不申明理由的用户，供电局可停止或限制供电。

一、几种功率因数的计算

在工程实际中，有几种计算功率因数的方法，它们各有不同的用途。

(一) 瞬时功率因数

根据功率因数表（相位表）直接读出，或根据同一时刻的功率表、电压表和电流表的读数求出的功率因数值，称为瞬时功率因数，用公式表示为

$$\cos\varphi = \frac{P}{S} = \frac{P}{\sqrt{3}UI} \tag{5-32}$$

式中　P——有功功率表测出的三相读数，kW；

U——电压表测出的线电压读数，kV；

I——电流表测出的线电流读数，A。

瞬时功率因数只用来了解工厂生产过程中功率因数的变化情况，以便采取适当的无功补偿措施。

(二) 均权功率因数 $\cos\varphi_{wav}$

工业企业的功率因数通常随着负荷的变化与电压的波动而经常变化，所以供电部门实际上是要求工业企业的“均权功率因数”不得低于《全国供用电规则》的规定。所谓均权功率

因数是以有功电能和无功电能为参数计算得到的功率因数，其计算公式为

$$\cos\varphi_{\mathrm{wav}} = \frac{A}{\sqrt{A^2 + W^2}} = \frac{1}{\sqrt{1 + \left(\frac{W}{A}\right)^2}} \tag{5-33}$$

式中 A——有功电能，kW·h；

W——无功电能，kvar·h。

A 与 W 为工业企业一个月内从有功电能表与无功电能表所记录的读数，代入式(5-33)，计算所得的均权功率因数就是供电部门用来调整电费的“月平均功率因数”。式（5-32）一般用以计算已投入生产的工业企业的功率因数，对于正在进行设计的工业企业则采用下述的计算方法。

（三）最大负荷时的功率因数 $\cos\varphi_1$、$\cos\varphi_2$

根据功率因数的定义，可以分别写出：

（1）补偿前最大负荷时的功率因数 $\cos\varphi_1$ 为

$$\cos\varphi_1 = \frac{P_c}{S_c} = \frac{P_c}{\sqrt{P_c^2 + Q_c^2}} \tag{5-34}$$

（2）补偿后最大负荷时的功率因数 $\cos\varphi_2$ 为

$$\cos\varphi_2 = \frac{P_c}{S'_c} = \frac{P_c}{\sqrt{P_c^2 + (Q_c - Q_C)^2}} \tag{5-35}$$

式中 P_c——全企业的有功功率计算负荷，kW；

Q_c——全企业的无功功率计算负荷，kvar；

Q_C——全企业的无功补偿容量，kvar；

S_c，S'_c——全企业补偿前、后的视在计算负荷，kV·A。

（四）总平均功率因数 $\cos\varphi_{\mathrm{av}}$

（1）补偿前总平均功率因数（亦称自然总平均功率因数）$\cos\varphi_{1\mathrm{av}}$ 为

$$\cos\varphi_{1\mathrm{av}} = \frac{P_{\mathrm{av}}}{S_{\mathrm{av}}} = \frac{\alpha P_c}{\sqrt{(\alpha P_c)^2 + (\beta Q_c)^2}} = \frac{1}{\sqrt{1 + \left(\frac{\beta Q_c}{\alpha P_c}\right)^2}} \tag{5-36}$$

（2）补偿后总平均功率因数 $\cos\varphi_{2\mathrm{av}}$ 为

$$\cos\varphi_{2\mathrm{av}} = \frac{P_{\mathrm{av}}}{S'_{\mathrm{av}}} = \frac{\alpha P_c}{\sqrt{(\alpha P_c)^2 + (\beta Q_c - Q_C)^2}} = \frac{1}{\sqrt{1 + \left(\frac{\beta Q_c - Q_C}{\alpha P_c}\right)^2}} \tag{5-37}$$

其中 $$P_{\mathrm{av}} = \alpha P_c, Q_{\mathrm{av}} = \beta Q_c$$

式中 P_{av}——全企业的有功平均计算负荷，kW；

Q_{av}——全企业的无功平均计算负荷，kvar；

α，β——有功及无功的月平均负荷系数；

S_{av}，S'_{av}——全企业补偿前、后的视在平均计算负荷，kV·A。

无功负荷的变化较有功负荷的变化平缓，所以大负荷时的功率因数比小负荷时高，用计算负荷求得的功率因数必然要比用平均负荷求得的功率因数高，据此求出的补偿容量偏少。但由于计算负荷本身偏大，所以设计中应按补偿前、后的总平均功率因数是否达到设计规范要求来确定补偿容量是允许的。如设计时所计算的无功补偿容量偏小，则当企业变电所投入运行后，功率因数将达不到规定标准。

二、提高工业企业功率因数的方法

对于工业企业电力用户，提高其功率因数的方法可分两大类。

（一）提高自然功率因数

提高自然功率因数的方法，即采用降低各用电设备所需的无功功率以改善其功率因数的措施，主要有：

(1) 正确选用异步电动机的型号和容量。因为异步电动机的功率因数和效率在70%至满载运行时较高。例如在额定负荷时的 $\cos\varphi$ 约为0.85～0.89，而在空载时 $\cos\varphi$ 只有0.2～0.3。因此，正确选用异步电动机使其额定容量与它所拖动的负荷相匹配，避免不合理运行方式，对于改善功率因数是十分重要的。

(2) 电力变压器不宜轻载运行。电力变压器一次侧功率因数不仅与负荷的功率因数有关，而且与负荷率有关。若变压器满载运行，一次侧功率因数仅比二次侧降低3%～5%；若变压器轻载运行，当负荷率小于0.6时，一次侧功率因数就显著下降，可达11%～18%(因为变压器的激磁损耗是不随负荷变动而变化的)。所以电力变压器在负荷率0.6以上运行时才较经济，一般应在75%～80%比较合适。为了充分利用设备和提高功率因数，电力变压器不宜作轻载运行，当变压器负荷率小于30%时，应更换容量较小的变压器。

(3) 合理安排和调整工艺流程，改善电气设备的运行状况，限制电焊机、机床电动机等设备的空载运转。对于负荷率不大于0.7及最大负荷不大于90%的绕线式异步电动机，必要时可使其同步化运行。也就是当绕线式异步电动机在起动完毕后，向转子绕组中送入直流励磁，即产生转矩将异步电动机牵入同步，其运转状态与同步电动机相似。在此励磁的情况下，电动机将向电网反送无功功率，从而达到改善功率因数的目的。

（二）采用无功补偿提高功率因数

我国有关电力设计规程规定：高压供电的工厂，最大负荷时的功率因数不得低于0.9；其他工厂，不得低于0.85。如果采用提高用电设备自然功率因数的方法后达不到此要求，则必须采取人工补偿措施。在工业企业用户中，广泛采用静电电容器作为无功补偿电源。

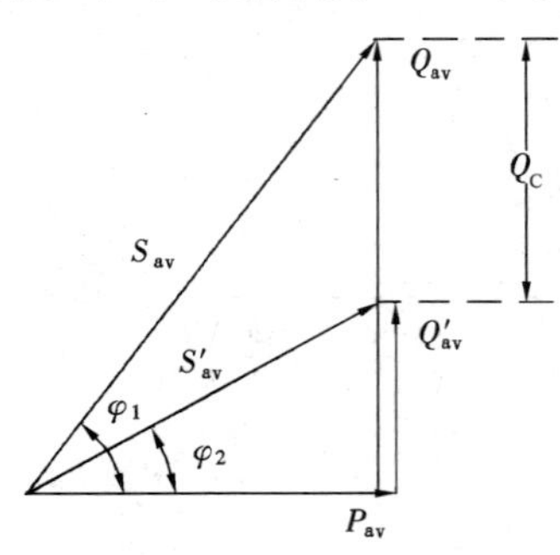

图5-5 功率因数与无功功率、视在功率关系

从图5-5可以看出，当有功负荷 P_{av} 不变时，如希望将功率因数从 $\cos\varphi_1$ 提高 $\cos\varphi_2$，则工厂需少消耗无功功率 Q_C，也就是必须人工装设无功补偿容量 Q_C。由此得补偿容量 Q_C (kvar) 为

$$\begin{aligned} Q_C = Q_{av} - Q'_{av} &= P_{av}(\tan\varphi_1 - \tan\varphi_2) \\ &= \alpha P_c(\tan\varphi_1 - \tan\varphi_2) \\ &= \alpha P_c q_C \end{aligned} \tag{5-38}$$

其中

$$q_C = \tan\varphi_1 - \tan\varphi_2$$

式中　　P_c——最大有功计算负荷，kW；

α——月平均有功负荷系数；

$\tan\varphi_1$，$\tan\varphi_2$——补偿前、后均权功率因数角的正切值；

q_C——补偿率或比补偿功率，kvar/kW。

q_C 值可直接查表 5-8。查表时，$\cos\varphi_2$ 为供电部门的要求值，$\cos\varphi_1$ 为补偿前总平均功率因数。

表 5-8　　补　偿　率　q_C　　kvar/kW

$\cos\varphi_2$ / $\cos\varphi_1$	0.8	0.82	0.84	0.85	0.86	0.88	0.90	0.92	0.94	0.96	0.98	1.00
0.40	1.54	1.60	1.65	1.67	1.70	1.75	1.81	1.87	1.93	2.00	2.09	2.29
0.42	1.41	1.47	1.52	1.54	1.57	1.62	1.68	1.74	1.80	1.87	1.96	2.16
0.44	1.29	1.34	1.39	1.41	1.44	1.50	1.55	1.61	1.68	1.75	1.84	2.04
0.46	1.18	1.23	1.28	1.31	1.34	1.39	1.44	1.50	1.57	1.64	1.73	1.93
0.48	1.08	1.12	1.18	1.21	1.23	1.29	1.34	1.40	1.46	1.54	1.62	1.83
0.50	0.98	1.04	1.09	1.11	1.14	1.19	1.25	1.31	1.37	1.44	1.52	1.73
0.52	0.89	0.94	1.00	1.02	1.05	1.10	1.16	1.21	1.28	1.35	1.44	1.64
0.54	0.81	0.86	0.91	0.94	0.97	1.02	1.07	1.13	1.20	1.27	1.36	1.56
0.56	0.73	0.78	0.83	0.86	0.89	0.94	0.99	1.05	1.12	1.19	1.28	1.48
0.58	0.66	0.71	0.76	0.79	0.81	0.87	0.92	0.98	1.04	1.12	1.20	1.41
0.60	0.58	0.64	0.69	0.71	0.74	0.79	0.85	0.91	0.97	1.04	1.13	1.33
0.62	0.52	0.57	0.62	0.65	0.67	0.73	0.78	0.84	0.90	0.98	1.06	1.27
0.64	0.45	0.50	0.56	0.58	0.61	0.66	0.72	0.77	0.84	0.91	1.00	1.20
0.66	0.39	0.44	0.49	0.52	0.55	0.60	0.65	0.71	0.78	0.85	0.94	1.14
0.68	0.33	0.38	0.43	0.46	0.48	0.54	0.59	0.65	0.71	0.79	0.88	1.08
0.70	0.27	0.31	0.38	0.40	0.43	0.48	0.54	0.59	0.66	0.73	0.82	1.02
0.72	0.21	0.27	0.32	0.34	0.37	0.42	0.48	0.54	0.60	0.67	0.76	0.96
0.74	0.16	0.21	0.27	0.29	0.31	0.37	0.42	0.48	0.54	0.62	0.71	0.91
0.76	0.10	0.16	0.22	0.23	0.26	0.31	0.37	0.43	0.49	0.56	0.65	0.85
0.78	0.05	0.11	0.16	0.18	0.21	0.27	0.32	0.38	0.44	0.51	0.60	0.80
0.80		0.05	0.10	0.13	0.16	0.21	0.27	0.32	0.39	0.46	0.55	0.73
0.82			0.05	0.08	0.10	0.16	0.22	0.27	0.34	0.41	0.49	0.70
0.84				0.03	0.05	0.11	0.16	0.22	0.28	0.35	0.44	0.65
0.85					0.03	0.08	0.14	0.19	0.26	0.33	0.42	0.62
0.86						0.05	0.11	0.17	0.23	0.30	0.39	0.59
0.88							0.06	0.11	0.18	0.25	0.34	0.54
0.90								0.06	0.12	0.19	0.28	0.49

在计算补偿用电力电容器容量和个数时，应考虑到两个问题：

（1）实际运行电压可能与额定电压不同，电容器能补偿的实际容量将低于额定容量，此时须对额定容量作修正。由电工原理可知

$$Q_C = U^2\omega C = \frac{U^2}{X_C} \tag{5-39}$$

电容器铭牌上的额定容量是在额定电压时的无功容量，因此，如电容器实际运行电压不等于额定电压，应进行换算（注意：实际运行电压只能低于或等于额定电压），即

$$Q'_N = Q_N\left(\frac{U}{U_N}\right)^2 \tag{5-40}$$

式中 Q_N——电容器铭牌上的额定容量，kvar；

Q'_N——电容器在实际运行电压下的容量，kvar；

U_N——电容器的额定电压，kV；

U——电容器的实际运行电压，kV。

例如，将 YY10.5-10-1 型高压电容器用在 6kV 的工厂变电所中作无功补偿设备，则每个电容器的无功容量由额定值 10kvar 降低为

$$Q'_N = 10 \times \left(\frac{6}{10.5}\right)^2 = 3.27 \text{ (kvar)}$$

显然，除了在不得已的情况下，这种降压使用的做法应避免。

(2) 在确定了总的补偿容量 Q_C 后，就可根据所选电容器的单个容量来确定电容器的个数 n，即

$$n = \frac{\text{总容量 } Q_C}{\text{单个容量}} \tag{5-41}$$

由式 (5-41) 计算所得的电容器个数，对于单相电容器来说，应取 3 的倍数，以便三相均衡。

用户处的静电电容器补偿方式可分个别补偿、分组（分散）补偿和集中补偿三种。

个别补偿将电容器直接安装在吸取无功功率的用电设备附近，这样不但可减少供配电线路和变压器中的无功负荷，降低线路和变压器中的有功电能损耗，有时还可减小车间线路的导线截面以及车间变压器的容量。但其利用率低、投资大，所以个别补偿只适用于运行时间长的大容量用电设备，或无功功率较大以及由较长线路供电的负荷。

分组（分散）补偿将电容器组分散安装在各车间配电母线上；集中补偿指电容器组集中安装在总降压变电所二次侧（6～10kV 侧）或变配电所的一次侧或二次侧（6～10kV 或 380V 侧）。根据 GB 50053—1994《电力设计技术规范》要求："采用移相电容器补偿时，应尽量靠近吸取无功功率大的地方。低压移相电容器组宜分布在环境正常的车间内；高压移相电容器组布置在各配变电所内集中补偿。"对于补偿容量相当大的工厂，宜采用高压侧集中补偿和低压侧分散补偿相结合的方法。对于用电负荷分散及补偿容量较小的工厂，一般仅采用低压补偿。低压移相电容器组分散在车间内补偿，虽然能减小电气设备及线路的容量，降低电能损耗，但分散操作不够方便，初期投资增大，同时有爆炸危险的车间及有腐蚀性气体的车间也不允许安装电容器。故目前设计中、低压移相电容器柜亦有集中装设在低压配电间内的方式，且和低压配电屏并列安装。鉴于目前高低压移相电容器每千乏差价逐渐降低，以及低压移相电容器可装自动调节装置等，在设计中一般均考虑将测量电能侧的均权功率因数补偿到规定标准。

第五节 负 荷 统 计 示 例

在实际设计、审核工作中，为了便于复核和提高工作效率，负荷计算常用表格形式来表示，详见例题。

【例 5-1】 现有某厂金工车间，其建筑面积为 $600m^2$，请用需要系数法确定全车间的计算负荷。

解　先将该金工车间用电设备的种类、数量和有关参数统计列于表 5-9 中。

表 5-9　**某厂金工车间用电设备清单**

设备编号	用电设备名称	台　数	设备铭牌额定容量（kW）	额定电压（V）	相　数	备　　注
1	车、铣、刨床	19	127.7	380	3	
2	镗、磨、钻床	4	26	380	3	
3	砂轮、锯床	3	11.8	380	3	
4	轴流风扇	8	8×1.0	380	3	
5	校验设备	3	2+3+2	380	3	
6	行　车	1	11+11+2.2	380	3	$JC\%=25\%$
7	行　车	1	5.1	380	3	$JC\%=25\%$
8	电焊机	2	2×22（kVA）	380	1	$JC\%=65\%$ $\cos\varphi_N=0.5$

根据用电设备的工作性质，将具有相近需要系数的用电设备分成以下五组：

（1）冷加工机床类的设备容量。冷加工机床类的设备容量等于铭牌上额定容量，即

$$\Sigma P_{N1}=127.7+26+11.8=165.5(\text{kW})$$

（2）起重机类的设备容量。起重机类的设备容量为统一换算到暂载率 $JC\%=25\%$时的额定容量。已知本车间行车的铭牌额定容量是与 $JC\%=25\%$相应的数值，故不需换算

$$\Sigma P'_{N2}=11+11+2.2+5.1=29.3\ (\text{kW})$$

（3）通风机类的设备容量。通风机类的设备容量为铭牌上的额定容量，即

$$\Sigma P'_{N3}=8\times1.0=8\ (\text{kW})$$

（4）电焊机类的设备容量。电焊机类的设备容量为统一换算到暂载率 $JC\%=100\%$时的额定容量。已知本车间电焊变压器铭牌额定容量 22kV·A 是与暂载率为 $JC\%=65\%$时相应的额定容量，故应换算到暂载率 $JC\%=100\%$时的额定容量作为设备容量，即

$$P'_{N4}=\sqrt{JC\%}S_N\cos\varphi_N=\sqrt{65\%}\times22\times0.5=8.87(\text{kW})$$

$$\Sigma P_{N4}=2\times8.87=17.74\ (\text{kW})$$

（5）校验设备的设备容量。计算得

$$\Sigma P'_{N5}=2+3+2=7\ (\text{kW})$$

（6）照明设备的设备容量。查表 5-7，由式（5-41）得

$$\Sigma P'_{N6}=\frac{SA}{1000}=\frac{600\times6}{1000}=3.6\ (\text{kW})$$

根据 $P_c=K_d\Sigma P'_N$和 $Q_c=P_c\tan\varphi$ 两式进行用电设备组的负荷计算，计算时 K_d 查阅表 5-2。例如，冷加工机床类用电设备组

$$P_{c1}=\Sigma P_{N1}K_d=165.5\times0.14=23.2(\text{kW})$$

$$Q_{c1}=P_{c1}\tan\varphi=23.2\times1.73=40(\text{kvar})$$

现将金工车间有关数据和结果列于表 5-10 中。由于该金工车间中 380V 单相电焊设备共有 17.7kW，220V 单相照明负荷共 3.6kW，合计后仍未超过占三相总负荷 15%的规定值，故无须进行不对称单相负荷设备容量的换算。具体计算为

$$231.1\times15\%=34.65\ (kW)$$

而
$$17.7+3.6=21.3\ (kW)<34.65\ (kW)$$

表 5-10 **金工车间负荷计算表**

用电设备组名称	数量（台）	设备容量 P_N (kW)	需要系数 K_d	$\cos\varphi$	$\tan\varphi$	计算负荷 P_c (kW)	Q_c (kvar)	S_c (kV·A)	备注
冷加工机床	26	165.5	0.14	0.50	1.73	23.2	40.0		因非批量生产 K_d 取较小值
起重机	2	29.3	0.15	0.50	1.73	4.4	7.6		因使用率高 K_d 取较大值
通风机（卫生用）	8	8.0	0.65	0.80	0.75	5.2	3.9		因台数较多 K_d 取较小值
电焊设备（单头手动电焊变压器）	2	17.7	0.35	0.35	2.68	6.2	16.6		因其他车间亦有同类电焊机，总台数$n>3$
校验设备	3	7.0	0.25	0.2	4.91	1.75	8.6		带试验变压器者
照明		3.6	0.80	1.0	0	2.9	0		按白炽灯考虑
小计	41	231.1				43.7	76.7		
小计×同期系数									$K_P=K_Q=1$
补偿电容器									
合计	41	231.1				43.7	76.7	88.3	

注 本表系采用需要系数法计算时的形式，可供车间或变电所负荷计算用。

一般在应用“需要系数法”进行负荷计算前，必须收集的原始资料有工厂各车间用电设备清单、全厂总平面图等（列表登记各种用电设备的额定电压、额定容量、功率因数、相数、备用机组、使用情况等），了解生产流程的顺序和自动线以及各车间、各工段的工艺布置概况及生产操作特点，然后开始负荷计算。

【例 5-2】 现仍以［例 5-1］中的工厂为例，按需要系数法确定全厂的计算负荷。该厂有金工车间、圆线车间、扁线车间、压延车间、水泵房、锅炉房，办公楼等，除了压延车间有 4 台 6kV 高压轧机与连轧机（设备容量共计 2410kW）之外，均为低压 380V 的电力负荷，见表 5-11。380/220V 照明的设备容量，按不同性质建筑物的单位面积照明容量法来估算。

表 5-11 **某厂各车间低压负荷计算结果**

车间名称	电力负荷 P'_N (kW)	P_c (kW)	Q_c (kvar)	照明负荷 (kW)
金工车间	231.1	43.7	76.7	3.6
圆线车间	801.9	337.2	337.1	6.5
扁线车间	714.7	340.8	256.1	6.5
压延车间	537.9	234.9	190.0	12.0
水泵房	165.2	140.5	105.2	0.2
锅炉房	10.7	9.1	6.8	0.5
办公楼				1.3

解　具体计算步骤如下：

（1）确定用电设备的设备容量及计算负荷。

（2）确定各车间的各用电设备组的计算负荷。

以上两步计算所用方法及步骤与［例 5-1］相似。根据用电设备的工作性质，按需要系数表中的分类法，将具有相似 K_d 的用电设备归并成组，选用合适的 K_d 值，根据 $P_c = K_d \Sigma P'_N$ 和 $Q_c = P_c \tan\varphi$ 两式进行用电设备组的负荷计算。现将各车间低压负荷计算结果的数据列于表 5-11 中，计算从略。

（3）确定全厂低压侧总计算负荷。根据全厂低压负荷的大小和分布情况，全厂可设置一个变配电所，全厂低压侧总计算负荷应等于全厂各车间低压用电设备的计算负荷相加后乘以最大负荷同时系数（见表 5-6）。现将全厂总负荷计算结果列于表 5-12 中。

（4）变压器额定容量的初步选择。变压器额定容量是根据全厂低压侧总计算负荷来选择的，现全厂低压侧总计算负荷为 S_c=1178kV·A，根据变压器额定容量系列等级可选用两台 750kV·A 的变压器，主要是考虑了今后 5～10 年发展的用电需要。

（5）变压器功率损耗的估算。变压器的有功损耗为

$$\Delta P_T = 0.02S_c = 0.02 \times 1178 = 23.6(\text{kW})$$

变压器的无功损耗为

$$\Delta Q_T = 0.10S_c = 0.1 \times 1178 = 117.8(\text{kvar})$$

式中　S_c——变压器低压侧的计算负荷，kV·A。

（6）全厂高压侧总计算负荷。变压器高压侧计算负荷加车间高压用电设备计算负荷后，再乘以最大负荷同时系数即得补偿前全厂高压侧计算负荷。

以上计算结果均列于表 5-12 中。

表 5-12　　**全厂总负荷计算表**

序号	车间或用电设备名称	设备容量（kW）	计算负荷			备注
			P_c（kW）	Q_c（kvar）	S_c（kA·V）	
1	金工车间	231.1	43.7	76.7		
2	圆线车间	801.9	337.2	337.1		
3	扁线车间	714.7	340.8	256.1		
4	压延车间	537.9	234.9	190.0		
5	水泵房	165.2	140.5	105.2		
6	锅炉房	11.2	9.6	6.8		
7	办公楼	1.3	1	0		
	小　计	2463	1107	972		
全厂低压侧（小计×同期系数）（K_P、K_Q 取 0.8）			885.6	777.5	1178	最大负荷时 $\cos\varphi'_1$=0.752
变压器功率损耗			23.6	117.8		
变压器高压侧			909.2	895.3		
压延车间高压电动机		2410	361.5	368.7		K_d 取 0.15、$\cos\varphi$ 取 0.7
小计			1270	1264		
补偿前全厂高压侧（小计×同期系数；K_P、K_Q 取 1.0）			1270	1264	1792	补偿前最大负荷时功率因数 $\cos\varphi''_1$=0.709
高压移相电容器补偿				−600		
补偿后全厂高压侧			1270	664.0	1433	补偿后总平均功率因数 $\cos\varphi_2$=0.922

(7) 功率因数的提高(无功功率的补偿)。

1) 补偿前。全厂低压侧最大负荷时功率因数为

$$\cos\varphi_1' = \frac{P_c}{S_c} = \frac{885.6}{1178} = 0.752$$

全厂高压侧最大负荷时功率因数为

$$\cos\varphi_1'' = \frac{P_c}{S_c} = \frac{1270}{1792} = 0.709$$

取有功月平均负荷系数 $\alpha=0.7$,无功月平均负荷系数 $\beta=0.77$,代入式(5-35),计算全厂高压侧总平均功率因数为

$$\cos\varphi_{1av} = \frac{1}{\sqrt{1+\left(\frac{\beta Q_c}{\alpha P_c}\right)^2}} = \frac{1}{\sqrt{1+\left(\frac{0.77\times1264}{0.7\times1270}\right)^2}} = 0.675$$

因为全厂总平均功率因数没有达到供电部门要求的数值,所以需要装设无功补偿设备。在工业企业中补偿设备一般均用移相电容器,低压侧功率因数补偿到0.75~0.85,高压侧补偿到0.9左右。现在该厂低压侧功率因数已为0.752,所以考虑全部采用高压移相电容器补偿,便于集中管理。

2) 补偿后。将全厂总平均功率因数 $\cos\varphi_{2av}$ 提高到0.9时,需补偿的容量为

$$\begin{aligned} Q_C &= \alpha P_c(\tan\varphi_1 - \tan\varphi_2) = 0.7\times1270\times[\tan(\cos^{-1}0.675)-\tan(\cos^{-1}0.9)] \\ &= 541(\text{kvar}) \end{aligned}$$

现该厂实际装置了 2×300kvar 的高压移相电容器,作无功功率补偿之用,补偿后的总平均功率因数 $\cos\varphi_{2av}$ 为

$$\cos\varphi_{2av} = \frac{1}{\sqrt{1+\left(\frac{\beta Q_c - Q_C}{\alpha P_c}\right)^2}} = \frac{1}{\sqrt{1+\left(\frac{0.77\times1264-600}{0.7\times1270}\right)^2}} = 0.922$$

全厂高压侧补偿前后的功率因数变化见表5-13。

表 5-13　　全厂高压侧补偿前后的功率因数变化

Q_C=600kvar	补 偿 前	补 偿 后
最大负荷时的功率因数	0.709	0.886
总平均功率因数	0.675	0.922

思 考 题 及 习 题

5-1　何谓电力用户的计算负荷 P_c?为什么在计算需要系数 K_d 时,可用 P_c 代替最大负荷 P_{max}?

5-2　供电部门为什么要求用户提供计算负荷并加以审核?计算负荷偏大或偏小会造成什么后果?

5-3　常用的计算负荷的求取方法有哪几种?

5-4　何谓需要系数法?说明需要系数 K_d 的意义。

5-5　工厂企业中提高功率因数的措施有哪些？

5-6　什么是均权功率因数、最大负荷时的功率因数和总平均功率因数？

5-7　试推导确定无功补偿电容器容量的计算公式 $Q_C = \alpha P_c(\tan\varphi_1 - \tan\varphi_2)$。

5-8　补偿电容器降低电压使用，其参数会发生哪些变化？

5-9　某车间有 10t 桥式行车一台，$P_N = 36.5$kW，$JC = 40\%$，计算其负荷。（$\cos\varphi = 0.85$，$\eta = 0.85$。）

5-10　有两台电焊机，每台额定容量 22kV·A，$\cos\varphi = 0.5$，$JC\% = 65\%$，计算其设备容量。

5-11　某工厂的计算负荷 $P_c = 2000$kW，$Q_c = 1600$kvar，如取 $\alpha = 0.75$，$\beta = 0.8$，问该厂的平均功率因数多大？如将平均功率因数提高到 0.9 应用多大的电容器容量进行补偿？

5-12　某 380V 线路，供电给 35 台小批生产的冷加工机床电动机，总容量为 85kW，查表得到 $K_d = 0.15$，$\cos\varphi = 0.5$，$\tan\varphi = 1.73$，试求出该线路的计算负荷 P_c、Q_c、S_c、I_c。

5-13　图 5-6 为一车间供电负荷图，已知电焊变压器 $JC\% = 65\%$；$\cos\varphi = 0.5$，电动机 $JC\% = 25\%$。试按需要系数法确定计算负荷。

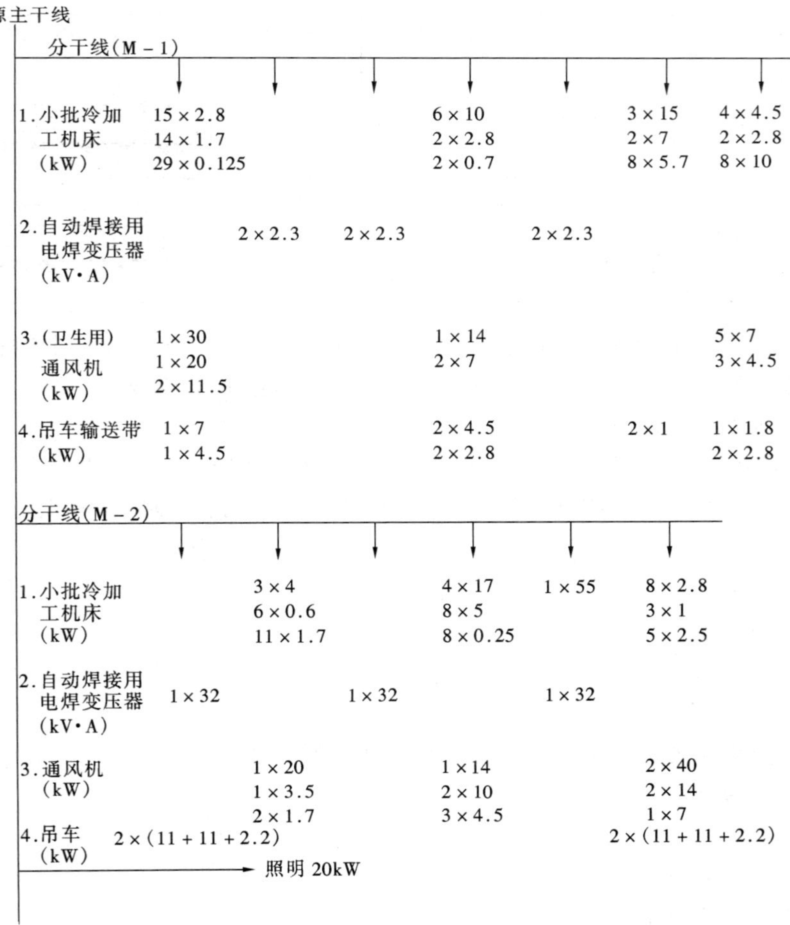

图 5-6　题 5-13 车间供电负荷图

第六章 短路电流计算

第一节 概 述

电力系统可能发生的故障类型比较多，常见的对电力系统危害比较大的有短路、断相及各种复杂故障等。由于短路故障是电力系统中危害最严重、出现最多的故障类型，所以本章仅对短路故障进行分析。

一、短路的定义及类型

所谓“短路”是指电力系统正常运行情况以外的相与相之间或相与地（或中性线）之间的接通。在正常运行时，除中性点以外，相与相或相与地之间是绝缘的。

在三相系统中短路的基本形式有三相短路 $k^{(3)}$，两相短路 $k^{(2)}$；单相接地短路 $k^{(1)}$，以及两相接地短路 $k^{(1,1)}$。各种短路类型的示意图见表 6-1。

表 6-1 各种短路类型的示意图

短路类型	示意图	代表符号	短路类型	示意图	代表符号
三相短路		$k^{(3)}$	单相短路		$k^{(1)}$
两相短路		$k^{(2)}$	两相接地短路		$k^{(1,1)}$

当三相短路时，由于短路回路阻抗相等，因此三相电流和电压仍是对称的，故又称为对称短路。而出现其他类型短路时，不仅每相电路中的电流和电压数值不等，其相角也不同，这些短路总称为不对称短路。

电力系统的运行经验表明，架空输电线是电力系统中比较薄弱的环节，发生短路的几率最高。现将我国某电力系统经多年统计所得，在不同范围内发生短路故障的相对次数列出如下：

在 110kV 线路上	78.0%
容量为 6000kW 以上的发电机	7.5%
110kV 变压器	6.5%
110kV 母线	8.0%
合计	100.0%

110kV 线路发生各种类型短路故障的相对几率列出如下：

三相短路	5%
两相短路	4%
单相接地短路	83%
两相接地短路	8%
合计	100%

上列数字表明，单相短路占绝对多数，国外的运行经验也证明了此点。三相短路的几率是很小的，但这并不说明三相短路无关紧要，而必须对三相短路予以重视，因其后果一般最为严重。电网在设计及运行阶段考虑最严重的故障情况下工作的可能性时，三相短路起着决定性的作用。此外，研究三相短路之所以重要，还由于在分析计算不对称短路时，经常利用对称分量法将不对称短路分解成三相对称的形式加以讨论。

二、短路的原因及结果

形成短路的原因很多，主要有以下几个方面：

（1）元件损坏。例如设备绝缘材料老化，设计制造、安装及维护不良等所造成的设备缺陷发展成短路。

（2）气象条件恶化。例如雷击过电压造成的闪络放电，由于风灾引起架空线断线或导线覆冰引起电杆倒塌等。

（3）人员过失。例如运行人员带负荷拉隔离开关，检修线路或设备之后未拆除接地线就合闸供电等。

（4）其他原因。例如挖沟损伤电缆，鸟兽、风筝跨接在载流裸导体上等。

随着短路类型、发生地点和持续时间的不同，短路的后果可能只破坏局部地区的正常供电，也可能威胁整个系统的安全运行。短路的危险后果一般有以下几个方面：

（1）短路故障使短路点附近的支路中出现比正常值大许多倍的电流，由于短路电流的电动力效应，导体间将产生很大的机械应力。如导体及其支持物不够坚固，则可能遭到破坏，使事故进一步扩大。

（2）设备通过短路电流将使其发热增加，如短路持续时间较长，电气设备可能由于过热造成导体熔化或绝缘损坏。

（3）短路时故障点往往有电弧产生，它不仅可能烧坏故障元件，且可能殃及周围设备。

（4）短路时系统电压大幅度下降，对用户影响很大。系统中最主要的电力负荷是异步电动机，它的电磁转矩同端电压的平方成正比，电压下降时，电动机的电磁转矩显著减小，转速随之下降。当电压大幅度下降时，电动机甚至可能停转，造成产品报废、设备损坏等严重后果。

（5）当短路发生地点离电源不远而持续时间又较长时，并列运行的发电厂可能失去同步，破坏系统稳定，造成大片地区停电。这是短路故障的最严重后果。

（6）发生不对称短路时，不平衡电流产生的磁通足以在邻近的电路内感应出很大的电动势，对于架设在高压电力线路附近的通信线路或铁道信号系统等会产生严重的影响。

三、计算短路电流的目的及有关简化假设

短路电流的计算主要是为了解决以下几方面的问题：

（1）作为选择电气设备（断路器、隔离开关、绝缘子、母线、电缆等）的依据。电力系统中的电气设备在短路电流的电动力效应和热效应作用下，必须不受损坏，以免扩大事故范围造成更大的损失。为此在设计时必须校验所选择的电气设备的电动力稳定度和热稳定度，因此就需要计算发生短路时流过电气设备的短路电流。

（2）继电保护的设计和整定。关于电力系统中应配置什么样的继电保护，以及这些保护装置应如何整定，必须对电网中可能发生的各种短路情况逐一加以计算、分析才能正确解决。在这些计算中不但要求出在故障支路中的短路电流数值，而且还要计算短路电流在网络各支路中的分布情况，有时还需要知道系统中某些节点的电压值。

(3) 电气主接线方案的确定。在设计电气主接线方案时，可能出现这种情况：一个供电可靠性高的接线方案，因为电的联系强，在发生故障时短路电流太大，以致必须选用昂贵的电气设备，而使所设计的方案在经济上不合理。这时若采取一些措施，例如适当改变电路的接法、增加限制短路电流的设备，或者限制某种运行方式的出现等，就会得到既可靠又经济的主接线方案。总之，在评价和比较各种主接线方案选出最佳者时，计算短路电流是一项很重要的内容。发电厂在扩建计划中增加新的机组时，也要对拟定的接线图进行短路电流计算，以便对新装的和原有的设备进行校验。

(4) 进行电力系统暂态稳定计算，研究短路对用户工作的影响等，也包含有一部分短路计算的内容。

此外，确定输电线路对通信的干扰，对已发生故障进行分析，都必须进行短路计算。

在短路的实际计算中，为了能够在工程实用要求的准确度范围内方便和迅速地计算短路电流，还要采取以下的简化假设：

(1) 不考虑发电机间的摇摆现象，认为所有发电机电动势的相位均相同。

(2) 不考虑磁路饱和，认为短路回路各元件的电抗为常数。

(3) 不考虑发电机转子的不对称性，认为可用超暂态电抗 X''_d 和超暂态电动势 E''_q（或用暂态电抗 X'_d 和暂态电动势 E'_q）来代表发电机等值电路。一般情况下，负荷电流较之短路电流要小许多，可忽略不计，也即认为短路前发电机是空载条件，这时 E''_q 的标幺值就等于1。(关于 E''_q、E'_q、X''_d、X'_d 的介绍参见本章第四节)。

(4) 不考虑线路对地电容、变压器的励磁支路（三相三柱式变压器的零序等值电路除外）和高压电网中的电阻，认为等值电路只有各元件电抗。

有了以上假设可使计算工作大为简化，尤其是手工计算时更为必要。

第二节 标幺值计算法与短路电流计算步骤

一、标幺值计算法

在电力系统计算中，除使用有单位的阻抗、导纳、电压、电流等进行计算外，还广泛使用没有单位的阻抗、导纳、电压、电流等的相对值进行计算。前者为有名制，后者为标幺制。短路电流计算中常采用的就是标幺制。

(一) 标幺制的概念

标幺值是这样得出的：将一个量与一个基准量相比较，并将该基准量当作衡量单位。因此标幺值的计算公式为

$$标幺值=\frac{实际值（任意单位）}{基准值（与实际值同单位）} \tag{6-1}$$

通常以带下标“$*$”的物理量表示其标幺值，如电压的标幺值用 U_* 表示。显然，同一个实际值，当所选的基准值不同时，其标幺值也就不同。切记：说明一个物理量的标幺值时，必须说明其基准值为何，否则只说明一个标幺值是没有意义的。

联系百分制的定义，可得到标幺值与百分值的关系为

$$标幺值=百分值/100$$

采用标幺制有如下的优点：

（1）采用标幺制易于比较电力系统各元件的特性及参数。例如一台铭牌数据为110kV、10000kV·A的变压器，其短路电压为$U_{k1}=11.6$kV；而另一台铭牌数据为10.5kV、7500kV·A的变压器，其短路电压为$U_{k2}=1.05$kV。这两个短路电压值相差很大，不好比较，如果都取它们各自的额定电压作为基准，则其标幺值分别为

$$U_{k1*}=\frac{11.6}{110}=0.105$$

$$U_{k2*}=\frac{1.05}{10.5}=0.1$$

以上两式说明它们的短路电压都是其额定电压的10%左右。

（2）采用标幺制便于判断电气设备的特性和参数的优劣。例如，一台运行中的发电机，其端电压为10.5kV，相电流为1000A，从这些数值不能立刻断定运行情况是否正常。但如果得到的数据是以发电机额定值作为基准的标幺值，当看到$U_*=1.0$、$I_*=0.8$，便立即可以断定发电机的运行电压是正常的，负载电流则小于额定电流。可见，用标幺值表示比用实际值能给人以更明确的概念。

（3）应用标幺值可以使计算工作大大简化。这一点在短路计算中将得到充分验证。

（二）基准值的选取

采用标幺制计算时首先必须选定基准值。原则上说基准值可以随便选择，但不是所有量的基准值都可以随便选定，电气量基准值之间应服从功率方程和电路的欧姆定律。

功率方程 $S=\sqrt{3}UI$

欧姆定律 $U=\sqrt{3}IZ$

因而，在三相制电流、电压、阻抗（在短路电流计算时可以只考虑电抗）和功率这四个物理量的基准值中，只要事先选定其中两个量的基准值，其余两个量的基准值也就确定。在实际计算中，一般先选定视在功率和电压的基准值，用S_b和U_b表示，则电流和阻抗的基准值为

$$I_b=\frac{S_b}{\sqrt{3}U_b} \tag{6-2}$$

$$Z=\frac{U_b}{\sqrt{3}I_b}=\frac{U_b^2}{S_b} \tag{6-3}$$

对于Y形连接的对称三相系统，线电压的额定值（亦即其基准值）除以$\sqrt{3}$就等于相电压的基准值，即

$$U_{lb}=\sqrt{3}U_{ph\cdot b}$$

式中 U_{lb}——线电压的基准值；

$U_{ph\cdot b}$——相电压的基准值。

同时线电压的实际值也就是相电压实际值的$\sqrt{3}$倍，因此，线电压和相电压的标幺值是相等的。在Y形连接中，线电流就等于相电流，其标幺值当然也相等。

对于△形连接的对称三相系统，线电流的额定值（亦即其基准值）除以$\sqrt{3}$等于相电流的基准值，即

$$I_{lb}=\sqrt{3}I_{ph\cdot b}$$

式中 I_{lb}——线电流的基准值；

$I_{ph\cdot b}$——相电流的基准值。

而线电流也为相电流的$\sqrt{3}$倍，因此，线电流和相电流的标幺值也是相等的。另外，在△形连接中线电压等于相电压，其标幺值当然也相等。

因此，在对称三相系统中当用标幺值表示时，不管采用什么接法，任何一点的线电压（或线电流）与该点的相电压（或相电流）的标幺值是相等的。同样，每相视在功率为三相总视在功率的1/3，而每相视在功率的基准值又等于三相总视在功率基准值的1/3。故用标幺值表示时，三相总视在功率与每相视在功率的值也是相等的。

综上所述可知，当采用标幺制计算法时，对称三相电路完全可以按单相电路的标幺值进行计算，且与三相系统的连接方式无关，这是标幺制算法的一大优点。

（三）不同基准值的标幺值间的换算

实际计算中，对于直接电气联系的网络，在制定标幺值的等值电路时，各元件（发电机、电动机、变压器、电抗器等）的参数需按统一的基准值进行归算。从手册或产品说明书中查得的电机和电器的阻抗值，一般都是以各自的额定容量（或额定电流）和额定电压为基准的标幺值（额定标幺阻抗）。由于各元件的额定值可能不同，而基准值不相同的标幺值是不能直接进行加、减、乘、除等运算的，因此在制订等值电路计算短路电流之前，首先必须把不同基准值的阻抗标幺值换算成统一基准值的标幺值。

换算方法是：先将额定标幺值还原为有名值，再计算统一基准值下的标幺值。应遵守的原则是换算前后有名值不变。

例如，对于电抗参数，其有名值为

$$X=X_{N*}X_N=X_{N*}\frac{U_N^2}{S_N} \tag{6-4}$$

则根据换算前后电抗有名值 X 应保持不变的原则，选定的基准电压和基准功率分别为 U_b 和 S_b 时，新的标幺值为

$$X_{b*}=X\frac{S_b}{U_b^2}=X_{N*}\frac{U_N^2S_b}{S_NU_b^2} \tag{6-5}$$

从而找出 X_{N*} 和 X_{b*} 之间的转换关系。式（6-5）可用于发电机和变压器的标幺电抗的换算，X_{N*} 对于发电机就是 X_d（或 X''_d），对于变压器就是 $U_k\%$（即 $X_k\%$）。

注意，对于系统中用来限制短路电流的电抗器，它的额定标幺电抗是以额定电压和额定电流为基准值来表示的，因此，它的换算公式为：

有名值
$$X=X_{N*}\frac{U_N}{\sqrt{3}I_N} \tag{6-6}$$

标幺值
$$X_{b*}=X\frac{S_b}{U_b^2}=X_{N*}\frac{U_N}{\sqrt{3}I_N}\frac{S_b}{U_b^2} \tag{6-7}$$

（四）有变压器联系的不同电压等级电网中各元件参数标幺值的计算

具体的计算方法是：在选定了基本电压等级之后，先将其他各段线路的阻抗有名值归算到基本级；再用基本级的基准电压，将归算后的阻抗有名值计算为标幺值。

第一个步骤曾在第二章中讨论过，即

$$X(n)=X(k_1k_2\cdots)^2=X_{N*}\frac{U_N^2}{S_N}(k_1k_2\cdots)^2 \tag{6-8}$$

$$k=\frac{U_{\mathrm{I}}\text{（归算侧）}}{U_{\mathrm{II}}\text{（待归算侧）}} \tag{6-9}$$

式中　$X(n)$——第 n 段归算到基本级的电抗；

X——第 n 段元件阻抗的有名值；

k_1、$k_2\cdots$——各线路段与基本电压级线路段之间所有变压器的变比。

第二步，用基本级的 S_b、U_b 将 $X(n)$ 计算为标幺值，即

$$X(n)_{b*}=X(k_1k_2\cdots k_n)^2\frac{S_b}{U_b^2}=X_{N*}\frac{S_bU_N^2}{S_NU_b^2}(k_1k_2\cdots k_n)^2 \tag{6-10}$$

上述方法是根据变压器的实际变比计算不同电压级电网中各元件阻抗标幺值的准确方法，但这种准确方法用于多级电网中使计算过程比较麻烦，因此在工程实用计算中更多采用的是近似的方法，现介绍如下：

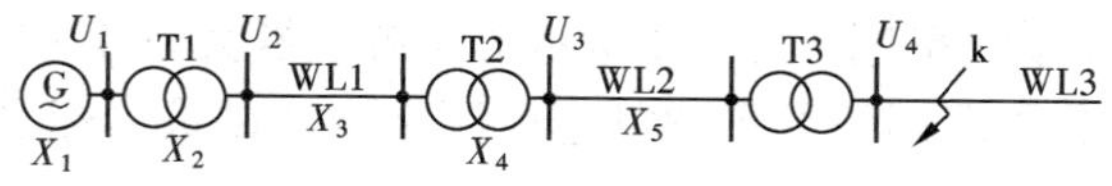

图 6-1　四个电压级的电网

图 6-1 所示为具有四个电压级的电网，当选取短路点 k 所在的 U_4 作为基本电压级，而将网络所有元件的电抗标幺值都按此基本电压级进行归算时，根据式（6-10）可得发电机的电抗标幺值为

$$X_{1b*}=(k_1k_2k_3)^2X_{1N*}\frac{S_bU_N^2}{S_NU_b^2} \tag{6-11}$$

现不考虑各元件额定电压与平均额定电压之差别，而以 U_{av} 来近似计算变压器变比，并选取网络平均额定电压 U_{av} 作为基本级基准电压，则式（6-11）又可简化成

$$X_{1b*}=\left(\frac{U_{2av}U_{3av}U_{4av}}{U_{1av}U_{2av}U_{3av}}\right)^2X_{1N*}\frac{S_bU_{1av}^2}{S_NU_{4av}^2}=X_{1N*}\frac{S_b}{S_N} \tag{6-12}$$

同样可得，变压器 T1 的标幺值为

$$X_{2b*}=\left(\frac{U_{3av}U_{4av}}{U_{2av}U_{3av}}\right)^2X_{2N*}\frac{S_bU_{2av}^2}{S_NU_{4av}^2}=X_{2N*}\frac{S_b}{S_N}=\frac{U_k\%}{100}\frac{S_b}{S_N} \tag{6-13}$$

线路 WL1 的标幺值为

$$X_{3b*}=\left(\frac{U_{3av}U_{4av}}{U_{2av}U_{3av}}\right)^2X_3\frac{S_b}{U_{4av}^2}=X_3\frac{S_b}{U_{2av}^2} \tag{6-14}$$

其他各电压级元件的标幺电抗归算方法一致，不再赘述。从以上分析可知，当选取网络平均额定电压 U_{av} 作为基准电压 U_b，以变压器两侧网络的平均额定电压 U_{av} 之比代替变压器的实际变比，用 U_{av} 近似代替各元件的额定电压 U_N 时，归算到任一个电压级下电抗的标幺值都是一样的。所以，对发电机、变压器的电抗标幺值只需按式（6-12）、式（6-13）进行功率的归算即可。对线路电抗标幺值可按式（6-14）直接用该段的平均额定电压作为基准电压进行计算，不必再归算。电抗器也不必归算，可直接采用式（6-7）。实践证明，用 U_{av} 代替实际电压的假定并不会增大多少计算误差，却使计算大为简化，这也正是标幺值计算法的优点。需要说明的是无论基准级取在何处基准功率 S_b 是全网一致的。

为了使用方便，根据上述标幺值的定义和归算原则，将各种元件的电抗标幺值及有名值的换算公式汇总见表 6-2。

表 6-2　　**电抗标幺值和有名值的变换公式**

序号	元件名称	标幺值	有名值
1	发电机（或电动机）	$X''_{G*}=X''_{GN*}\frac{S_b}{S_N}$	$X''_G=X''_{GN*}\frac{U_N^2}{S_N}$
2	变压器	$X_{T*}=\frac{U_k\%}{100}\frac{S_b}{S_N}$	$X_T=\frac{U_k\%}{100}\frac{U_N^2}{S_N}$
3	电抗器	$X_{L*}=\frac{X_L\%}{100}\frac{U_N}{\sqrt{3}I_N}\frac{S_b}{U_b^2}$	$X_L=\frac{X_L\%}{100}\frac{U_N}{\sqrt{3}I_N}$
4	线路	$X_{WL*}=X_{WL}\frac{S_b}{U_b^2}$	X_{WL}

【例 6-1】 图6-2所示的系统，各元件参数已标注在图上，在近似计算时，变压器的变比分别取网络的平均额定电压之比。试求用标幺值表示的等值电路。

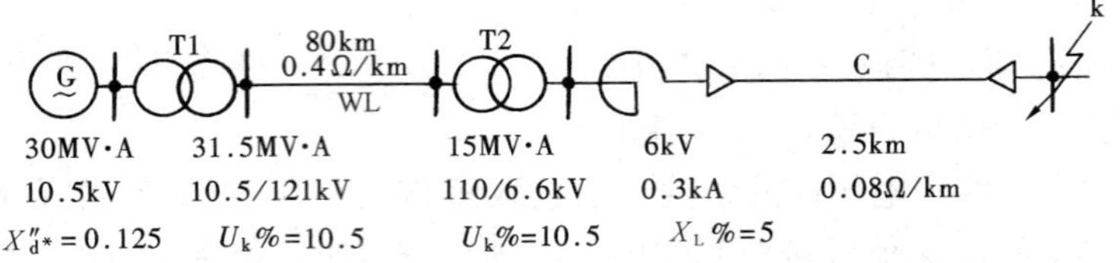

图 6-2　简单电力系统

解　首先选取基准容量 $S_b=100\text{MV}\cdot\text{A}$，同时取各电压级的基准电压等于各电压级的平均额定电压即 $U_b=U_{av}$，然后按表 6-2 所给出的公式分别进行标幺值的归算。

发电机 G 电抗标幺值为

$$X_{1*}=X''_{dN*}\frac{S_b}{S_N}=0.125\times\frac{100}{30}=0.417$$

变压器 T1 电抗标幺值为

$$X_{2*}=\frac{U_k\%}{100}\frac{S_b}{S_N}=\frac{10.5}{100}\times\frac{100}{31.5}=0.333$$

架空线 WL 电抗标幺值为

$$X_{3*}=X_{WL}\frac{S_b}{U_b^2}=0.4\times80\times\frac{100}{115^2}=0.242$$

变压器 T2 电抗标幺值为

$$X_{4*}=\frac{U_k\%}{100}\frac{S_b}{S_N}=\frac{10.5}{100}\times\frac{100}{15}=0.7$$

电抗器电抗标幺值为

$$X_{5*}=\frac{X_L\%}{100}\frac{U_N}{\sqrt{3}I_N}\frac{S_b}{U_b^2}=\frac{5}{100}\times\frac{6}{\sqrt{3}\times0.3}\times\frac{100}{6.3^2}=1.455$$

电缆 C 电抗标幺值为

$$X_{6*}=X_C\frac{S_b}{U_b^2}=0.08\times2.5\times\frac{100}{6.3^2}=0.504$$

系统等值电路如图 6-3 所示。

从短路点到电源内部的总电抗 $X_{\Sigma*}$ 为

$$X_{\Sigma *}=0.417+0.333+0.242+0.7+1.455+0.504=3.651$$

化简图 6-3 所示等值电路如图 6-4 所示。

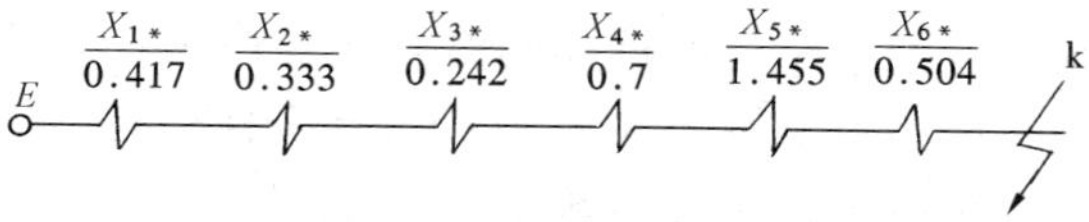

图 6-3　等值电路

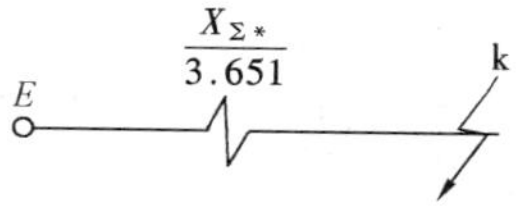

图 6-4　等值电路

二、短路电流计算步骤

在进行短路电流计算以前，应根据计算的目的搜集有关资料（电力系统接线图和各元件的技术数据等）、确定计算条件。所谓计算条件，一般包括短路发生时系统的运行方式，短路的类型和发生地点，以及短路发生后所采取的措施等。从短路计算的角度来看，系统运行方式即是系统中投入运行的发电、变电、输电、用电的设备的多少以及它们之间相互连接的情况。计算不对称短路时，还应包括中性点的运行状态。对于不同的计算目的，所采用的计算条件是不同的。

短路计算时，首先根据运算条件作出计算电路图；再根据它对各故障点作出等值电路图；然后利用网络化简规则，将等值电路逐步化简，求出短路回路总电抗，根据总电抗即可求出短路电流值。下面先介绍前几个步骤，短路电流的计算将在以后各节阐述。

（一）计算电路图的制作

计算电路图是一种简化了的单线图，如图 6-5 所示，即用单线图代表三相电路。根据运行方式图中仅画出与计算短路电流有关的元件以及它们之间的连接，并标明各元件的参数。若讨论对称的三相短路，可以归结为一相的计算。计算电路图中各元件按顺序编号，各元件的连接方式和故障点的设置应根据计算短路电流的目的决定。

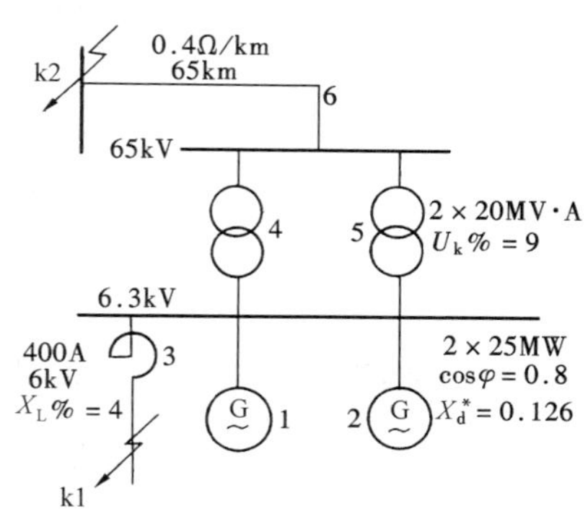

图 6-5　计算电路图举例

为选择校验电气设备必须计算通过被选择设备的最大可能短路电流值。但此值应按正常运行方式决定，如正常工作时分开运行的几台变压器，只在切换过程中才短时并联，则计算电路图应按分开运行做出。

计算电路图还应考虑到发电厂或变电所本身及其所在电力系统的发展情况。

设计继电保护装置时，可能要计算电气装置或整个电力系统不同运行方式的短路电流，如部分发电机工作时的短路电流。这些都应在计算电路图中反映出来。

计算电路图中，在实用计算时采用平均额定电压代替实际电压，并标明在计算图的母线上。

（二）等值电路图的确定

由于短路电流是对各故障点分别进行计算的，所以计算电路的等值电路图可以根据指定的各故障点分别做出。图 6-6 表示了图 6-5 两点分别短路的等值电路图，也用单线图画出。图中各元件用电抗符号表示，发电机用电动势串接电抗表示；各元件的编号与计算电路图一

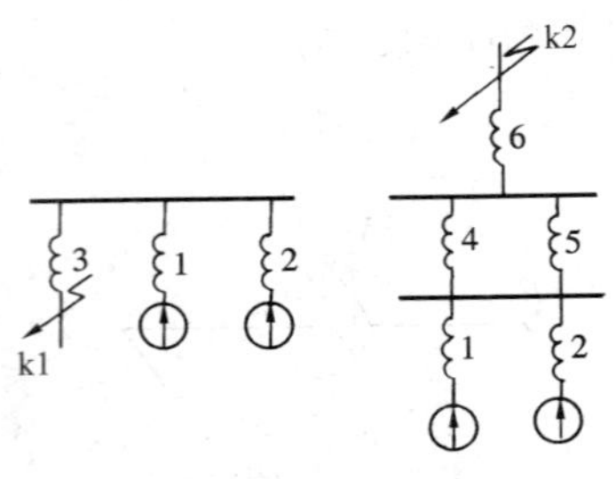

图 6-6　等值电路图举例

致，也可标注其电抗值。

（三）网络化简

网络化简的目的是求取短路回路总电抗，以便计算短路电流。短路回路总电抗即网络等值变换后，等值电动势点到短路点的总电抗。如图 6-7 所示，短路回路由短路点与电源零电位点闭合（虚线所示）而形成。

由于实际的电网结构复杂，在进行短路电流计算时，必须将网络简化，否则计算难于进行。进行网络化简，需要熟练运用以前学过的各种网络变换的基本公式。为了便于应用，现将介绍常用的有关星一三角变换公式。

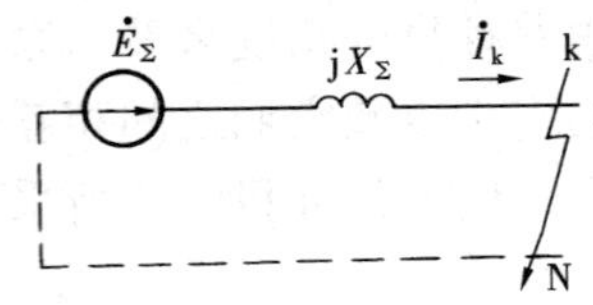

图 6-7　简化后最简单的等值电路

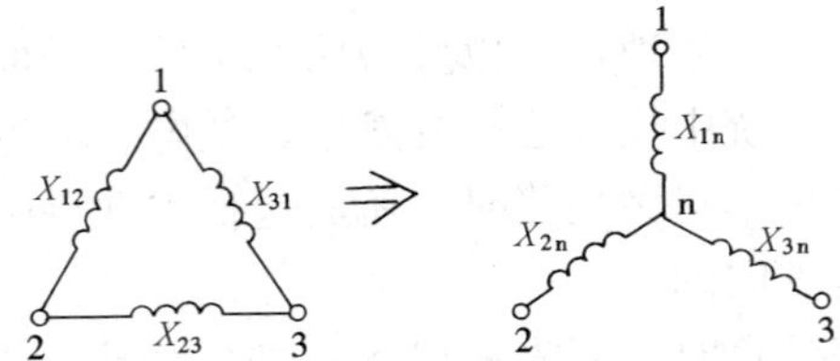

图 6-8　△—Y 变换

由△接线变为 Y 接线时，如图 6-8 所示。Y 各射线的电抗为

$$\left.\begin{aligned}X_{1n}&=\frac{X_{12}X_{31}}{X_{12}+X_{23}+X_{31}}\\X_{2n}&=\frac{X_{12}X_{23}}{X_{12}+X_{23}+X_{31}}\\X_{3n}&=\frac{X_{23}X_{31}}{X_{12}+X_{23}+x_{31}}\end{aligned}\right\}\tag{6-15}$$

由 Y 接线变为△接线时，如图 6-9 所示。△各边的电抗为

$$\left.\begin{aligned}X_{12}&=\frac{X_{1n}X_{2n}+X_{2n}X_{3n}+X_{3n}X_{1n}}{X_{3n}}\\X_{23}&=\frac{X_{1n}X_{2n}+X_{2n}X_{3n}+X_{3n}X_{1n}}{X_{1n}}\\X_{31}&=\frac{X_{1n}X_{2n}+X_{2n}X_{3n}+X_{3n}X_{1n}}{X_{2n}}\end{aligned}\right\}\tag{6-16}$$

此外，还有星—网变换的形式，它是由 Y—△变换推广而来，如图 6-10 所示。连接网形任意两顶点的电抗为

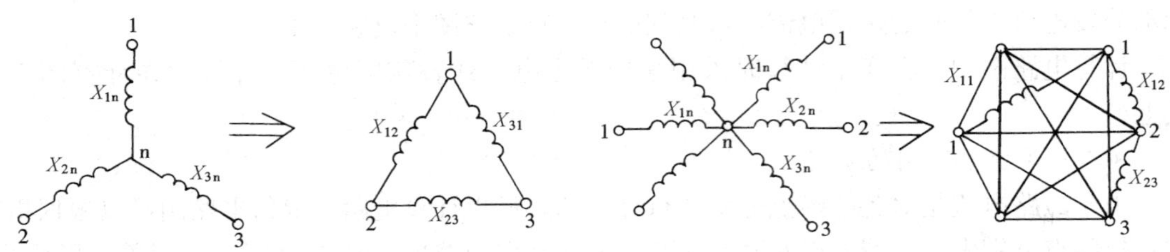

图 6-9　Y—△变换　　　　图 6-10　星—网变换

$$\left.\begin{aligned}X_{12}&=X_{1n}X_{2n}\Sigma\frac{1}{X_{mn}}\\X_{23}&=X_{2n}X_{3n}\Sigma\frac{1}{X_{mn}}\\X_{11}&=X_{1n}X_{1n}\Sigma\frac{1}{X_{mn}}\end{aligned}\right\}\quad (m=1,2,\cdots,l) \tag{6-17}$$

注意：式（6-17）只适用于由星形变网形，不能利用它反推网形变星形，因为是不定解。

在进行网络化简时，还应当注意利用网络的接线特点（如电路的对称性等）来简化和归并网络。总之，网络简化并无一定的规则可循，重要的是灵活运用并积累经验。

如网络中有几个电源，在计算短路电流时可将条件相类似的按下列情况归并成一组，然后分别求出它们各自与短路点之间的转移电抗，根据此电抗再进行短路电流计算。等值电源归并的原则为：

（1）同类型且至短路点的电气距离（即 $X_{\Sigma *}$）大致相等的发电机可归并在一起；

（2）至短路点的电气距离较远的同一类型或不同类型的发电机（如水轮发电机和汽轮发电机）可归并在一起；

（3）直接连接于短路点上的同类型发电机可归并在一起。

反之，当不属于上述三种情况的各等值电源就不能归并，而应分别进行计算。必须指出，在网络化简时，等值电源是否归并，应根据具体情况判定，如为了选择或校验电源支路的电气设备（或继电保护整定等），必须求取电源支路通过的短路电流，就不需要归并；如仅为简化计算，而无须求取电源支路电流，归并将使计算过程简化。

第三节 供配电系统三相短路计算

一、无限大电力系统的定义及应用

何谓无限大电力系统？实际的电力系统的容量总是有限的，图 6-11（a）表示由几个电源供电的电路，根据等效发电机原理可转化为图 6-11（b）所示的等值电路，等值电源内阻抗 Z_G 等于网络各电源内阻抗（Z_{G1}、Z_{G2}、Z_{G3}）相并联。显然，电源越多则等值电源的内阻抗就越小，这时如外电路元件（变压器、电抗器、线路等）的等值阻抗比电源内阻抗大得多，则外电路中的电流变动时，供电系统的母线电压 U_m 变动甚微，在实际计算时可近似认为 U_m 等于常数，这种电源便认为是“无限大”容量电力系统［见图 6-11（c）］，即系统的容量 $S=\infty$，系统的内阻抗 $Z_0=0$（$R=0$，$X=0$）。

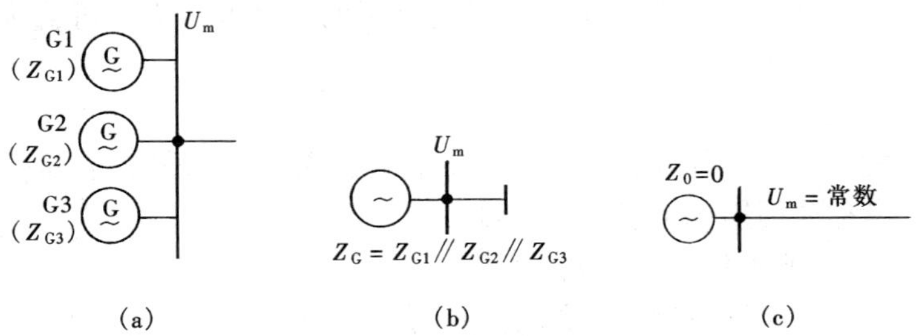

图 6-11 “无限大”容量电力系统示意图
（a）接线图；（b）等值电路（一）；（c）等值电路（二）

在为选择电气设备而进行的短路电流计算中，如果系统阻抗（即等值电源内阻抗）不超过短路回路总阻抗的 5%～10%，就可以不考虑系统阻抗，将系统作为无限大系统处理。

按这种假设所求得的短路电流虽较实际值偏大一些，但不会引起显著误差，也不致影响所选电气设备的型式。

按无限大容量电力系统计算所得到的短路电流是电气装置所通过的最大短路电流，因此，在初步估算装置通过的最大短路电流或缺乏必需的系统数据时，都可以认为短路回路所接的电源容量是无限大的电力系统。

配电网中的高、低压负荷和工业企业等用户的变电所，都是通过供配电线路从电力系统获得电能。由于这种变电所变压器的容量一般不会很大，电压等级也不太高，用标幺值表示的线路与变压器的电抗的数值就比较大。在同一个基准值下，系统的等值内电抗相对就很小。当在用户变电所中发生短路时，短路电流在系统内电抗上的电压降也很小，系统的母线（即用户变压器高压母线）电压变化也很小。因此在实用计算中，可认为系统母线为无限大容量系统。

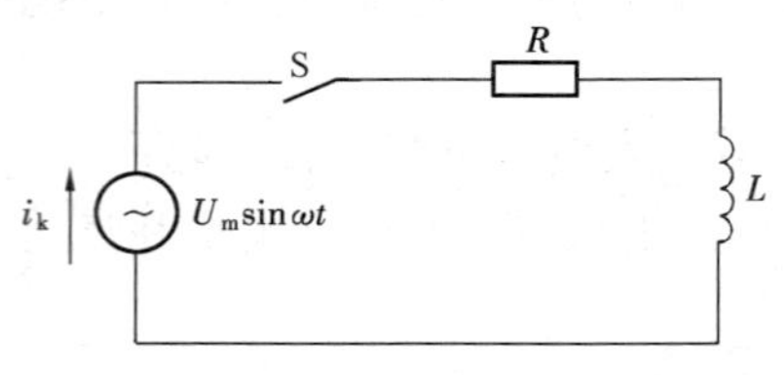

图 6-12　无限大系统短路时的等值电路

二、供配电系统三相短路计算

（一）三相短路电流计算

将供配电电源视为无限大电力系统后，供配电系统发生三相短路时的等值电路如图 6-12 所示，从电源到短路点的等值阻抗表示为 $Z=R+jX$，U 为无限大电源的端电压，其内阻抗为零。当开关 S 闭合时，相当于突然三相短路，因而短路的过渡过程将与 R、L 电路接通正弦电压时的过渡过程相类似。根据电路理论，突然短路时电路的方程式为

$$Ri_k+L\frac{di_k}{dt}=U_m\sin(\omega t+\varphi_{ou}) \tag{6-18}$$

式中　i_k——突然短路电流的瞬时值；

φ_{ou}——短路发生时的电源电压相位角（合闸相位角）；

U_m——电源相电压的幅值。

求解式（6-18），可得短路电流瞬时值的表达式为

$$i_k=\frac{U_m}{Z}\sin(\omega t+\varphi_{ou}-\varphi)-\frac{U_m}{Z}\sin(\varphi_{ou}-\varphi)e^{-\frac{R}{L}t}=i_{kp}+i_{np} \tag{6-19}$$

式中　φ——电流滞后于电压的相位角。

式（6-19）中的第一项 i_{kp} 为短路电流的稳态分量，它是一个幅值不变的正弦电流，所以又称周期分量，此分量是外加电压在阻抗 $Z=R+jX$ 的回路内强迫产生的，所以又称为强制分量。用 I_{kp} 表示其有效值，即通常说的短路电流 I_k，可直接用下式求取

$$I_{kp}=\frac{U_m}{\sqrt{2}Z} \tag{6-20}$$

式（6-19）中的第二项 i_{np} 为短路电流的暂态分量，它是一个按指数规律衰减的直流分量，又称非周期分量或自由分量。

（二）冲击短路电流 i_{sh}

从电路课程对过渡过程的分析可知，当 $\varphi_{ou}-\varphi=-\pi/2$ 或 $\varphi_{ou}=\varphi-\pi/2$（见图 6-13）时，短路电流的暂态分量最大，此时短路电流将达最大值，应以此作为计算短路电流最大值的条件。

对一般电力系统而言，由于其主要组成元件（如发电机、变压器、高压输电线路等）的电抗值都大大超过其电阻值，因此在短路电流计算时可只考虑电抗值以简化计算（下同）。在这种情况下，可取 $\varphi \approx 90°$。实践证明，这种简化计算完全是可行的。图 6-13 便是按照 $\varphi \approx 90°$ 做出的。

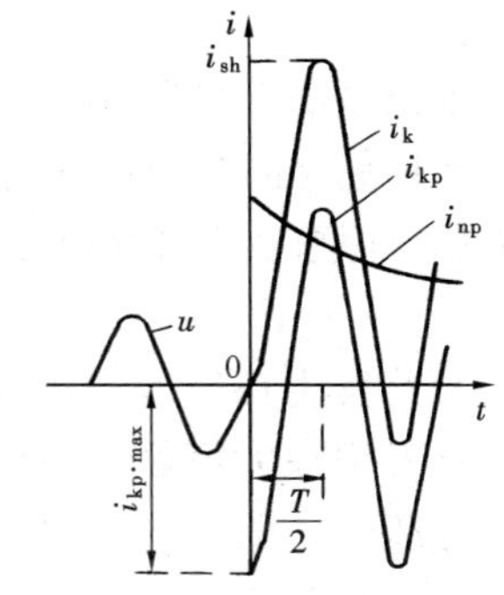

图 6-13　合闸相位角 $\varphi_{ou}=\varphi-\pi/2$ 时的短路电流

将 $\varphi_{ou}-\varphi=-\pi/2$ 代入式（6-19）后，得

$$i_k=\frac{U_m}{Z}\sin\left(\omega t-\frac{\pi}{2}\right)+\frac{U_m}{Z}e^{-\frac{R}{L}t} \tag{6-21}$$

式（6-21）表明，当短路发生在 $\varphi_{ou}=\varphi-\pi/2=0$，即电源电压的瞬时值过零值时，短路电流暂态分量的起始值为最大。所以应以式（6-21）作为推算最大短路电流值的出发点。

式（6-21）所示的短路电流瞬时值的变化波形如图 6-14 所示。从短路发生的时刻起到短路电流的暂态分量衰减完毕为止的这段期间，称为短路的过渡过程（暂态过程）。在短路的暂态过程结束后即进入了稳定短路状态，这时的短路电流即为其稳态分量。在短路的过渡过程中，短路电流总的瞬时值为稳态分量与暂态分量两者之和，由于两个分量都是随时间而变化的，因而它的最大瞬时值将在暂态过程中的某一个时刻出现。又由于短路电流所产生的电动力与其瞬时值有关，因此需求取短路电流的最大瞬时值。

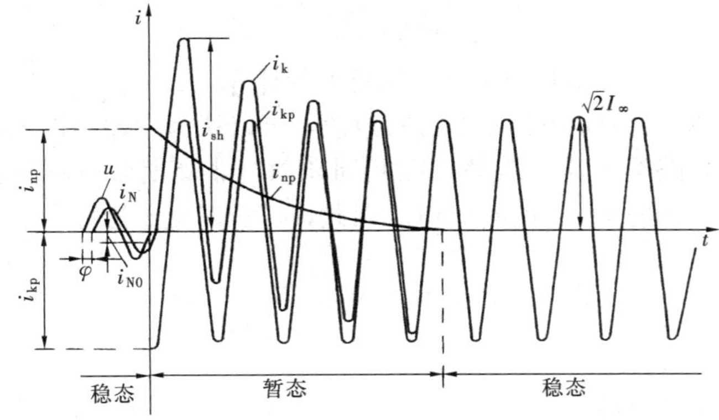

图 6-14　无限大系统短路电流变化曲线

从图 6-13 和图 6-14 可见，短路电流的最大瞬时值出现在短路后半个周期左右，当 $f=50\text{Hz}$ 时，与之相应的时间为 0.01s。对应 $t=0.01\text{s}$ 时短路电流的最大瞬时值又称为冲击短路电流 i_{sh}，按式（6-21），将 $t=0.01\text{s}$ 代入，显然有

$$i_{sh}=\frac{U_m}{Z}\sin\left(\pi-\frac{\pi}{2}\right)+\frac{U_m}{Z}e^{-0.01\frac{R}{L}}=\frac{U_m}{Z}\left(1+e^{-0.01\frac{R}{L}}\right)$$

$$=\frac{U_m}{Z}K_{sh}=\frac{\sqrt{2}U}{Z}K_{sh}=\sqrt{2}K_{sh}I_{kp} \tag{6-22}$$

其中

$$K_{sh}=1+e^{-0.01\frac{R}{L}} \tag{6-23}$$

式中　K_{sh}——短路电流的冲击系数；

U——电源相电压的有效值，$U=U_m/\sqrt{2}$；

I_{kp}——短路电流周期分量的有效值。

从式（6-22）可知，冲击短路电流的大小与冲击系数 K_{sh} 成比例，由于电路的时间常数为 $T_a=\frac{L}{R}$，所以冲击系数 K_{sh} 的计算式又可写为

$$K_{sh}=1+e^{-\frac{0.01}{T_a}} \tag{6-24}$$

如果电路中只有电抗，而电阻$R=0$，则$K_{sh}=2$，意味着短路电流的暂态分量不衰减；反之，如果短路回路中只有电阻，而电感$L=0$，则$K_{sh}=1$，即此时的短路电流中根本不存在暂态分量。但事实上任何电路中既不可能$R=0$，也不会出现$L=0$，所以冲击系数的值应满足

$$1<K_{sh}<2$$

短路发生在一般的高压电网时，因电抗比电阻要大得多，取$K_{sh}=1.8$，$i_{sh}=2.55I_{kp}$；当短路发生在大容量电网或发电机附近时，取$K_{sh}=1.9$，$i_{sh}=2.69I_{kp}$；短路发生在发电厂高压母线时，取$K_{sh}=1.85$，$i_{sh}=2.62I_{kp}$；短路发生在低压电网时，取$K_{sh}=1\sim1.3$，$i_{sh}=(1\sim1.84)\ I_{kp}$。

（三）短路全电流的最大有效值

对于正弦交流电流来说，如果已知正弦电流的幅值I_m，就可求其有效值。但在短路电流中由于有非周期分量存在，而且它又是按指数规律衰减（直至为0）的，短路电流不再是一个正弦交变的周期电流，所以计算任一时刻的短路电流全电流有效值I_{kt}是有困难的。而在校验断路器开断电流时，会用到短路电流全电流有效值。下面讨论I_{kt}的近似算法。

显然，当$t=\infty$时，有

$$I_{kt}=I_{kp}=I_{\infty}\text{（周期分量有效值）}$$

但在非周期分量衰减完之前，全电流有效值只能用以下方法作近似的计算。

如果要求计算短路发生后某一时刻t的短路电流全电流有效值，可以认为它即是以该时刻为中心的一个周期（0.02s）内的短路全电流有效值，在此周期内，非周期分量不衰减（是个常数），其值等于在该周期中点（即时刻t）的瞬时值。因此，任意时刻t的短路全电流有效值I_{kt}为

$$I_{kt}=\sqrt{I_{kp}^2+i_{np}^2} \tag{6-25}$$

式中 I_{kp}——周期分量有效值，$I_{kp}=I_{\infty}$；

i_{np}——对应时刻t的非周期分量瞬时值。

因为

$$i_{np}=\frac{U_m}{Z}e^{-\frac{t}{T_a}}=\frac{\sqrt{2}U}{Z}e^{-\frac{t}{T_a}}=\sqrt{2}I_{kp}e^{-\frac{t}{T_a}}$$

所以有

$$I_{kt}=I_{kp}\sqrt{1+2(e^{-\frac{t}{T_a}})^2} \tag{6-26}$$

而对$t=0.01$s时（即第一个周期）的短路全电流有效值称为短路电流的最大有效值I_{sh}，且有

$$I_{sh}=I_{kp}\sqrt{1+2(e^{-\frac{0.01}{T_a}})^2} \tag{6-27}$$

因为

$$K_{sh}=1+e^{-\frac{0.01}{T_a}}$$

所以

$$I_{sh}=I_{kp}\sqrt{1+2\ (K_{sh}-1)^2} \tag{6-28}$$

为方便计算给出

$$K_{sh}=1.8,\ I_{sh}=1.51I_{kp}$$
$$K_{sh}=1.9,\ I_{sh}=1.62I_{kp}$$
$$K_{sh}=1.3,\ I_{sh}=1.09I_{kp}$$

（四）母线剩余电压

在继电保护计算中，有时需要计算出短路点前某一母线的剩余电压（又称残余电压）。

三相短路时短路点的电压为零，网络中距短路点电抗为 X 的某点剩余电压，在数值上等于短路电流通过该电抗时的电压降。从短路点算起，电抗为 X 的任意点稳态时的剩余电压 U_{rem*} 为

$$U_{rem*}=I_{\infty*}^{(3)}X_{*} \tag{6-29}$$

化成有名值为

$$U_{rem}=U_{rem*}U_{b}=I_{\infty*}^{(3)}X_{*}U_{av} \tag{6-30}$$

（五）短路容量的概念及用途

在无限大电源三相短路电流计算时，经常会用到短路容量的概念。短路容量 S_k 的定义是：某一点的短路容量等于该点短路时的短路电流乘以该点在短路前的电压（一般就取平均额定电压 U_{av}）再乘以$\sqrt{3}$。所以短路容量有名值

$$S_k=\sqrt{3}U_{av}I_k \tag{6-31}$$

短路容量标幺值

$$S_{k*}=\frac{S_k}{S_b}=\frac{\sqrt{3}U_{av}I_k}{\sqrt{3}U_{av}I_b}=I_{k*}=\frac{1}{X_{\Sigma*}} \tag{6-32}$$

从式（6-32）可见，短路容量的大小实际上反映了该点短路时短路电流的大小，也就反映了该点至恒定电压点（无限大系统出口母线处）之间总电抗的大小。短路容量是一个很有用的概念，它反映了电力系统中某一点与电源联系的紧密程度，所以在工程问题中常用短路容量来说明某一点的电气特性。

式（6-32）提供了一个很有用的关系，当某一点到恒定电压点之间的电抗值未知，只要已知该点的短路容量（也即短路电流），该电抗值就很容易求得。如短路容量也不知时，工程近似计算中可以认为接在该点的断路器的额定开断容量 S_{NOC} 就等于该点的短路容量 S_k。因为选择断路器时，要保证断路器能切断流过它的短路电流，也即断路器额定开断容量应大于或等于在断路器后面发生三相短路的短路容量。

三、无限大容量电力系统供电的简单电网三相短路电流计算步骤

（1）取功率基准值 S_b，并取各级电压基准值等于该级的平均额定电压，即 $U_b=U_{av}$。

（2）计算各元件的电抗标幺值，并绘出等值电路。

（3）网络化简，求出从电源至短路点之间的总电抗标幺值 $X_{\Sigma*}$。

（4）因为是无限大电力系统，电源电压维持不变，所以电源电压标幺值为 1，从而可按标幺值计算，即

$$I_{kp*}=\frac{U_*}{X_{\Sigma*}}=\frac{1}{X_{\Sigma*}} \tag{6-33}$$

计算出短路电流周期分量有效值（也就是稳态短路电流），再还原成有名值。

（5）按式（6-22）、式（6-28）计算出冲击短路电流和短路最大有效值电流。

（6）按要求计算出其他量。

【例 6-2】 一个无限大容量系统通过一条 40km 的 110kV 输电线路向某变电所供电，接线情况如图 6-15 所示。计算电缆线路末端 k 点发生三相短路时：

（1）短路电流周期分量有效值；

（2）冲击短路电流；

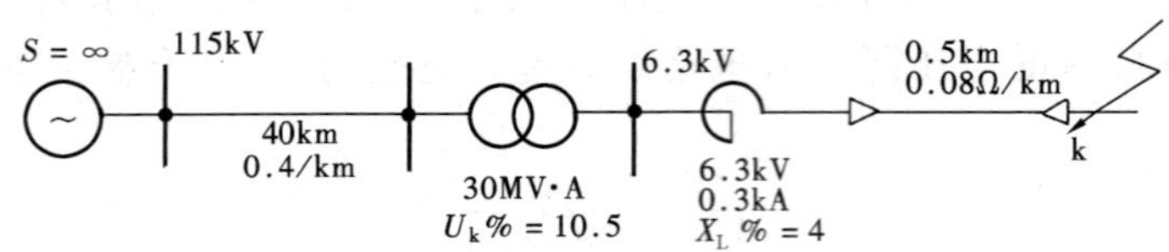

图 6-15 [例 6-2] 接线图

(3) 115kV 架空线路中的短路电流。

解 取 $S_b=100MV \cdot A$，$U_b=U_{av}$，则线路的电抗为

$$X_1=0.4\times40\times\frac{S_b}{U_b^2}=0.4\times40\times\frac{100}{115^2}=0.121$$

变压器的电抗为 $$X_T=0.105\times\frac{100}{30}=0.35$$

电抗器的电抗为 $$X_L=0.04\times\frac{6.3}{\sqrt{3}\times0.3}\times\frac{100}{6.3^2}=1.222$$

电缆线路的电抗 $$X_2=0.08\times0.5\times\frac{100}{6.3^2}=0.101$$

从短路点 k 到恒压母线的总电抗为

$$X_\Sigma=1.794$$

所以，当 k 点短路时：

(1) 短路电流周期分量有效值为

$$I_k=I_{k*}\frac{100}{\sqrt{3}\times6.3}=\frac{1}{1.794}\times\frac{100}{\sqrt{3}\times6.3}=5.10\text{ (kA)}$$

(2) 冲击短路电流为

$$i_{sh}=2.55I_k=13.02\text{ (kA)}$$

(3) 115kV 架空线路的短路电流为

$$I_{115}=I_{k*}\frac{S_b}{\sqrt{3}\times115}=0.2796\text{ (kA)}$$

关于用标幺值计算的两点说明：

(1) 利用标幺值，计算出的短路电流最终应还原成有名值；

(2) 如果不特殊说明，一般计算的都是流过短路点的短路电流，所以在还原成有名值时，所用公式 $I_k=I_{k*}\frac{S_b}{\sqrt{3}U_b}$ 中的 U_b 必须取短路点处在短路前的平均额定电压 U_{av}。

【例 6-3】 图 6-16 (a) 表示一个降压变电所，高压侧母线接到电力系统，系统的电抗值未给出，已知接到母线 A 上的断路器 QF 的额定开断容量 S_{NOC} 为 2500MV·A，求低母线 B 发生三相短路的电流。

解 计算用的等值电路如图 6-16 (b) 所示，首先要求出高压侧母线 A 至恒定电压点 S 之间的电抗 X_{S*}。假设高压侧三相短路时（即母线 A 上三相短路时）短路容量 S_{kA} 就是断路器的额定开断容量，即

$$S_{kA}=\sqrt{3}I_{kA}\times115=2500\text{ (MV·A)}=S_{NOC}$$

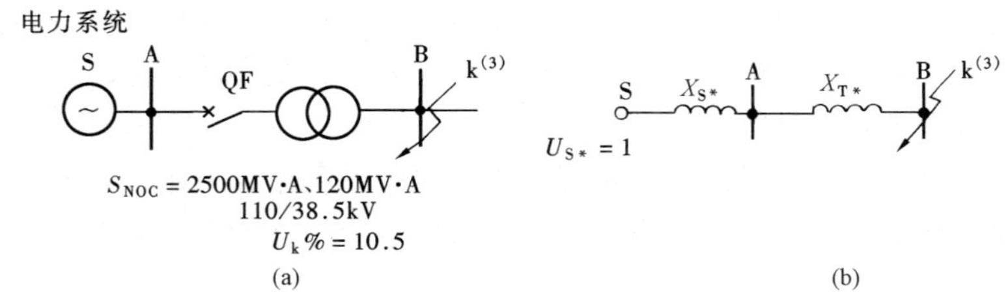

图 6-16　［例 6-3］图

（a）接线图；（b）等值电路

现取功率基准值 $S_b=1000$MV·A，取 $U_b=U_{av}$，则

$$S_{kA*}=\frac{S_{kA}}{S_b}=\frac{S_{NOC}}{S_b}=\frac{2500}{1000}=2.5$$

按式（6-32）得

$$X_{S*}=\frac{1}{S_{kA*}}=\frac{1}{2.5}=0.4$$

变压器电抗标幺值为

$$X_{T*}=\frac{10.5}{100}\times\frac{1000}{120}=0.875$$

所以从短路点到恒定电压点 S 处的总电抗为

$$X_{\Sigma*}=X_{S*}+X_{T*}=0.4+0.875=1.275$$

B 母线处三相短路时的短路电流为

$$I_{kB*}=\frac{1}{X_{\Sigma*}}=\frac{1}{1.275}=0.784$$

还原成有名值，即

$$I_{kB}=I_{kB*}\frac{S_b}{\sqrt{3}U_b}=0.784\times\frac{1000}{\sqrt{3}\times37}=12.2\ (\text{kA})$$

显然，根据短路容量来估计系统的内阻抗 X_{S*}，最后求出的短路电流数值是近似的，且偏于保守。但在对系统情况不了解或缺少必需的资料数据时，这种近似算法是完全允许的。

第四节　同步发电机供电系统的三相短路电流计算

一、同步发电机发生三相突然短路的短路电流

发电机供电电路发生三相突然短路，与无限大容量系统一样，短路电流中含有周期分量和非周期分量。但由于发电机的电动势和电抗在短路的暂态过程中要发生变化，由它所决定的短路电流周期分量的振幅也随之变化，这是与无限大容量系统区别的地方。

当同步发电机发生三相突然短路时，由于短路电流所造成的强烈的去磁性电枢反应，发电机的端电动势将大为降低，这时不能再将发电机的端电压视为常数处理。所以，当发电机

端点或端点附近发生短路，以及短路虽发生在距发电机较远的网络内而电源容量有限时，都不能用本章第三节中所述的方法来计算短路电流，必须考虑到突然短路时发电机内部的电磁暂态过程，才能得出正确的计算结果。

关于同步发电机突然短路时的暂态过程，在电机学课程中已有阐述，现在其基础上进一步讨论没有自动调节励磁装置的同步发电机三相短路电流计算的有关问题。

（一）周期分量

就短路电流周期分量而言，从突然短路瞬间起，经历了次暂态—暂态—稳态的变化过程，短路电流周期分量的幅值随时间而变化的公式为

$$I_{kpm}=\sqrt{2}\left[\left(I''_{kp}-I'_{kp}\right)e^{-\frac{t}{T''_d}}+\left(I'_{kp}-I_{kp}\right)e^{-\frac{t}{T'_d}}+I_{kp}\right] \tag{6-34}$$

式中 I_{kpm}——同步发电机三相短路电流周期分量的幅值；

I''_{kp}——次暂态短路电流的有效值，有时也写作 I''；

I'_{kp}——暂态短路电流的有效值；

I_{kp}——稳态短路电流的有效值；

T''_d——次暂态分量电流衰减的时间常数，其值一般为 0.03～0.1s，即在几个周期内衰减完毕；

T'_d——暂态分量电流衰减的时间常数，其值一般为 0.5～3s，即较次暂态分量衰减要慢。

(1) 在发电机未装有自动励磁调节装置、空载运行端点发生短路条件下，各短路电流周期分量的有效值为

$$I''_{kp}=\frac{E_0}{X''_d} \tag{6-35}$$

$$I'_{kp}=\frac{E_0}{X'_d} \tag{6-36}$$

$$I_{kp}=\frac{E_0}{X_d} \tag{6-37}$$

式中 X''_d，X'_d，X_d——发电机的次暂态电抗、暂态电抗、稳态直轴（同步）电抗；

E_0——发电机的空载电动势。

(2) 实际计算电力系统短路电流时，发电机并非在空载情况下突然短路，而是在一定负载的情况下突然短路。这时各短路电流周期分量的有效值应为

$$I''_{kp}=\frac{E''_q}{X''_d} \tag{6-38}$$

$$I'_{kp}=\frac{E'_q}{X'_d} \tag{6-39}$$

$$I_{kp}=\frac{E_\infty}{X_d} \tag{6-40}$$

式中 E''_q，E'_q——发电机的次暂态电动势和暂态电动势；

E_∞——发电机的稳态同步电动势。

发电机的电抗 X''_d、X'_d、X_d 都是同步电机的结构参数，可以进行实测，也可以根据设计资料算出来，因此是实在的参数。次暂态电动势和暂态电动势属于运行参数，无法实行实

测，它只能根据给定的运行状态计算出来。如次暂态电动势，在运行状态发生突变的瞬间能够守恒，利用这一特点，可以从突变前瞬间的稳态中求得它的数值，并且直接应用于突变后瞬间的计算中，从而给暂态分析带来极大的方便。E''_q的近似理论计算式为

$$\dot{E}''_q = \dot{U}_N + j\dot{I}_N X''_d \tag{6-41}$$

式中　$\dot{U}_N$——发电机的额定端电压；

$\dot{I}_N$——发电机的额定电流。

没有阻尼绕组的水轮发电机只有 X'_d，因此对应于计算周期分量电流起始值的电动势应为暂态电动势 E'_q，而式（6-41）同样可用于它（对应 X'_d）的计算。

但是必须指出，尽管能对次暂态电动势、暂态电动势作出某些解释，它们仍是虚构的、为方便计算而引用的参数。

由于 E''_q、E'_q的准确计算较复杂，表 6-3 列出了 X''_d、X'_d、X_d 和 E''_q、E'_q的平均值可供读者参考。

表 6-3　　**同步发电机的电动势和电抗的平均值**

发电机类型	X''_d	X'_d	X_d	E''_q	E'_q
汽轮发电机	0.125	0.25	1.62	1.08	
水轮发电机（有阻尼绕组）	0.2	0.37	1.15	1.13	
水轮发电机（没有阻尼绕组）		0.27	1.15		1.18

注　本表中的数值均为以额定容量为基准的标幺值。

通常，为简化计算，一般可以近似取

$$E''_q \approx U_N，E'_q \approx U_N$$

（3）发电机经外阻抗后短路时，可以将外阻抗作为发电机电抗的一部分，并与发电机端点短路的情况相等效，即在实际计算时只要将发电机的电抗与外阻抗相加作为等效发电机电抗来处理即可。

（二）非周期分量

同步发电机突然三相短路时短路电流的非周期分量的大小同样与短路发生的时刻有关，在最不利条件下（电压的瞬时值过零时短路）非周期分量的计算式为

$$i_{np} = \sqrt{2} I''_{kp} e^{-\frac{t}{T_a}} \tag{6-42}$$

式中　T_a——定子回路的衰减时间常数。

T_a 的数值对于汽轮发电机一般为 0.04～0.4s；水轮发电机为 0.08～0.4s；当发电机经外电抗短路，此时 T_a 一般可取 0.05s。

因而，在最不利的短路条件下，同步发电机三相突然短路电流瞬时值的表达式为

$$i_k = \sqrt{2}\left[(I''_{kp} - I'_{kp})e^{-\frac{t}{T''_d}} + (I'_{kp} - I_{kp})e^{-\frac{t}{T'_d}} + I_{kp}\right]\sin(\omega t - 90^\circ) + \sqrt{2} I''_{kp} e^{-\frac{t}{T_a}} \tag{6-43}$$

根据式（6-43）所绘制出的短路电流的变化曲线如图 6-17 所示，短路电流周期分量幅值衰减变化的包络线如图 6-18 所示。

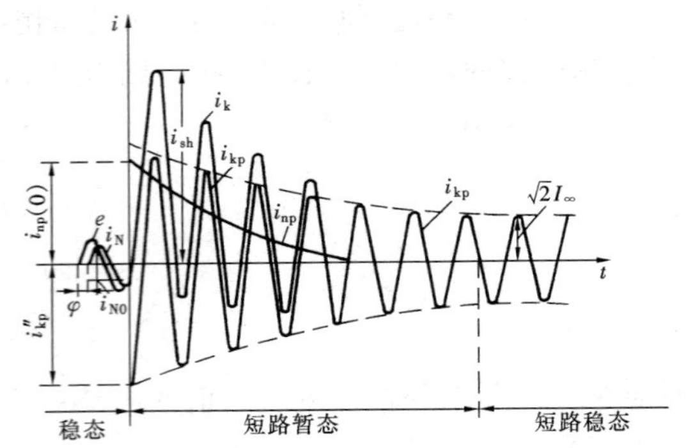

图 6-17 没有自动励磁调节装置的发电机三相短路电流变化曲线

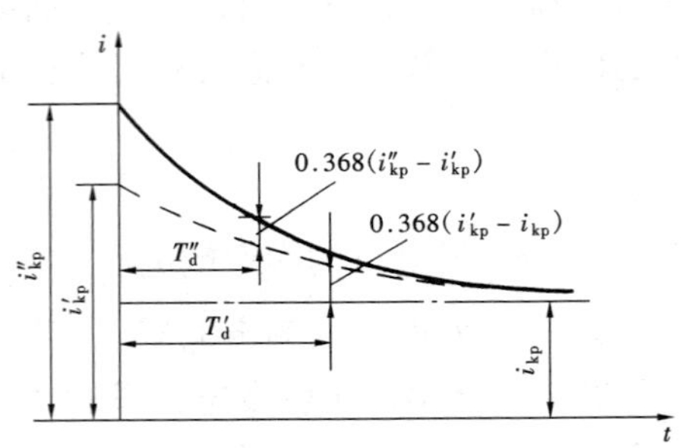

图 6-18 三相短路电流周期分量幅值衰减变化的包络线

（三）次暂态电流、冲击电流和稳态短路电流

通常，根据选择与校验电气设备和载流导体的需要，要求计算三相短路时的次暂态电流、冲击短路电流及稳态短路电流。下面进一步讨论它们的计算式。

(1) 次暂态短路电流。次暂态短路电流指短路电流周期分量的起始值 I''_{kp}，也用 I''表示。当发电机端点短路时为

$$I''_{kp}=\frac{U_N}{X''_d} \tag{6-44}$$

如短路发生在电网内，即经过外部阻抗短路时，有

$$I''_{kp}=\frac{U_N}{X''_d+X_{1\Sigma}} \tag{6-45}$$

式中 $X_{1\Sigma}$——从短路点起到发电机端点处的外电路总电抗。

次暂态短路电流 I''_{kp}值及其相应的次暂态短路功率 $S''_k=\sqrt{3}U_N I''_{kp}$是选择和校验断路器的开断电流和开断容量的主要依据。必须注意的是：当校验快速动作的断路器开断电流和开断容量时，由于开断时短路电流的非周期分量尚未衰减完，故此时必须计及非周期分量的影响，根据对应于开断时刻 t 的短路电流全电流有效值进行校验。

(2) 冲击短路电流。从图 6-17 可知，冲击短路电流值为短路后半个周期，即 $t=0.01$s 时的短路电流瞬时值，仍表示为 i_{sh}。因而冲击电流 i_{sh}的计算式应为

$$i_{sh}=K_{sh}\sqrt{2}I''_{kp} \tag{6-46}$$

式中 K_{sh}——冲击系数，取不同值的简化式可参照本章第三节内容。

(3) 稳态短路电流 I_∞。在一般近似计算时可取 $E_\infty=U_N$，得

$$I_\infty=I_{kp}=\frac{U_N}{X_d} \tag{6-47}$$

若短路发生在外部电网内，则有

$$I_\infty=\frac{U_N}{X_d+X_{1\Sigma}} \tag{6-48}$$

二、装有自动励磁调节装置时同步发电机的三相短路电流

以上在分析同步发电机三相短路的暂态过程和计算短路电流时，都没有考虑发电机自动

励磁调节装置的作用，即认为在整个短路过程中发电机的励磁电流不变，也就是感应电动势等于常数。实际上在现代电力系统中，同步发电机一般都装设有自动调节励磁装置（包括强行励磁装置），其作用是当发电机端电压变动时，自动地调节励磁电流，相应地改变发电机的端电动势，从而维持发电机的端电压在规定的范围内。当突然短路时，由于发电机的端电压急剧下降，自动励磁调节装置中的强行励磁装置起作用，迅速增大励磁电流，使发电机的感应电动势增大，端电压重新回升。但是，任何一种类型的自动调节励磁装置，由于发电机的励磁回路具有较大的电感，励磁电流都不可能立即增大，所以自动调节励磁装置的调节效果要在短路后的一定时间才会显示出来。因而，不论是否装设有自动调节励磁装置，在短路瞬间以及短路后的几个周期内，短路电流的变化情况都是相同的。

图 6-19 为装有自动调节励磁装置的发电机的短路电流变化曲线。从图可见，短路电流的周期分量在最初阶段内仍是从 I''_{kp}开始逐渐减小，以后由于强行励磁装置的作用使得感应电动势增大，因而周期分量电流又逐渐增大，最后过渡到稳态值。稳态值的大小取决于短路点的远近和自动调节励磁装置的调整程度。

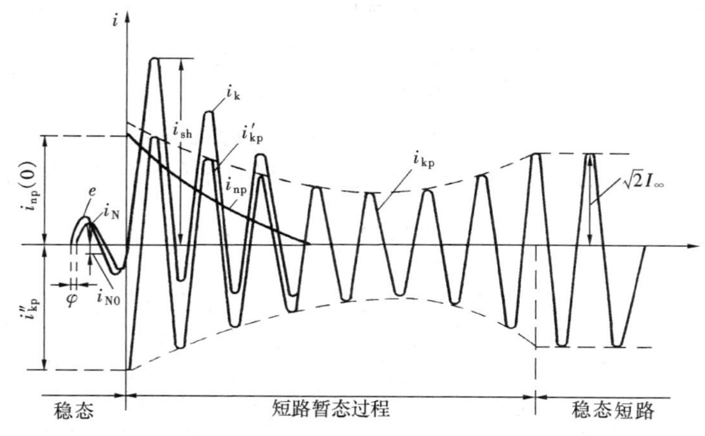

图 6-19 装有自动调节励磁装置的发电机的短路电流变化曲线

从上述分析可知，对于装有自动励磁调节装置的发电机的次暂态短路电流 I''_{kp}和冲击短路电流 i_{sh}的计算方法，应当与不装自动调节励磁装置时完全相同。可是，由于自动调节励磁装置发挥作用的结果，使短路电流并非随时间一味衰减，而是随自励调节装置起作用后重新增大直至达稳态值，这使得稳态短路电流及自励装置起作用后的某一时刻的短路电流的计算变得复杂。在工程实际中，对此通常采取“运算曲线法”来解决，具体算法见本章第五节。

第五节 三相短路的实用计算

一、运算曲线

发电机供电电路三相短路时，短路电流的周期分量有效值是随时间变化的，其变化规律受到许多因素的影响，这些因素包括：①发电机的各种电抗和时间常数以及短路前的运行状态；②决定强励效果的励磁系统的参数；③故障点离机端的距离等。所以不同时刻短路电流的计算是比较复杂的。

在工程计算中，常利用运算曲线来确定短路后任意指定时刻短路电流的周期分量，也称运算曲线法。运算曲线表示了短路过程中，不同时刻的短路电流周期分量与短路回路计算电抗之间的函数关系，即 $I_{kp(t)*}$ 与计算电抗 X_{c*} 和时间的函数关系，表示为

$$I_{kp(t)*}=f\ (t,\ X_{c*}) \tag{6-49}$$

式中 $I_{kp(t)*}$——对应于某时刻发电机容量下的三相短路电流周期分量的标幺值；

X_{c*}——计算电抗的标幺值，为归算到等值发电机容量的转移电抗；

t——短路后任意指定时刻，s。

图 6-20～图 6-28 中的曲线表示了上述的函数关系，根据计算电抗 X_{c*} 值可以查出不同时刻的短路电流标幺值。为了方便应用，运算曲线也常被作成数字表。这种方法十分简便，在大多数情况下计算结果也相当准确，所以得到广泛应用。

运算曲线按汽轮发电机和水轮发电机两种类型分别制作。由于我国制造和使用的发电机组型号繁多，为使曲线具有通用性，制作时采用了概率统计方法。选取多种不同型号不同容量的样机，并考虑了发电机自动调节励磁装置的作用，分别解出各种样机在给定计算电抗和时间下的短路电流，取其算术平均值，用以绘制运算曲线。

运算曲线只作到 $X_{c*}=3.45$ 为止。当 $X_{c*}>3.45$ 时，可近似地认为短路点离电源点的电气距离相当远，电源可认为是无限大系统，因而短路电流周期分量的有效值已不随时间变化，计算式为

$$I_*=\frac{1}{X_{c*}} \tag{6-50}$$

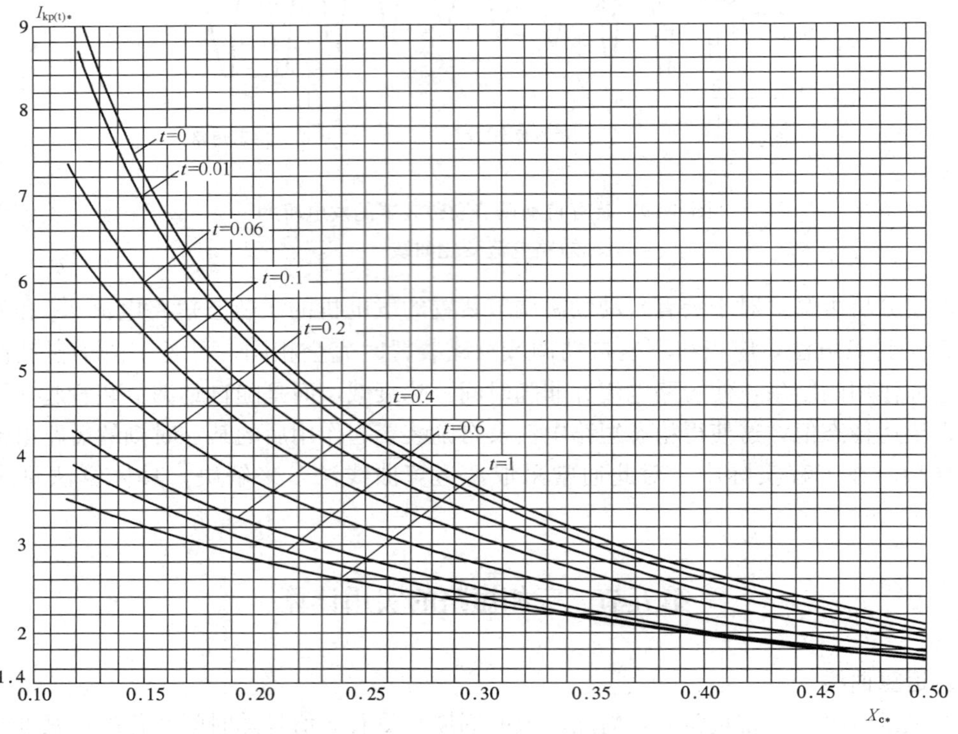

图 6-20 汽轮发电机运算曲线（一）（$X_{c*}=0.12$～0.50）

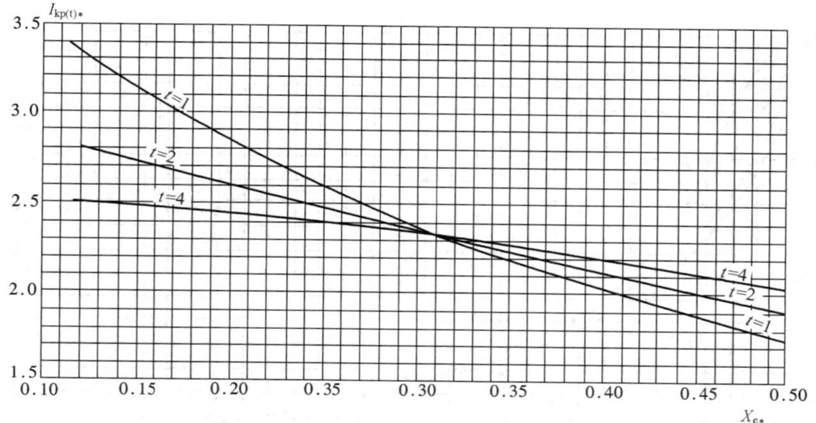

图 6-21　汽轮发电机运算曲线（二）（X_{c*} =0.12～0.50）

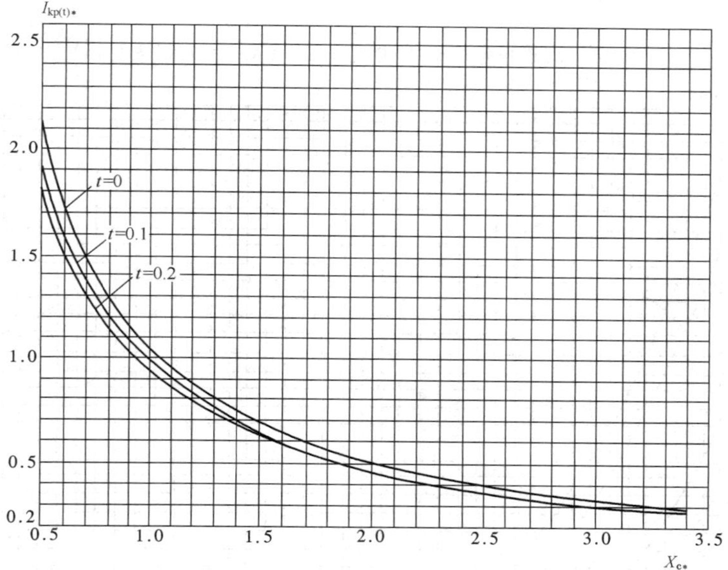

图 6-22　汽轮发电机运算曲线（三）（X_{c*} =0.50～3.45）

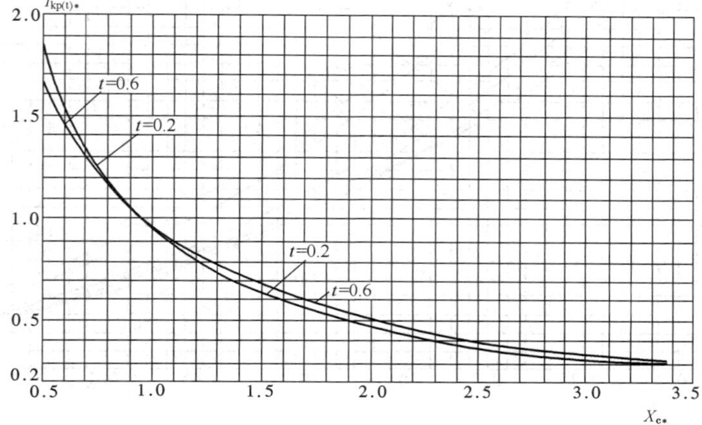

图 6- 23　汽轮发电机运算曲线（四）（X_{c*} = 0.50～3.45）

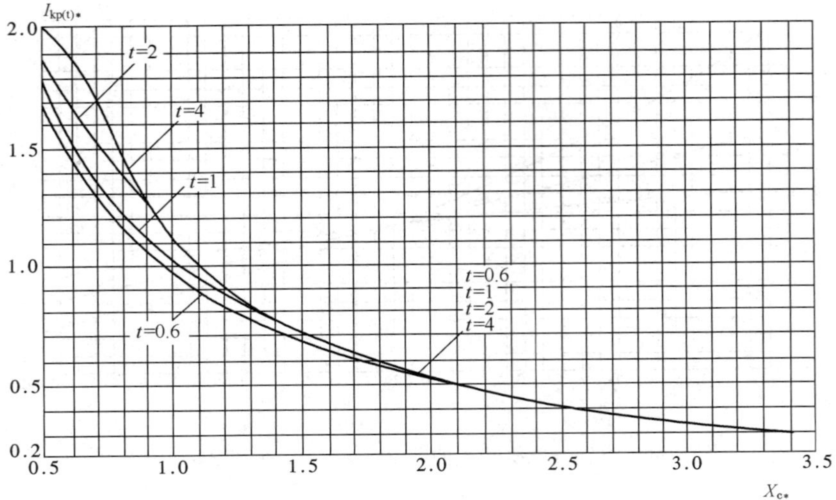

图 6-24 汽轮发电机运算曲线（五）（X_{c*} =0.50～3.45）

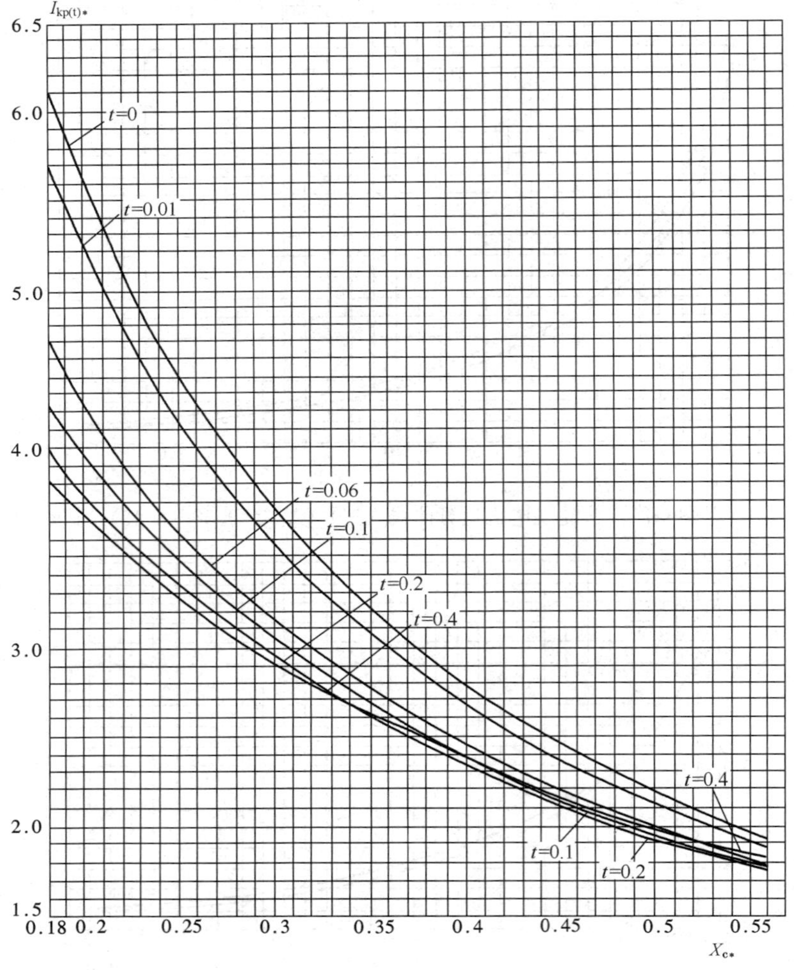

图 6-25 水轮发电机运算曲线（一）（X_{c*} = 0.18～0.56）

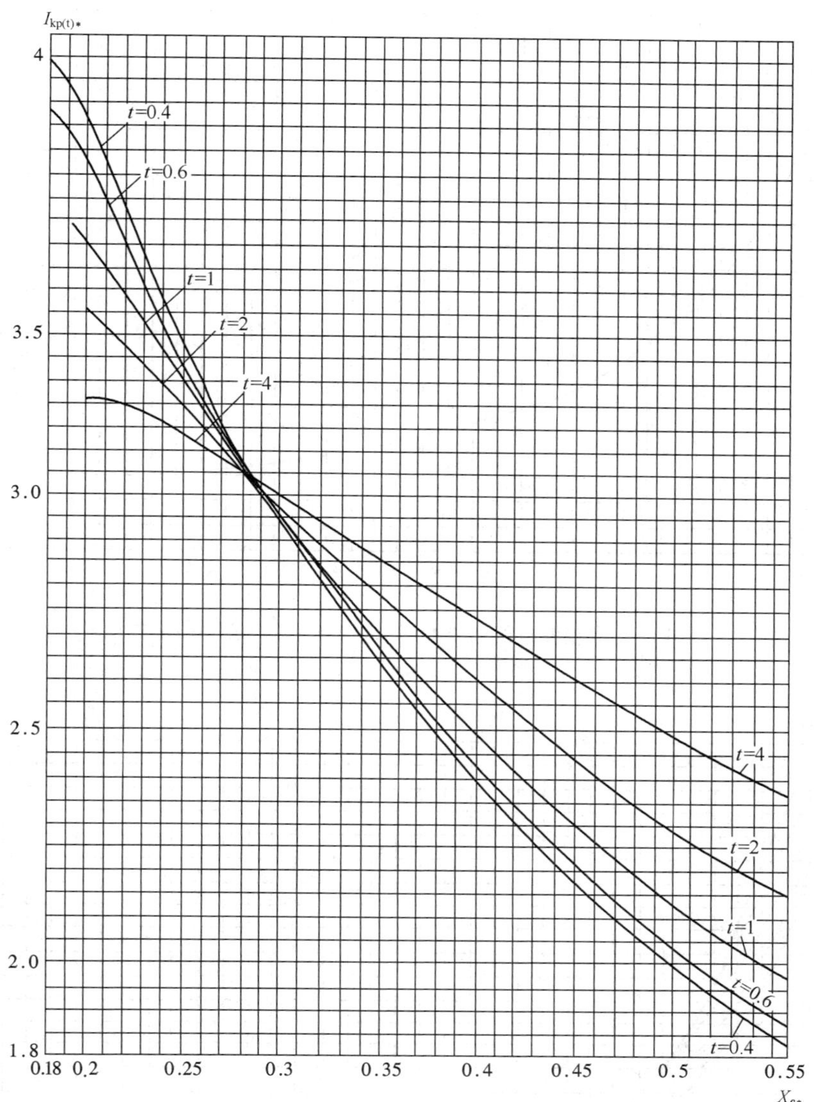

图 6-26　水轮发电机运算曲线（二）（$X_{c*}=0.18\sim0.56$）

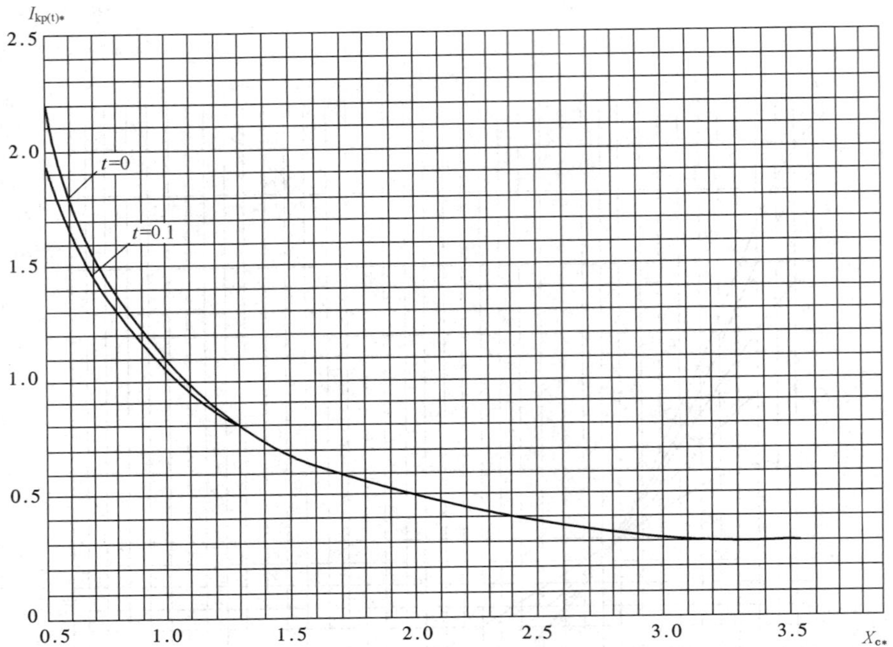

图 6-27　水轮发电机运算曲线（三）（X_{c*} =0.50～3.50）

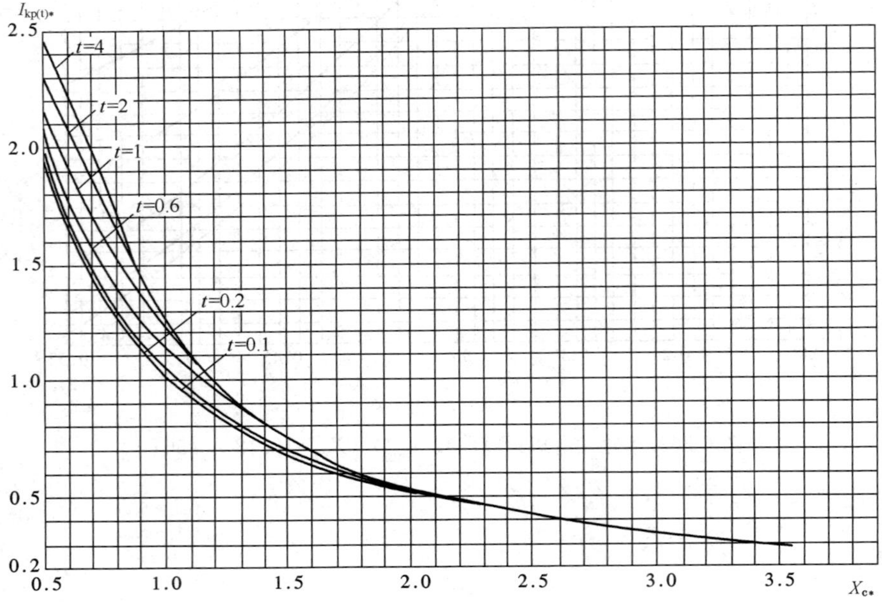

图 6-28　水轮发电机运算曲线（四）（X_{c*} =0.50～3.50）

二、应用运算曲线计算短路电流的步骤和方法

应用运算曲线计算短路电流的具体步骤如下：

（1）绘制等值网络。首先选取基准功率 S_b 和基准电压 $U_b=U_{av}$；然后取发电机电抗为 X''_d，无限大容量电源的电抗为零，由于运算曲线制作时已计入负荷的影响，等值网络中可以略去负荷；进行网络参数计算，并作出电力系统的等值网络。

（2）进行网络变换，求转移电抗。实际电力系统中发电机台数很多，如果每一台发电机都作为一个电源计算，计算量太大，也无此必要。通常将短路电流变化规律大体相同的发电机合并成等值机，以减少计算工作量。电源的合并方法及等值电路化简方法见本章第二节。

求出各等值机对故障点的转移电抗及无限大容量电源对故障点的转移电抗。消去除等值机电源点（含无限大容量电源）和故障点以外的所有中间节点，各电源点与故障点的直接联系电抗即为它们之间的转移电抗。

（3）求出各等值发电机对故障点的计算电抗。将求出的转移电抗按各相应等值发电机的容量进行归算，便得到各等值机对故障点的计算电抗。用 X_{ik} 表示转移电抗标幺值，用 X_{c*} 表示计算电抗标幺值，则

$$X_{c*}=X_{ik}\frac{S_N}{S_b} \tag{6-51}$$

式中 S_N——等值机的额定容量。

（4）由计算电抗根据适当的运算曲线找出指定时刻 t 各等值机提供的短路电流周期分量标幺值。

如果网络中有无限大容量电源，则由它供给的三相短路电流是不衰减的，其周期分量有效值的标幺值可直接按式（6-33）算出。

（5）计算短路电流周期分量的有名值。将各等值机和无限大容量电源提供的短路电流周期分量标幺值，乘以各自的基准值，得它们的有名值，再求和便是故障点周期电流有名值。

【例 6-4】 某电力系统如图 6-29 所示，水轮发电机 G1、G2 有阻尼绕组，有自动励磁调节装置，其他参数均标注于图中。试求 k 点发生三相短路时流过 QF 的 I''_{kp}、I_∞ 和 i_{sh}。

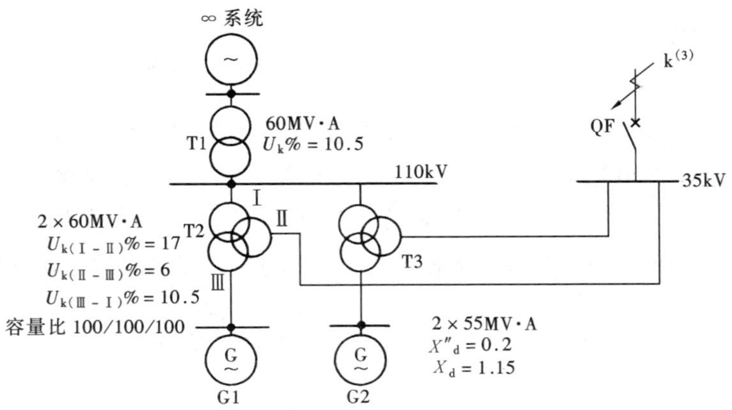

图 6-29 ［例 6-4］网络

解 （1）选取 $S_b=100$MV·A，$U_b=U_{av}$。

（2）计算各元件电抗标幺值，作出等值电路如图 6-30 所示。

发电机 G1、G2 的电抗为

$$X_{1*}=X_{2*}=X''_{d}\frac{S_b}{S_N}=0.2\times\frac{100}{55}=0.36$$

变压器 T1 的电抗为

$$X_{3*}=\frac{U_k\ (\%)}{100}\frac{S_b}{S_N}=\frac{10.5}{100}\times\frac{100}{60}=0.18$$

变压器 T2、T3 的电抗为

$$X_{4*}=X_{5*}=\frac{1}{2}(U_{k\,\mathrm{I-III}}\%+U_{k\,\mathrm{II-III}}\%-U_{k\,\mathrm{I-II}}\%)\times\frac{1}{100}\times\frac{S_b}{S_N}$$

$$=\frac{1}{2}\times(10.5+6-17)\times\frac{1}{100}\times\frac{100}{60}\approx 0$$

$$X_{6*}=X_{7*}=\frac{1}{2}(U_{k\,\mathrm{I-II}}\%+U_{k\,\mathrm{I-III}}\%-U_{k\,\mathrm{II-III}}\%)\times\frac{1}{100}\times\frac{S_b}{S_N}$$

$$=\frac{1}{2}\times(17+10.5-6)\times\frac{1}{100}\times\frac{100}{60}\approx 0.18$$

$$X_{8*}=X_{9*}=\frac{1}{2}(U_{k\,\mathrm{I-II}}\%+U_{k\,\mathrm{II-III}}\%-U_{k\,\mathrm{I-III}}\%)\times\frac{1}{100}\times\frac{S_b}{S_N}$$

$$=\frac{1}{2}\times(17+6-10.5)\times\frac{1}{100}\times\frac{100}{60}=0.1$$

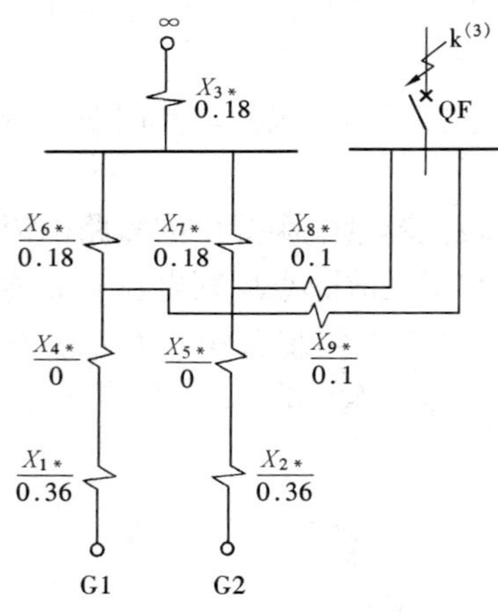

图 6-30 [例 6-4] 等值电路图

(3) 网络化简。$X_{4*}=X_{5*}=0$，可略去不计。因为 G1、G2 是相同的发电机，符合合并条件，且 T1 和 T2 相同，网络对称，故可将 A、B 两点合并为一点，从而将网络简化成图 6-31 所示电路图。其中

$$X_{10*}=X_{1*}//X_{2*}=\frac{0.36}{2}=0.18$$

$$X_{11*}=X_{6*}//X_{7*}=\frac{0.18}{2}=0.09$$

$$X_{12*}=X_{8*}//X_{9*}=\frac{0.1}{2}=0.05$$

进一步化简得到图 6-32 所示电路图。其中

$$X_{13*}=X_{3*}+X_{11*}=0.18+0.09=0.27$$

因为无限大容量电源与发电机 G1//G2 不能合并，所以要采用 Y—△变换（见图 6-33）以求出每个电源与短路点之间的转移电抗，即

$$X_{14*}=0.27+0.05+\frac{0.27\times0.05}{0.18}=0.4$$

$$X_{15*}=0.18+0.05+\frac{0.18\times0.05}{0.27}=0.26$$

从化简后的网络图看出，有两个等值电源向短路点提供短路电流。水轮发电机 G1 //G2 提供的短路电流，因为发电机有自励装置，需查“运算曲线”。已知

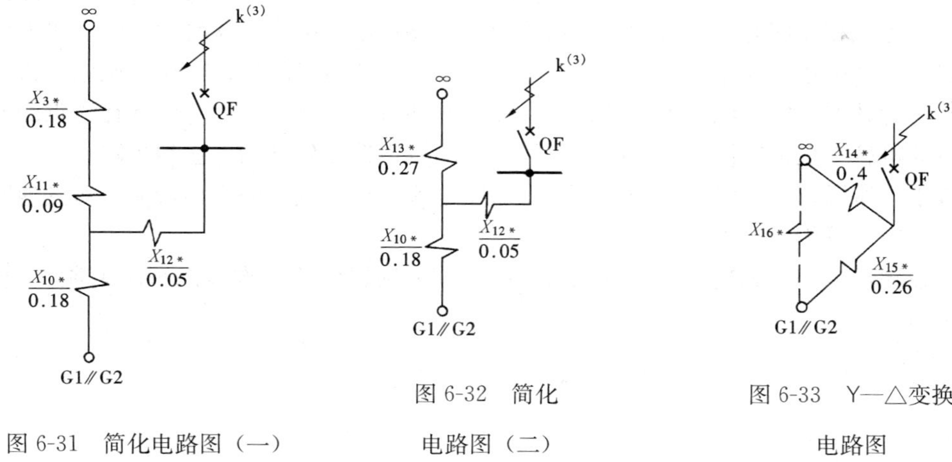

图 6-31　简化电路图（一）

图 6-32　简化电路图（二）

图 6-33　Y—△变换电路图

$$S_{N\Sigma}=2\times 55=110\ (\text{MV}\cdot\text{A})$$

将 X_{15} 归算成以等值电源容量 110MV·A 为基准的计算电抗标幺值，得

$$X_{c*}=X_{15*}\frac{S_{N\Sigma}}{S_b}=0.26\times\frac{110}{100}=0.286$$

查水轮发电机运算曲线，由 G1 //G2 提供的短路电流为

$$I''_{kp2*}=3.9\ (t=0\text{s}),\ I_{\infty 2*}=3.05\ (t=4\text{s})$$

化成有名值得

$$I''_{kp2}=3.9\times\frac{110}{\sqrt{3}\times 37}=6.69\ (\text{kA})$$

$$I_{\infty 2}=3.05\times\frac{110}{\sqrt{3}\times 37}=5.24\ (\text{kA})$$

由无限大电源提供的短路电流为

$$I_{\infty 1*}=I''_{kp1*}=\frac{1}{X_{14*}}=\frac{1}{0.4}=2.5$$

$$I_{\infty 1}=I''_{kp1}=2.5\times\frac{100}{\sqrt{3}\times 37}=3.9\ (\text{kA})$$

所以流过 QF 的短路电流为

$$I''_{kp}=6.69+3.9=10.59\ (\text{kA})$$

$$I_{\infty}=5.24+3.9=9.14\ (\text{kA})$$

$$i_{sh}=\sqrt{2}\times 1.8\times 10.59=26.96\ (\text{kA})$$

用运算曲线法，根据已求出的 X_c，可以求得任意时刻 t 的短路电流，这是运算曲线法的最大好处。当然，运算曲线法也存在误差，因为所有的曲线都是用发电机的典型平均参数做出来的，不过在工程计算中，这个误差完全是允许的。当短路时间 $t>4$s 时，短路电流一般趋于稳态，故 $t=\infty$ 时可查 $t=4$s 的曲线。

第六节　电动机对短路电流的影响

当计算由系统供电的用户变电所或车间变电所内的短路电流时，供电电源可作为无限大容量电源系统看待。但是，如果短路点距用户电动机很近，那么电动机也会向短路点供给短路电流。因为三相短路时，系统的电压从电源到短路点依次下降，此时加在电动机上的是电网在该点的残余电压。如果电动机的反电动势小于电网在该点的残余电压，则电动机仍能从电网取得电能并在低电压状态下运转；如果此时电动机的反电动势大于电网在该点的残余电压，则电动机就有反馈电流送到短路点，同时电动机迅速受到制动，送到短路点的反馈电流亦迅速减小。所以，电动机对短路点次暂态短路电流和冲击电流的影响最大，对其他时间短路电流的影响可以不必考虑。

在考虑异步电动机影响的短路电流计算中，由电动机供给的次暂态短路电流 I''_{M} 和冲击电流分别为

$$I''_{M}=\frac{E''_{M*}}{X''_{M*}}I_{MN} \tag{6-52}$$

$$i_{shM}=K_{shM}\left(\sqrt{2}\frac{E''_{M*}}{X''_{M*}}\right)I_{MN} \tag{6-53}$$

式中 E''_{M*}——电动机次暂态电动势标幺值，见表 6-4；

X''_{M*}——电动机次暂态电抗标幺值，见表 6-4；

K_{shM}——电动机短路电流冲击系数，对 3～6kV 电动机可取 1.4～1.6，对 380V 电动机可取 1；

I_{MN}——电动机的额定电流。

也可以利用反馈冲击倍数 C 直接查表计算。C 的定义式为

$$C=\sqrt{2}\frac{E''_{M*}}{X''_{M*}}$$

表 6-4　　电动机的参数

元件名称	E''_{M*}	X''_{M*}	C
异步电动机	0.9	0.2	6.5
同步电动机	1.1	0.2	7.8
同步补偿机	1.2	0.16	10.6
综合负载	0.8	0.35	3.2

在实际计算中，只有当靠近电动机引出线处发生三相短路时，并且对于接有高压电动机的总容量大于 1000kW 或对于低压电动机其单机容量在 20kW 以上，才计及电动机的影响。当异步电动机与短路点之间有变压器时，短路电流不计电动机的影响。

第七节　低压配电系统短路电流计算

一、低压配电系统短路电流计算特点

低压配电系统指电压 1kV 以下的配电系统，其短路电流计算具有以下特点：

(1) 供电电源可以看做是无限大容量系统。这是因为低压配电系统中配电变压器容量远远小于其高压侧电力系统的容量，所以配电变压器阻抗加上低压短路回路阻抗远远大于电力系统的阻抗。在计算配电变压器低压侧短路电流时，一般不计电力系统到配电变压器高压侧的阻抗，而认为配电变压器高压侧的端电压保持不变。

(2) 电阻值 R 相对较大，而电抗值 X 相对较小，所以低压配电系统中电阻不能忽略。为避免复数运算，一般可用阻抗的模 $Z=\sqrt{R^2+X^2}$ 进行计算。$X<\frac{1}{3}R$ 时，可将 X 忽略。

(3) 直接使用有名值计算更方便。由于低压配电系统的电压往往只有一级，而且在短路回路中，除降压变压器外，其他各元件的阻抗都用毫欧（mΩ）表示，所以用有名值计算不用标幺值计算。

(4) 非周期分量衰减快，所以 K_{sh} 取 1～1.3，且仅在配电变压器低压侧母线附近短路时，才考虑非周期分量。冲击系数 K_{sh} 可通过求出 X_Σ/R_Σ 比值后在图 6-34 中的曲线查出，也可按下式直接计算，即

$$K_{sh}=1+e^{-\frac{\pi R_\Sigma}{X_\Sigma}} \tag{6-54}$$

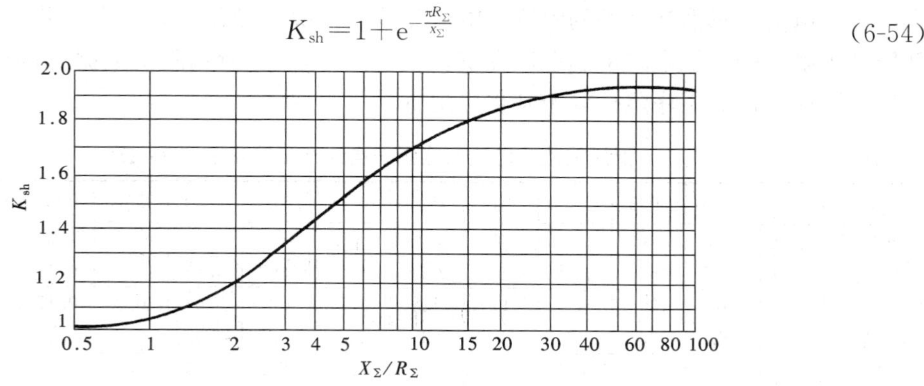

图 6-34　冲击系数 K_{sh} 与 X_Σ/R_Σ 比值的关系曲线

(5) 必须计及下列元件阻抗的影响：

1) 长度为 10～15m 或更长的电缆和母线阻抗；

2) 多匝电流互感器一次绕组的阻抗；

3) 低压断路器过流线圈的阻抗；

4) 隔离开关和自动空气开关的触头电阻。

二、低压配电系统各元件阻抗的计算

(1) 电力系统阻抗。一般计算低压网络短路电流时，认为电源为无穷大容量系统，即 $X_S=0$。但在精确计算时仍需要计入系统阻抗值。供电部门可给用户提供系统的短路容量和馈线电压值，此时系统阻抗的计算式为

$$X_S=\frac{U_N^2}{S_k}\times 10^3 \quad (\text{m}\Omega) \tag{6-55}$$

式中　U_N——馈电线路的额定电压，kV；

S_k——电力系统的短路容量，MV·A。

(2) 变压器的阻抗。变压器绕组的电阻为

$$R_T=\frac{\Delta P_k U_{N2}^2}{S_N^2} \quad (\text{m}\Omega) \tag{6-56}$$

式中　ΔP_k——变压器额定负荷下的短路损耗，kW；

U_{N2}——变压器二次侧额定电压，V；

S_N——变压器的额定容量，kV·A。

变压器的阻抗为

$$Z_T = \frac{U_k\%}{100}\frac{U_{N2}^2}{S_N} \quad (m\Omega) \tag{6-57}$$

式中　$U_k\%$——变压器的短路电压百分数。

变压器的电抗为

$$X_T = \sqrt{Z_T^2 - R_T^2} \tag{6-58}$$

(3) 架空线路和电缆线路的阻抗。在低压系统短路计算中，架空线路和电缆线路的阻抗计算方法同前，但长度都以 m（米）计，阻抗都以 mΩ（毫欧）计。

(4) 电流互感器和开关的阻抗。电流互感器一次绕组和自动开关过流线圈的阻抗，以及低压开关触头的接触电阻由制造厂提供。表 6-5～表 6-7 所列阻抗数据可供计算短路电流时参考。这些元件的零序阻抗等于其正序阻抗。

表 6-5　　低压线圈式电流互感器一次绕组阻抗参考值（mΩ）

规格		20/5	30/5	40/5	50/5	75/5	100/5	150/5	200/5	300/5	400/5	500/5	600/5	750/5
LQC-0.5	电抗	300	133	75	48	21.3	12	5.32	3	1.33	1.03		0.3	0.3
0.5 级	电阻	37.5	16.6	9.4	6	2.66	1.5	0.67	0.58	0.17	0.13		0.04	0.04
LQC-1	电抗	67	30	17	11	4.8	2.7	1.2	0.67	0.3	0.17		0.07	
1 级	电阻	42	20	11	7	3	1.7	0.75	0.42	0.2	0.11		0.05	
LQC-3	电抗	17	8	4.2	2.8	1.2	0.7	0.3	0.17	0.08	0.04		0.02	
3 级	电阻	19	8.2	4.8	3	1.3	0.75	0.33	0.19	0.09	0.05		0.02	

表 6-6　　自动开关过电流线圈阻抗参考值（mΩ）

线圈额定电流（A）	50	100	200	400	600
电抗	2.7	0.86	0.28	0.10	0.09
电阻	5.5	1.3	0.36	0.15	0.12

表 6-7　　开关触头接触电阻参考值（mΩ）

开关类型	额定电流（A）							
	50	100	200	400	600	1000	2000	3000
自动空气开关	1.3	0.75		0.4	0.25			
刀开关		0.5	0.4	0.2	0.15	0.08		
隔离开关				0.2	0.15	0.08	0.08	0.02

当只需近似计算时，为了简化计算也可根据低压电路设计中上述元件的常用组合方案，算出开关、互感器等的“组合”电阻、电抗近似值，如表 6-8 所示。计算低压电路中这些元件的阻抗时，只需根据低压导线截面直接查表 6-8 求出，不需一一统计计算。

表 6-8　　“组合”电阻电抗近似值

导线截面（mm^2）	2.5	4	6	10	16	25	35	50	70	95	120
“组合”电阻（mΩ）	17.3	8.4	2.8	2.8	2.8	1.2	0.8	0.8	0.8	0.8	0.7
“组合”电抗（mΩ）	133.4	61.9	17	17	17	3.4	1.7	1.7	1.7	1.7	0.7

表 6-9 **矩形母线的电阻和感抗**

母线尺寸 (mm)	阻抗（mΩ/m）					
	65℃时的电阻		当相间几何均距为 D' 时的感抗（铜及铝）（mm）			
	钢	铝	100	150	200	300
25×3	0.268	0.475	0.179	0.200	0.295	0.244
30×3	0.223	0.394	0.163	0.189	0.206	0.235
30×4	0.167	0.298	0.163	0.189	0.206	0.235
40×4	0.125	0.222	0.145	0.170	0.189	0.214
40×5	0.100	0.177	0.145	0.170	0.189	0.214
50×5	0.08	0.142	0.137	0.1565	0.18	0.200
50×6	0.067	0.118	0.137	0.1565	0.18	0.200
60×6	0.0558	0.099	0.1195	0.145	0.168	0.189
60×8	0.0418	0.074	0.1195	0.145	0.163	0.189
80×8	0.0313	0.055	0.102	0.126	0.145	0.170
80×10	0.025	0.0445	0.102	0.126	0.145	0.170
100×10	0.020	0.0355	0.09	0.1127	0.133	0.157
2（60×8）	0.0209	0.037	0.12	0.145	0.163	0.189
2（80×8）	0.0157	0.0277		0.126	0.145	0.170
2（80×10）	0.0125	0.0222		0.126	0.145	0.170
2（100×10）	0.01	0.0178			0.133	0.157

三、低压配电系统短路电流计算实例

计算步骤如下：

（1）画等值电路。

（2）计算短路回路各元件的电阻、电抗，分别求出电路的总电阻 R_Σ 和总电抗 X_Σ，然后应用公式 $Z_\Sigma=\sqrt{R_\Sigma^2+X_\Sigma^2}$ 求得 Z_Σ。

（3）计算三相阻抗相同的低压配电系统三相短路电流 I_k 和冲击电流 i_{sh}，即

$$I_k=\frac{U_{av}}{\sqrt{3(R_\Sigma^2+X_\Sigma^2)}}=\frac{U_{av}}{\sqrt{3}Z_\Sigma} \qquad (6\text{-}59)$$

$$i_{sh}=\sqrt{2}K_{sh}I_k$$

式中 U_{av}——低压侧线路平均电压，取 400V。

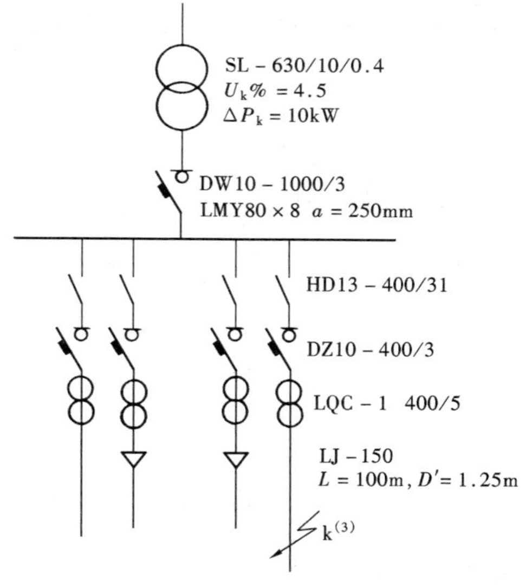

图 6-35 ［例 6-5］图

【例 6-5】 某工厂车间变电所供电系统如图 6-35 所示，求 k 点的短路电流。母线水平排列，中心线间距 a＝250mm，计算时设母线长为 10m。其余数据见图 6-35。

解 采用有名值进行低压短路电流计算，视车间变压器高压侧为无限大功率电源，系统阻抗等于零。下面先求出短路回路中各元件的阻抗，然后再计算出短路电流。

（1）求变压器阻抗。

$$R_T=\Delta P_k\left(\frac{U_{NT2}}{S_{NT}}\right)^2=10\times\left(\frac{400}{630}\right)^2=4.03\ (m\Omega)$$

$$Z_T=\frac{U_k\%}{100}\frac{U_{NT2}^2}{S_{NT}}=\frac{4.5}{100}\times\frac{400^2}{630}=11.43\ (m\Omega)$$

$$X_T=\sqrt{Z_T^2-R_T^2}=\sqrt{11.43^2-4.03^2}=10.7\ (m\Omega)$$

(2) 求母线阻抗。已知母线水平排列，中心线间距 $a=250\text{mm}$，所以母线相间几何均距为

$$D'=\sqrt[3]{a\times a\times 2a}=1.26a=1.26\times 250=300\ (\text{mm})$$

查表 6-9 得 LMY 80×8mm，$R_0=0.055\text{m}\Omega/\text{m}$，$X_0=0.17\text{m}\Omega/\text{m}$。母线阻抗为

$$R_B=R_0L=0.055\times 10=0.55\ (\text{m}\Omega)$$

$$X_B=X_0L=0.17\times 10=1.7\ (\text{m}\Omega)$$

(3) 刀开关、低压断路器阻抗（包括触头接触电阻和过电流线圈阻抗）。查表 6-6、表 6-7 得：

刀开关 HD13-400　　$R_{QK}=0.2\text{m}\Omega$

低压断路器 DZ10-400　　$R_{QF}=0.4+0.15=0.55\ (\text{m}\Omega)$

$X_{QF}=0.10\text{m}\Omega$

DW10-1000 阻抗值忽略。

(4) 电流互感器阻抗。查表 6-5 得

$$R_{TA}=0.11\text{m}\Omega,\quad X_{TA}=0.17\text{m}\Omega$$

(5) 架空线路阻抗。查附录 A 表 A-4 得 $R_0=0.23\Omega/\text{km}$，$X_0=0.34\Omega/\text{km}$，则架空线路阻抗为

$$R_{WL}=R_0L=0.23\times 0.1=0.023\ (\Omega)\ =23\ (\text{m}\Omega)$$

$$X_{WL}=X_0L=0.34\times 0.1=0.034\ (\Omega)\ =34\ (\text{m}\Omega)$$

求得短路回路总阻抗

$$R_\Sigma=R_T+R_B+R_{QK}+R_{QF}+R_{TA}+R_l$$
$$=4.03+0.55+0.2+0.55+0.11+23=28.44\ (\text{m}\Omega)$$

$$X_\Sigma=X_T+X_B+X_{QF}+X_{TA}+X_l$$
$$=10.7+1.7+0.1+0.17+34=46.67\ (\text{m}\Omega)$$

$$Z_\Sigma=\sqrt{R_\Sigma^2+X_\Sigma^2}=\sqrt{28.44^2+46.67^2}=54.65\ (\text{m}\Omega)$$

求得 k 点短路电流

$$I_k=\frac{U_{av}}{\sqrt{3}Z_\Sigma}=\frac{400}{\sqrt{3}\times 54.65}=4.226\ (\text{kA})$$

同样可求出短路冲击电流，取 $K_{sh}=1.3$

$$i_{sh}=\sqrt{2}K_{sh}I_k=\sqrt{2}\times 1.3\times 4.226=7.776\ (\text{kA})$$

第八节　配电网的不对称短路计算

一、对称分量法

电力系统中，除了三相短路之外，还有不对称短路，如单相接地、两相短路、两相短路接地等。而在供配电系统设计和运行中，有时需要计算不对称短路电流，因此了解不对称短路的基本分析方法是必要的。

三相短路时，三相电路是对称的，可取一相（一般取 A 相）进行计算。发生不对称短路时，电力系统的三相电流和电压是不对称的，因此不能直接采用计算三相短路电流的方法来分析计算。但根据对称分量法，将一个不对称的三相电流或电压系统分解成三个对称的电流或电压系统（正序、负序、零序），对分解所得的每个对称系统（正序或负序、零序）仍然可以运用分析对称电路的方法进行计算。现介绍对称分量法的原理。

图 6-36 表示对称分量的分解与合成情况。在三相电路中任意一组不对称向量（电压或电流）都可以分解成三个对称分量，即正序分量、负序分量、零序分量。

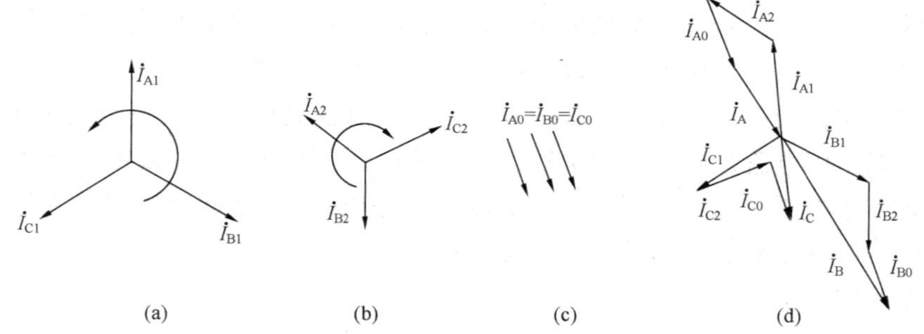

图 6-36 对称分量的分解与合成

（a）正序；（b）负序；（c）零序；（d）正、负、零序叠加

（一）正序分量

如图 6-36（a）所示，$\dot{I}_{A1}$领先于 $\dot{I}_{B1}$ 120°，$\dot{I}_{B1}$领先于 $\dot{I}_{C1}$ 120°，相当于一般对称三相制的情况。其具体关系为（正序分量的右下角均注以“1”）

$$\dot{I}_{B1}=a^2\dot{I}_{A1}，\dot{I}_{C1}=a\dot{I}_{A1} \tag{6-60}$$

其中 $a=1\angle 120^\circ=e^{j120^\circ}$是复数运算符号，其作用是：如将一个相量乘以 a 就表示该相量逆时针转 120°，乘以 a^2 就表示该相量逆时针转 240°（或是顺时针转 120°）。

（二）负序分量

如图 6-36（b）所示，这个三相系统同样是对称的，但旋转相序与正序系统恰好相反，$\dot{I}_{B2}$领先于 $\dot{I}_{A2}$120°，$\dot{I}_{C2}$领先于 $\dot{I}_{B2}$120°。其具体关系为（负序分量的右下角标注以“2”）

$$\dot{I}_{B2}=a\dot{I}_{A2}；\dot{I}_{C2}=a^2\dot{I}_{A2} \tag{6-61}$$

（三）零序分量

如图 6-36（c）所示，零序分量是一组大小相等、相位一致的量（或认为相位互差 0°或 360°），所以仍为一组对称系统。其具体关系为（零序分量的右下角均注以“0”）

$$\dot{I}_{A0}=\dot{I}_{B0}=\dot{I}_{C0} \tag{6-62}$$

如将上述正序、负序、零序分量叠加在一起即可得如图 6-36（d）所示的一组不对称三相系统，即

$$\left.\begin{aligned}\dot{I}_A&=\dot{I}_{A1}+\dot{I}_{A2}+\dot{I}_{A0}\\ \dot{I}_B&=\dot{I}_{B1}+\dot{I}_{B2}+\dot{I}_{B0}\\ \dot{I}_C&=\dot{I}_{C1}+\dot{I}_{C2}+\dot{I}_{C0}\end{aligned}\right\}\text{或}\begin{bmatrix}\dot{I}_A\\ \dot{I}_B\\ \dot{I}_C\end{bmatrix}=\begin{bmatrix}1&1&1\\ a^2&a&1\\ a&a^2&1\end{bmatrix}\begin{bmatrix}\dot{I}_{A1}\\ \dot{I}_{A2}\\ \dot{I}_{A0}\end{bmatrix} \tag{6-63}$$

相反一组三相不对称系统（电压或电流）将可以唯一的分解为三组对称分量，即

$$\left.\begin{aligned}\dot{U}_{A1} &= \frac{1}{3}(\dot{U}_A + a\dot{U}_B + a_2\dot{U}_C)\\ \dot{U}_{A2} &= \frac{1}{3}(\dot{U}_A + a^2\dot{U}_B + a\dot{U}_C)\\ \dot{U}_{A0} &= \frac{1}{3}(\dot{U}_A + \dot{U}_B + \dot{U}_C)\end{aligned}\right\} \text{或} \begin{bmatrix}\dot{U}_{A1}\\ \dot{U}_{A2}\\ \dot{U}_{A0}\end{bmatrix} = \frac{1}{3}\begin{bmatrix}1 & a & a^2\\ 1 & a^2 & a\\ 1 & 1 & 1\end{bmatrix}\begin{bmatrix}\dot{U}_A\\ \dot{U}_B\\ \dot{U}_C\end{bmatrix} \tag{6-64}$$

利用对称分量法计算不对称故障的基本思想是，把故障处的三相阻抗不对称表示为电压和电流相量的不对称，使系统其余部分保持为三相阻抗对称系统，相当于在故障处施加一组不对称电动势源，这组不对称电源可以分解成正序、负序、零序三组对称分量。

在三相参数对称的线性电路中，各序对称分量具有独立性，就是说当电路通以某序对称分量电流时（如正序电流）只产生同一序的电压降（正序电压降），或电路施加某序对称分量电压时（如零序电压）只产生同一序的电流（零序电流）。这样就可以对正序、负序、零序分量分别计算并利用叠加原理求解不对称短路电流。

二、元件的序阻抗

根据以上的分析，所谓元件的序阻抗是指元件三相参数对称时，元件两端某一序的电压降与通过该元件同一序电流的比值，即

$$Z_1 = \frac{\Delta\dot{U}_{a1}}{\dot{I}_{a1}} \tag{6-65}$$

$$Z_2 = \frac{\Delta\dot{U}_{a2}}{\dot{I}_{a2}} \tag{6-66}$$

$$Z_0 = \frac{\Delta\dot{U}_{a0}}{\dot{I}_{a0}} \tag{6-67}$$

其中，Z_1、Z_2、Z_0分别为该元件的正序、负序、零序阻抗；不计序电阻影响可以得到元件的正序、负序、零序阻抗分别为 X_1、X_2、X_0。下面将逐一讨论系统中各元件的序电抗。

（一）发电机的序电抗

同步发电机在对称运行时，只有正序电动势和正序电流，此时电机的参数就是正序参数，如 X_d、X'_d、X''_d、X_q、X''_q 等都属于正序电抗。

同步发电机定子绕组通过负序基频电流时，它产生的负序旋转磁场与转子之间有相对运动，由于转子纵轴和横轴间不对称，随着负序旋转磁场同转子之间的相对位置的不同，负序磁场遇到的磁阻也不同，因此发电机负序电抗的大小是变化的。当系统发生不对称短路时，发电机出现的电磁现象十分复杂，所以在短路电流的实用计算中，同步发电机的负序电抗可以认为与短路类型无关，取为

$$X_2 = \frac{X''_d + X''_q}{2} \tag{6-68}$$

作为近似估计，对汽轮发电机及有阻尼绕组的水轮发电机，可采用 $X_2 = 1.22X''_d$；对无阻尼绕组的发电机，可采用 $X_2 = 1.45X'_d$。

同步发电机定子绕组通过零序基频电流时，由于各相电枢磁动势大小相等，在空间相差120°电角度，所以其在气隙中的合成磁动势为零。这样，发电机的零序电抗就和定子漏抗相

似，一般可按 $X_0=(0.15\sim0.6)X''_d$ 估算。

（二）变压器的序电抗

对于静止元件而言，正序、负序电流所引起的电磁关系相同，所以变压器的正序电抗和负序电抗完全相同，就等于变压器的短路电抗，这在第二章中已经讲述过了，下面主要讨论变压器的零序电抗。

由于三相零序电流大小相等、相位相同，不能在三相电路中构成回路，必须通过故障点（接地）、系统的中性点（直接或间接接地）及大地构成回路，所以变压器的零序电抗与变压器铁芯结构、绕组连接方式、电力系统中性点接地方式有关。

1. 铁芯型式对零序励磁电抗的影响

对于由三个单相变压器组成的三相变压器组或三相五柱式磁路独立的变压器，大小和相位都相同的零序磁通能够在铁芯中形成回路，所遇到的磁阻很小，因此零序励磁电抗的数值较大，在短路计算中可以当作无穷大处理，即可以忽略励磁电流把励磁支路断开。

对于三相三柱式的变压器而言，大小和相位都相同的零序磁通不能够在铁芯中形成回路，被迫经过绝缘介质和外壳等非铁磁性材料构成回路，所遇到的磁阻很大，励磁电抗不能视作无穷大，而是一个有限值一般取 $X_{m0}=0.3\sim1.0$。

2. 绕组连接方式对变压器零序电抗的影响

变压器某侧三相绕组施加零序电压是否具有零序电流通过，与变压器绕组的连接方式有关，如图 6-37 及表 6-10 所示。采用 Y 连接时，大小和相位都相同的零序电流不能构成回路，所以变压器零序电抗为无穷大。采用 D 连接时，零序电流只能在绕组内部形成零序环流，无法流到外电路，从外电路看变压器零序输入电抗为无穷大。D 连接时，各相绕组内部产生的零序电动势恰好等于该绕组零序电抗产生的零序电压降，即 $E_0=I_0X_0$ 。采用 YN 接线时，在 YN 侧三相绕组施加零序电压时有零序电流通过变压器，此时零序电抗的大小与变压器二次绕组的接线方式及所连接的外电路有关。

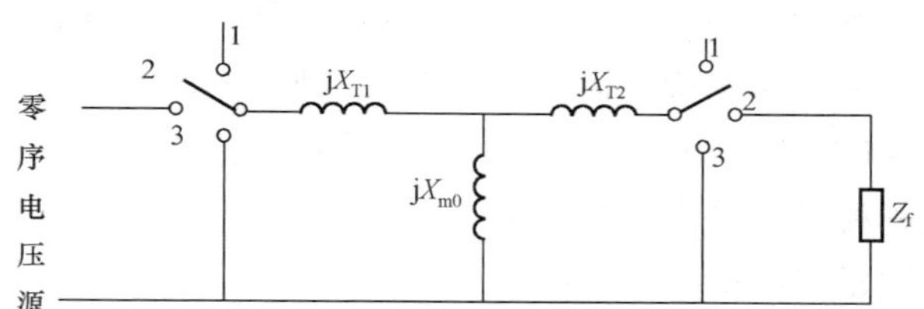

图 6-37　变压器零序等值电路图

1—Y 连接；2—YN 连接；3—D 连接

表 6-10　　变压器零序阻抗与绕组接线方式对照表

绕组连接方式	零序阻抗	说　明
Y—	$X_0=\infty$	无零序电流回路
D—	$X_0=\infty$	在绕组内形成零序环流
YNy	$X_0=X_{T1}+X_{m0}=\infty$	$X_{m0}=\infty$
YNyn	$X_0=X_{T1}+(X_{T2}+X_f)\ //\ X_{m0}$	X_{m0} 为有限值，所连接的负载或系统中性点接地
	$X_0=X_{T1}+X_{T2}+X_f$	$X_{m0}=\infty$
	$X_0=\infty$	$X_{m0}=\infty$，所连接的负载或系统中性点不接地
YNd	$X_0=X_1$	$X_{m0}=\infty$
	$X_0=X_{T1}+(X_{T2}\ //\ X_{m0})$	X_{m0} 为有限值

3. 中性点接地阻抗对变压器零序等值电路的影响

当变压器中性点经阻抗接地的 YN 接法绕组通过零序电流时，中性点接地阻抗上将流过 3 倍的零序电流，并且产生相应的电压降，使中性点与地有不同电位。在单相零序等值电路中，应将中性点接地阻抗增大 3 倍，并同它所接入侧的绕组漏抗相串联，如图6-38所示。

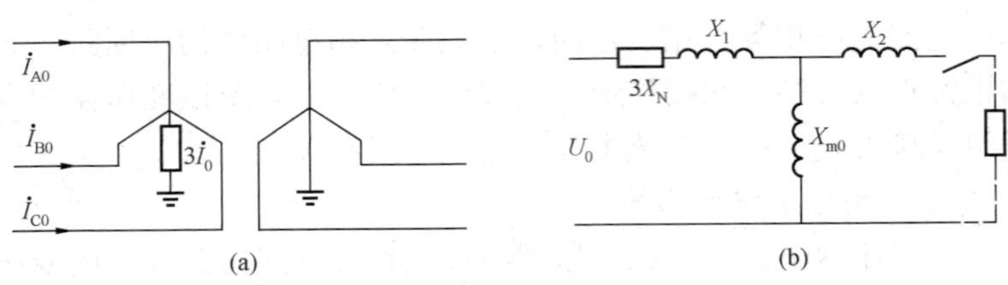

图 6-38　中性点经阻抗接地的变压器零序等值电路

(a) YNyn 的接线图；(b) 等效电路图

(三) 输电线路的序阻抗

架空输电线路也是静止元件，与变压器相似，它的负序阻抗及等值电路和正序阻抗及等值电路完全相同。对于大小和相位都相等的三相零序电流无法像正序、负序电流那样一相电流以另外两相构成回路，必须借助架空地线（或公共地线）、大地经短路点和系统中性点接地构成回路。零序电流的大小主要与线路的结构型式（单回或多回）、有无架空地线、架空地线材料的导电性能有关。在短路实用计算时常按下列数值估算。X_1、X_0 分别为线路单位长度正序电抗和零序电抗。

无架空地线单回线路	$X_0=3.5X_1$
有钢质架空地线单回线路	$X_0=3X_1$
有良导体架空地线单回线路	$X_0=2X_1$
无架空地线双回线路	$X_0=5.5X_1$
有钢质架空地线双回线路	$X_0=4.5X_1$
有良导体架空地线双回线路	$X_0=3X_1$

三、序网络的制定

当发生不对称短路时，不对称短路电流包含了各序分量电流。各序分量电流在同一元件的各序电抗上的电压降，分别称为正序电压降、负序电压降和零序电压降。同一元件上的各序电压降的相量和，才是不对称短路电流在该元件上的电压降。短路处的不对称电压，正是不对称短路电流流过各元件时，各序电流在所有元件的各序电抗上的各序电压降的相量和。因此，在计算不对称短路电流或计算某处的不对称电压时，要分别作出各序阻抗的等值电路，即各序网络图。简化各序网络求得各序的总电抗后，再按有关公式计算出不对称短路电流。

(一) 正序网络

正序网络就是计算对称短路时所用的等值网络，除中性点接地阻抗、空载线路（不计导纳）、空载变压器（不计励磁电流）外，电力系统元件均包括在正序网络中，并且用正序参数和等值电路表示。由于发电机电动势为正序电动势，也包括在正序网络中，正序网络是有源网络。

三相正序分量对称，所以正序网络按单相讨论。实际分析中常选择特殊相为基准相，例如A相发生单相接地故障，可选A相为基准相，正序网络如图6-39（a）所示。

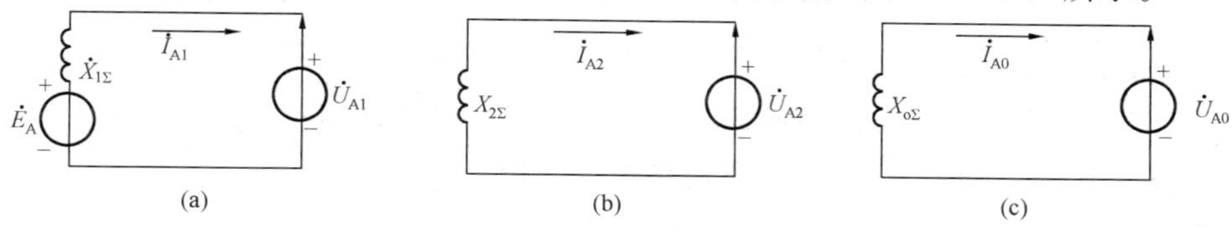

图6-39　各序等值网络

（a）正序网络；（b）负序网络；（c）零序网络

故障口为短路点与大地之间，其中$\dot{U}_{A1}$为代替故障条件的故障点不对称电压的正序分量；$\dot{I}_{A1}$为故障口短路电流的正序分量，且流出故障口为正；$X_{1\Sigma}$为从故障口看进去正序网络的输入电抗，$\dot{E}_A$正序网络的电源电动势，数值上等于故障口的开路电压，可通过短路前电路的运行状态求出，近似计算中$\dot{E}_A=1\angle 0^\circ$。正序网络基本方程为

$$\dot{E}_A-\dot{U}_{A1}=\mathrm{j}\dot{I}_{A1}X_{1\Sigma} \tag{6-69}$$

（二）负序网络

负序电流流经的元件与正序电流相同，所以负序网络和正序网络具有相同的拓扑结构（节点、支路相同），但因为同步发电机只能发出正序电动势，所以负序网络为无源网络。把正序网络中各元件的参数用负序参数代替，并令所有电源电动势都等于零，在故障口引入代替故障条件的负序电压分量$\dot{U}_{A2}$，就得到负序网络，如图6-39（b）所示。其中$\dot{I}_{A2}$为故障口短路电流的负序序分量，且流出故障口为正；$X_{2\Sigma}$为从故障口看进去负序网络的输入电抗。负序网络基本方程为

$$\dot{U}_{A2}=-\mathrm{j}\dot{I}_{A2}X_{1\Sigma} \tag{6-70}$$

（三）零序网络

前面讲过，对于大小和相位都相等的三相零序电流无法像正序、负序电流那样一相电流以另外两相构成回路，必须借助架空地线（或公共地线）、大地经短路点和系统中性点接地构成回路。所以其等值网络结构、流经元件与正序、负序网络有很大的不同。把流经零序电流的元件用相应的零序参数及等值电路表示出来得到零序网络。发电机电动势也不包含零序电动势，所以零序网络也是无源网络，如图6-39（c）所示。在故障口引入代替故障条件的零序电压分量$\dot{U}_{A0}$；$\dot{I}_{A0}$为故障口短路电流的零序序分量，且流出故障口为正；$X_{0\Sigma}$为从故障口看进去零序网络的输入电抗。零序网络基本方程为

$$\dot{U}_{A0}=-\mathrm{j}\dot{I}_{A0}X_{0\Sigma} \tag{6-71}$$

经过上述分析，得出正序网络、负序网络、零序网络的电路模型，以及正序电压和正序电流、负序电压和负序电流、零序电压和零序电流的相互关系，它对各种不对称短路都适用。不同的是不同类型的不对称短路其故障条件或边界条件不同。例如A相发生单相接地故障的边界条件是

$$\left.\begin{aligned}\dot{U}_{A1}+\dot{U}_{A2}+\dot{U}_{A0}&=0\\ \dot{I}_{A1}=\dot{I}_{A2}&=\dot{I}_{A0}\end{aligned}\right\} \tag{6-72}$$

这样，由序分量表示的边界条件式（6-72）联立式（6-69）～式（6-71）得到六个方程，便可解出故障点电压序分量$\dot{U}_{A1}$、$\dot{U}_{A2}$、$\dot{U}_{A0}$，电流序分量$\dot{I}_{A1}$、$\dot{I}_{A2}$、$\dot{I}_{A0}$六个未知量，再利用叠加原理［式（6-63）、式（6-64）］得到故障点的不对称电压$\dot{U}_A$、$\dot{U}_B$、$\dot{U}_C$和不对称电流$\dot{I}_A$、$\dot{I}_B$、$\dot{I}_C$。

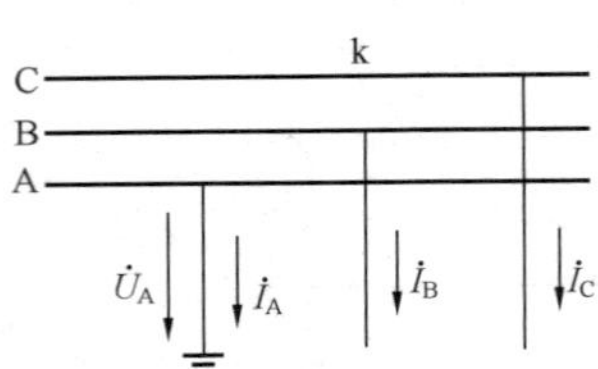

图 6-40 单相接地短路

四、不对称短路分析

（一）单相接地短路

图 6-40 表示 A 相接地短路，故障点 k 分支线上的电流就是故障点的短路电流，它的正方向是故障点流向大地。单相接地短路边界条件（故障条件）为

$$\left.\begin{aligned}\dot{I}_B = \dot{I}_C = 0\\ \dot{U}_A = 0\end{aligned}\right\} \tag{6-73}$$

将式（6-73）转换为序量形式，得到

$$\left.\begin{aligned}\dot{I}_{A1} = \dot{I}_{A2} = \dot{I}_{A0}\\ \dot{U}_{A1} + \dot{U}_{A2} + \dot{U}_{A0} = 0\end{aligned}\right\} \tag{6-74}$$

式（6-74）是一组补充方程式，当然将它们与式（6-69）～式（6-71）联立求解，就可以求得故障点电压、电流的对称分量。采用复合序网的方法，将图 6-39 表示的序网图按式（6-74）的边界条件互连成一个网络，如图 6-41 所示，它就是单相接地故障的复合序网图。由图可见，三个序网图的电流分量相等，电压分量之和等于零，能满足上述的边界条件。从复合序网可方便求出各序电流、电压，即

$$\dot{I}_{A1} = \dot{I}_{A2} = \dot{I}_{A0} = \frac{\dot{E}_A}{j(X_{1\Sigma} + X_{2\Sigma} + X_{0\Sigma})} \tag{6-75}$$

$$\left.\begin{aligned}\dot{U}_{A1} &= \dot{E}_A - j\dot{I}_{A1}X_{1\Sigma} = j\dot{I}_{A1}(X_{2\Sigma} + X_{0\Sigma})\\ \dot{U}_{A2} &= -j\dot{I}_{A2}X_{2\Sigma} = -j\dot{I}_{A1}X_{2\Sigma}\\ \dot{U}_{A0} &= -j\dot{I}_{A0}X_{0\Sigma} = -j\dot{I}_{A1}X_{0\Sigma}\end{aligned}\right\} \tag{6-76}$$

所以，单相短路电流值（即 A 相短路电流）为

$$I_k^{(1)} = I_{A1} + I_{A2} + I_{A0} = 3I_{A1} = \frac{3E_A}{X_{1\Sigma} + X_{2\Sigma} + X_{0\Sigma}} \tag{6-77}$$

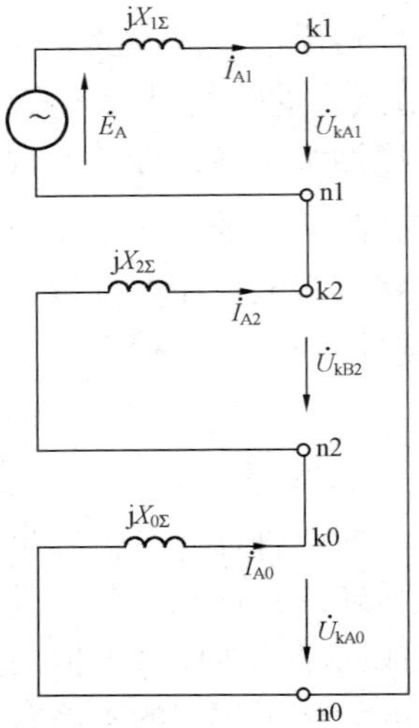

图 6-41 单相直接接地的复合序网

式（6-77）是工程上常用的计算公式，可采用有名制，E_A为网络相电压。如需要非故障相电压，可由式（6-63）各序电压合成得到。

（二）两相短路

图 6-42 中 k 点发生 B、C 两相短路，边界条件为

$$\left.\begin{aligned}\dot{I}_A = 0\\ \dot{I}_B = -\dot{I}_C\\ \dot{U}_B = \dot{U}_C\end{aligned}\right\} \tag{6-78}$$

转化为序量的形式为

$$\left.\begin{aligned}\dot{I}_{A0} &= 0 \\ \dot{I}_{A1} &= -\dot{I}_{A2} \\ \dot{U}_{A1} &= \dot{U}_{A2}\end{aligned}\right\} \tag{6-79}$$

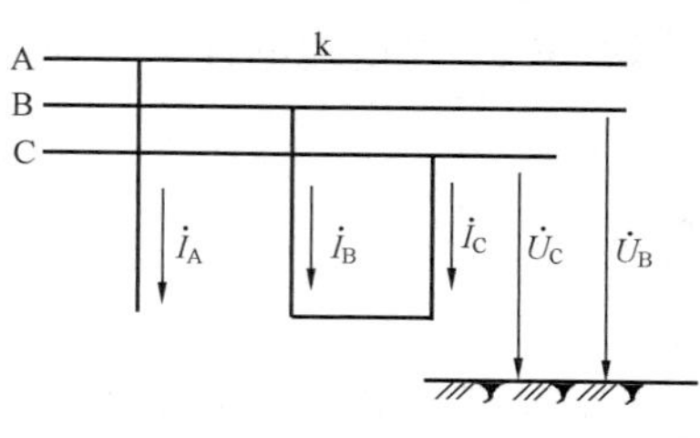

图 6-42　两相短路

可见，在两相短路中零序电流为零，零序网不起作用。按照边界条件，做两相短路复合序网（见图 6-43），并求出各序电流、电压，即

$$\dot{I}_{A1} = -\dot{I}_{A2} = \frac{\dot{E}_A}{j(X_{1\Sigma} + X_{2\Sigma})} \tag{6-80}$$

$$\dot{U}_{A1} = \dot{U}_{A2} = \dot{E}_A - j\dot{I}_{A1}X_{1\Sigma} = \dot{I}_{A1}X_{2\Sigma} \tag{6-81}$$

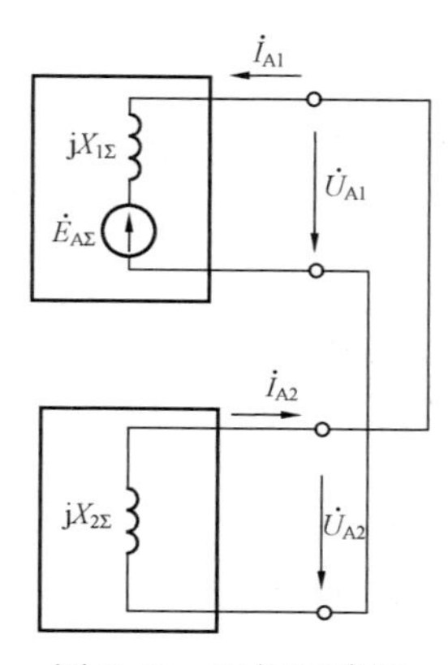

图 6-43　两相短路的复合序网图

短路电流（B 或 C 相电流）值为

$$I_k^{(2)} = \frac{\sqrt{3}E_A}{X_{1\Sigma} + X_{2\Sigma}} \tag{6-82}$$

因为三相短路电流 $I_k^{(3)} = \dfrac{E_A}{X_{1\Sigma}}$，所以 $X_{1\Sigma} = X_{2\Sigma}$ 时两相短路电流为

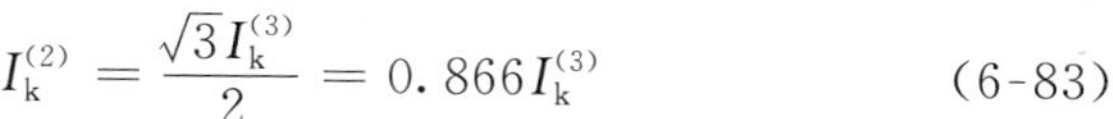

$$I_k^{(2)} = \frac{\sqrt{3}I_k^{(3)}}{2} = 0.866I_k^{(3)} \tag{6-83}$$

供配电系统中的两相短路电流，可在求出三相短路电流后按式（6-83）直接求出，即同一地点的两相短路电流为三相短路电流的 0.866 倍。

两相接地短路的分析方法与上述单相、两相短路相同，不再赘述。

短路电流主要用于短路保护的整定及短路动、热稳定度的校验。在供配电系统发生短路时，两相短路和单相短路电流均较三相短路电流小，所以一般电气设备和导体的选择校验中，应采用三相短路电流。

【例 6-6】　某电力系统接线如图 6-44 所示，变压器 T2 空载，当输电线 WL 上发生 A 相接地短路时，注入短路点的电流为 4.5kA，经变压器 T2 中性线流回系统的电流为 1.5kA，经变压器 T1 中性线流回系统的电流为 3kA。试确定输电线首端 M 侧及输电线末端 N 侧的 A、B、C 三相电流。

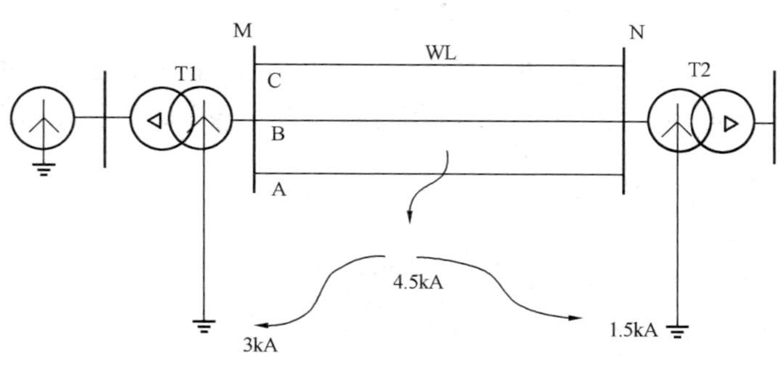

图 6-44　［例 6-6］系统接线图

解 （1）序电流的计算。根据单相短路的边界条件可知

$$\dot{I}_{A1} = \dot{I}_{A2} = \dot{I}_{A0}，\dot{I}_{k} = 3\dot{I}_{A0}$$

则故障点

$$\dot{I}_{A1} = \dot{I}_{A2} = \dot{I}_{A0} = 1.5\text{kA}$$

中性点电流为变压器零序电流的 3 倍，则 M 侧零序电流 $\dot{I}_{MA0}=1\text{kA}$，N 侧零序电流为

$$\dot{I}_{NA0}=0.5\text{kA}$$

因为变压器 T2 空载，所以 N 侧没有正序和负序电流，即

$$\dot{I}_{NA1}=\dot{I}_{NA2}=0$$

M 侧正序和负序电流就等于故障点的正序和负序电流，即

$$\dot{I}_{MA1}=\dot{I}_{MA2}=1.5\text{kA}$$

特别注意的是，按照序网络直接计算出的序分量电流、序分量电压均为故障点的序分量，网络中的序分量大小分布应按电路规律进行计算。

（2）M 侧三相短路电流为

$$\dot{I}_{MA} = \dot{I}_{MA1} + \dot{I}_{MA2} + \dot{I}_{MA0} = 4\text{kA}$$

$$\dot{I}_{MB} = a^2\dot{I}_{MA1} + a\dot{I}_{MA2} + \dot{I}_{MA0} = -0.5\text{kA}$$

$$\dot{I}_{MC} = a\dot{I}_{MA1} + a^2\dot{I}_{MA2} + \dot{I}_{MA0} = -0.5\text{kA}$$

电流为正表示电流从母线流向故障点，电流为负表示电流从故障点流向母线。

（3）N 侧的三相短路电流。因为 N 侧只有零序分量，所以有

$$\dot{I}_{NA}=\dot{I}_{NB}=\dot{I}_{NC}=\dot{I}_{NA0}=0.5\text{kA}$$

实际的电流分布如图 6-45 所示，从图中可以看出无论采用什么样的分析方法，其电流分布的规律都必须符合电路定律。

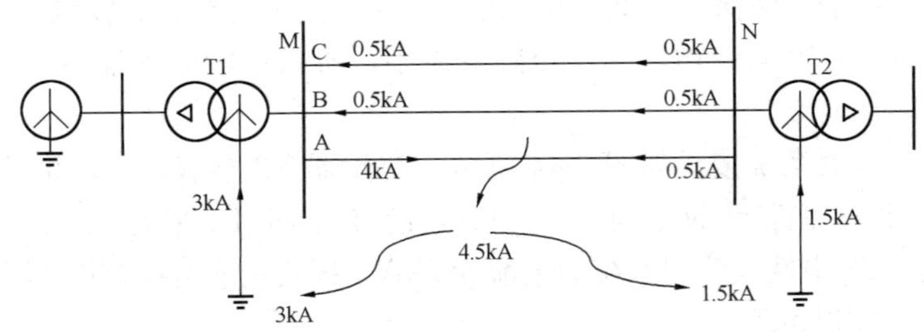

图 6-45 实际的电流分布示意图

【例 6-7】 某电力系统接线如图 6-45 所示，假设在输电线上发生三相短路，短路电流为 $I_k^{(3)} = 2\text{kA}$，若在同一点上发生 B、C 两相短路且 $X_{1\Sigma} = X_{2\Sigma}$，试求故障点正序电流和短路电流大小。

解 三相短路电流为

$$I_k^{(3)} = \frac{E_A}{\sqrt{3}X_{1\Sigma}} = 2\text{kA}$$

两相短路时的正序分量为

$$I_{kA1}^{(2)} = \frac{E_A}{\sqrt{3}(X_{1\Sigma} + X_{2\Sigma})} = \frac{E_A}{2\sqrt{3}X_{1\Sigma}} = 1\text{kA}$$

两相短路时 B、C 相的短路电流为

$$I_{kB}^{(2)} = I_{kC}^{(2)} = \frac{\sqrt{3}}{2}I_k^{(3)} = \sqrt{3}\text{kA}$$

第九节　短路电流的效应

一、短路电流的热效应

导体和电气设备在运行中经常的工作状态有：

（1）正常工作状态。当电压和电流都未超过额定值时，导体和电气设备应长期而经济地运行。

（2）短路工作状态。系统发生故障引起电流突然增加，短路电流比额定值高出几倍甚至几十倍。从故障发生到被切除这段时间内，导体和电气设备应能承受短时发热以及电动力的作用。

根据上面两种工作状态，可把导体的发热分为长期发热和短时发热，短时发热发生在长期发热基础上。下面分别作以介绍。

（一）长期发热

导体在正常工作状态将产生下列各种损耗：

（1）电流通过导体，由于其电阻产生的电阻损耗；

（2）绝缘材料中产生的介质损耗；

（3）导体周围的金属构件，在电磁场作用下引起涡流和磁滞损耗。

所有这些损耗都转换成热能使导体温度升高，这就是发热的原因。发热对电气设备将产生不良的影响，主要有机械强度下降、接触电阻增加、绝缘性能降低。为将这些不良影响限制在允许的范围内，工程上规定了导体正常和短路情况下的最高允许温度 θ_{al}，见表 6-11。

表 6-11　常用导体和电缆的最高允许温度

导体的材料和种类		最高允许温度（℃）	
		正常时	短路时
硬导体	铜	70	300
	铜（镀锡）	85	200
	铝	70	200
	钢	70	300
油浸纸绝缘电缆	铜芯 10kV	60	250
	铝芯 10kV	60	200
	铜芯 35kV	50	170
交联聚乙烯绝缘电缆	铜芯	80	230
	铝芯	80	200

导体的发热计算是根据能量守恒原理进行的，即导体产生的热量与耗散的热量应相等。这种平衡状态与导体的种类（如铝导体）、导体通过的电流 I、环境温度 θ_0、导体温度 θ、导体换热面积 F 和换热系数 α 有关，公式为

$$I^2R = \alpha F(\theta - \theta_0)$$

当 θ_0 取为我国生产的裸导体的额定环境温度 25℃，θ 取导体正常运行最高允许温度 θ_{al} 时，得到导体常期载流量的公式为

$$I_N = \sqrt{\frac{\alpha F(\theta_{al} - \theta_0)}{R}} \tag{6-84}$$

同一导体在不同工作条件下的发热规律是一样的，所以在非额定环境温度 θ'_0 或非规定最高允许工作温度 θ'_{al} 时导体载流量 I' 可按下式修正，即

$$I' = \sqrt{\left(\frac{\theta'_{al} - \theta'_0}{\theta_{al} - \theta_0}\right)} I_N = K I_N \tag{6-85}$$

导体的长期发热决定了它的载流量，可以根据最高允许温度、环境温度按式（6-84）、式（6-85）计算额定载流量和特殊工作条件下的载流量。导体额定载流量见附表 A-1。

（二）导体的短时发热

1. 短时发热与温度

导体在短路工作状态下，虽然短路持续时间很短，但电流很大，发热量仍然很高，这些热量在短时间内不易散去，于是导体的温度迅速上升。视导体的短时发热为一个绝热过程时，发热的最高温度与短路电流产生的热量有关。为避免繁杂的公式推导、方便计算，人们引入两个量：一个是与温度相关的量 A，常用材料的 A 与温度的关系曲线如图 6-46 所示；另一个是短路的热效应 Q_k，它与短路产生的热量成正比。发热温度与发热量的关系为

$$A_f = \frac{1}{S^2} Q_k + A_b \tag{6-86}$$

式中 A_b，A_f——起始温度 θ_b、最终温度 θ_f 对应的 A 值，J/（Ω·m^4）；

S——导体的截面积，m^2。

利用图 6-46 中曲线及式（6-86），可直接由起始温度求得最高温度。方法如下：从某一起始温度 θ_b 开始，由曲线上查出 A_b，按式（6-86）计算出 A_f，再由 A_f 查 θ_f 就是所要求的短时发热最高温度。为了保证导体可靠地工作，其发热温度不得超过一定数值，此限值称为短时最高允许温度，见表 6-11。

2. 短路的热效应 Q_k 的计算方法

短路的热效应 Q_k 是与短路产生的热量成正比的一个物理量，用 $Q_k = \int_0^t I_{kt}^2 dt$ 表示，一般常用等值时间法计算。所谓等值时间法是依据等效发热的概念，取短路电流的热效应 $\int_0^t I_{kt}^2 dt$ 等于稳态电流 I_∞ 在一段相应时间内产生同样的热效应。此段相应时间即称为等值时间 t_{eq}，如图 6-47 所示。

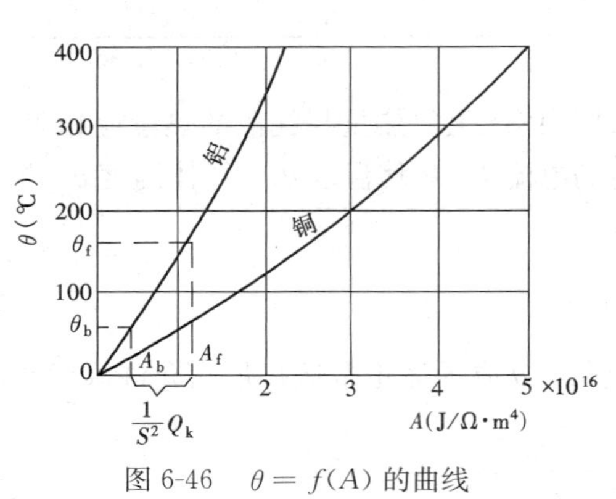

图 6-46 $\theta = f(A)$ 的曲线

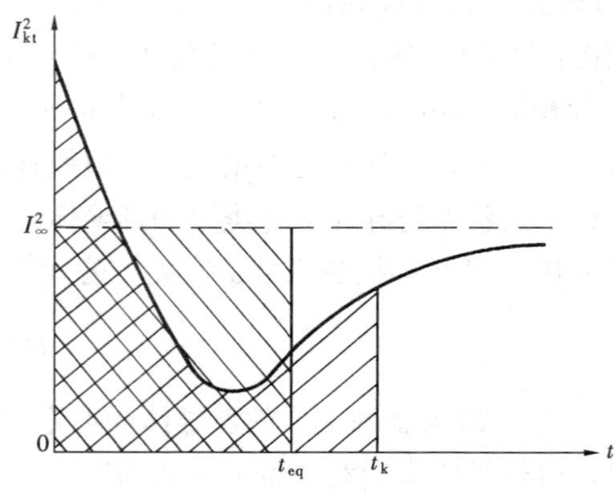

图 6-47 等值时间 t_{eq} 的意义

短路电流包含周期分量 I_{kp} 和非周期分量 I_{np} 两部分，因此将热效应分为短路电流周期分量热效应 Q_{kp} 和非周期分量热效应 Q_{np} 两部分，对应的等值时间分别为 t_{kp}、t_{np}，热效应 Q_k 为

$$Q_k = Q_{kp} + Q_{np} = I_{\infty}^2 t_{kp} + I_{\infty}^2 t_{np} = I_{\infty}^2 t_{eq} \tag{6-87}$$

周期分量等值时间 t_{kp} 与短路电流周期分量的变化和短路电流的持续时间 t_k（后备保护动作时间与断路器的全分闸时间之和）有关。短路电流周期分量 I_{kp} 中有一个特征量 I''_{kp}，令 $\beta'=I''_{kp}/I_{\infty}$，则 t_{kp} 与 β' 和 t_k 的关系表示为 $t_{kp}=f(\beta', t_k)$，工程上用一曲线族表示，见附录 B。

应用时，可根据 t_k 和 β' 的值由曲线查得 t_{kp} 的值。曲线族只到 $t_k=5s$，若 $t_{kp}>5s$，可认为短路电流已达稳定值，大于 5s 后的时间就是等值时间，故

$$t_{kp} = t_{kp}(5) + (t_k - 5) \tag{6-88}$$

短路电流周期分量热效应 Q_{kp} 为

$$Q_{kp} = I_{\infty}^2 t_{kp} \tag{6-89}$$

非周期分量等值时间 t_{np} 在 $t_k>0.1s$ 时直接按下式计算，即

$$t_{np} = 0.05\beta''^2 \tag{6-90}$$

再计算短路电流非期分量热效应 Q_{np} 为

$$Q_{np} = I_{\infty}^2 t_{np} \tag{6-91}$$

由于短路电流非周期分量衰减很快，当 $t_k>1s$ 时，导体的发热主要由短路电流的周期分量来决定，此时，可以不计非周期分量的影响。

3. 短时发热应用

短路时导体（或电气设备）的最高温度应小于或等于导体（或电气设备）短路容许的最高温度 θ_{al}，才能保证导体（或电气设备）不被损坏，这就是导体（或电气设备）的热稳定。如果 $\theta_f>\theta_{al}$，则必须设法降低 θ_f，否则导体（或电气设备）将不能投入运行。而从式（6-86）可知，降低 θ_f 的方法有二：①增大载流导体的截面 S；②减少短路电流的热效应 Q_k，即减小短路电流。

实际上在导体和电气设备的选择、设计计算中，往往并不需要计算 θ_f，而是根据短路电流的热效应 Q_k 来选择导体截面或选择电气设备。由于形状不同，对于载流导体和电气设备分别采用的是两种不同的校验方法。

对于载流导体的热稳定校验，从式（6-86）可知，如果已知导体的起始温度 θ_b 和导体短路时的最高允许温度 θ_{al}，令最终温度 $\theta_f=\theta_{al}$，则可查图 6-46 的曲线得 A_f 和 A_b。这样可求得导体的最小允许截面积为

$$S_{min} = \sqrt{\frac{Q_k}{A_f - A_b}} \tag{6-92}$$

令 $C=\sqrt{A_f - A_b}$，表示热稳定系数，可查表 6-12，并计及集肤效应，则式（6-92）可修改为

$$S_{min} = \sqrt{\frac{Q_k K_s}{A_f - A_b}} = \frac{\sqrt{Q_k K_s}}{C} \tag{6-93}$$

表 6-12　不同工作温度下裸导体的 C 值

工作温度（℃）	40	45	50	55	60	65	70	75	80	85	90
硬铝及铝锰合金	99	97	95	93	91	89	87	85	83	82	81
硬　铜	186	183	181	179	176	174	171	169	166	164	161

如果所选导体的截面 $S \geqslant S_{min}$，说明此导体满足热稳定。这种方法称为导体热稳定校验的最小截面法。

电气设备的热稳定校验时，其的载流部分形状不规则，因而热稳定校验方式与载流导体不同，一般电气设备在制造厂已装配好，载流部分形状、截面亦已定，制造厂根据电气设备结构性能（试验结果）给出 ts 内的热稳定电流 I_h，校验时只需要满足

$$I_{\infty}^2 t_{eq} \leqslant I_h^2 t \tag{6-94}$$

二、短路电流的电动力效应

短路电流流过载流体将产生电动力效应，为了使载流部分和电气设备能够稳定工作，计算可能承受的电动力是十分必要的。

对于任意截面的两根平行导体，当通过电流分别是 i_1 和 i_2 时，它们之间相互作用力为

$$F = 2ki_1 i_2 \frac{l}{a} \times 10^{-7} \quad (\text{N}) \tag{6-95}$$

式中 i_1，i_2——载流导体中电流的瞬时值，A；

l——平行导体的长度，m；

a——平行导体中心轴线之间距离，m；

k——形状系数。

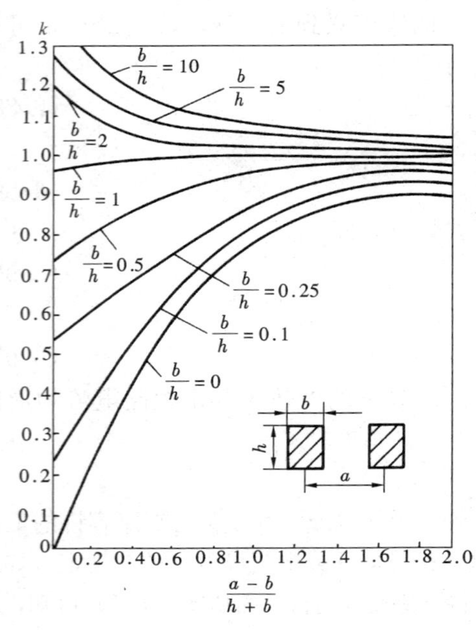

图 6-48 矩形截面导体的形状系数曲线

形状系数 k 取决于载流导体的形状和导体间的相互位置。对于圆形、管形导体 $k=1$；对于其他截面的导体需查曲线确定。图 6-48 为矩形截面导体的形状系数曲线。这些曲线表示形状系数 k 与比值 $\frac{a-b}{h+b}$ 和 $m=\frac{b}{h}$ 的关系，其中 b 和 h 是导体的尺寸，a 是导体中心轴线间的距离。当 $\frac{a-b}{h+b} > 2$ 时，k 取 1。

在三相系统中，可能出现的最大电动力是在短路冲击电流 i_{sh} 通过导体时所产生的，在电力系统中经常遇到的是三相导体平行布置在同一平面内。在这种情况下，若发生三相短路，在冲击电流 i_{sh} 作用下，中间 B 相受到最大作用力的表达式为

$$F_{max} = 2ki_{sh}^{(3)}\left[\frac{\sqrt{3}}{2}i_{sh}^{(3)}\right]\frac{l}{a} \times 10^{-7} = 1.732k[i_{sh}^{(3)}]^2 \frac{l}{a} \times 10^{-7} \tag{6-96}$$

导体的电动力计算应用于导体和电气设备动稳定校验。导体和电气设备的动稳定指的是它们承受短路电流电动力的能力。导体的动稳定校验是比较导体的允许应力和短路电流作用在导体上的应力的大小，如果前者大于或等于后者，则说明满足动稳定要求。

电气设备的动稳定核验时，由于电气设备在制造厂已装配好，其 l 和 a 均已固定，这样它的最大电动力与冲击电流平方成正比。所以一般制造厂给出允许通过的动稳定电流，校验时只需比较二者的大小，即满足

$$i_{sh} < i_{F.st} \tag{6-97}$$

式中 $i_{F.st}$——允许通过的动稳定电流的幅值。

第十节　限制短路电流的措施

随着电力系统单机容量及总装机容量的不断增加，供配系统中的各级降压变电所低压侧发生短路的短路电流越来越大，在中压和低压电网中，这一现象尤为突出。短路电流大小直接影响电气设备的选择和安全运行。短路电流值的大幅度增加，将造成电气设备动、热稳定难以承受短路电流的发热和电动力，往往需要大幅度地提高断路器、变压器和其他电气设备的动、热稳定电流值。这样会使电气设备和载流导体显得笨重而昂贵，设备投资增加。有时甚至因短路电流过大，制造厂现有的电气设备和载流导体不能满足要求的，必须采取限制短路电流的措施，减小短路电流，以便采用价格较便宜的轻型电气设备及截面较小的导线。对短路电流限制的程度，则取决于限制措施的费用与技术经济上的受益程度二者之间的比较结果。

各种限流措施，最终都可归结为增大电源至短路点的等效电抗而达到限制短路电流的目的。由于限流电抗作为一个阻抗元件串接在电路中，当正常工作电流流过时，必然在其上产生电压降而影响供电电压的质量。因此在选择限流措施时，关键的问题在于如何解决短路时限制短路电流和正常工作时引起的电压损失过大的矛盾。

限制短路电流措施可归纳为如下几种。

一、选择合理的电气主接线形式和运行方式

由于并列支路越多，回路等效电抗越小；串联回路越多，回路等效电抗就越大。所以在接线中减少并联设备支路或增加串联设备支路，可增加系统阻抗，减小短路电流。

图 6-49（a）表示总降压变电所高压侧单母线分段通过两回线路从电力系统受电，分段断路器断开运行时，若母线短路，则短路回路的阻抗比两回线并联运行时要大，降低了短路电流。

图 6-49（b）表示总降压变电所低压侧单母线分段运行的情况，也能增大低压侧短路时短路回路的阻抗，减小短路电流。

以上两种情况又可分别称为双回线分列运行与两台变压器分列运行。

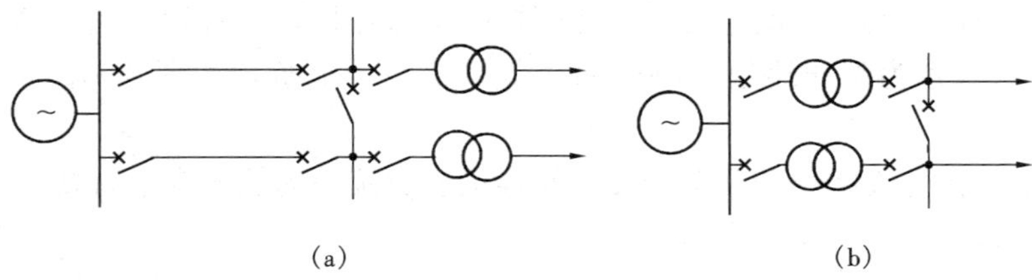

图 6-49　总降压变电所母线分列运行

（a）高压母线分列运行；（b）低压母线分列运行

二、采用分裂低压绕组变压器

将一台大容量变压器更换为电抗标幺值与之相同的两台小容量变压器，然后在低压侧解列运行，显然可以减小低压侧的短路电流，但是变压器台数增多将导致投资增加。采用低压分裂绕组变压器（常简称为分裂变压器），能解决这一矛盾。分裂变压器的两个分裂低压绕组与其高压绕组的相对关系相同，相当于两台小变压器。其接线图及原理图如图 6-50 中。

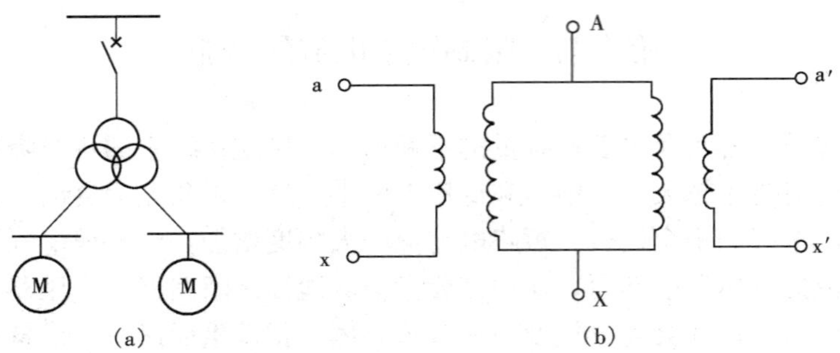

图 6-50 分裂变压器接线图和原理图

(a) 分裂变压器接线图;(b) 分裂变压器原理图

分裂变压器的高压绕组(其端头为 AX),由两部分并联的不分裂的绕组组成;其低压绕组由分裂成两个支路的容量相等的分裂绕组组成(其端头分别为 ax 和 a′x′)。分裂绕组的各个支路间因为没有电的联系,故各支路的额定电压可以不同,但应比较接近(如 6kV 或 10kV)。一般情况下,分裂绕组的两个支路的额定电压是相同的。

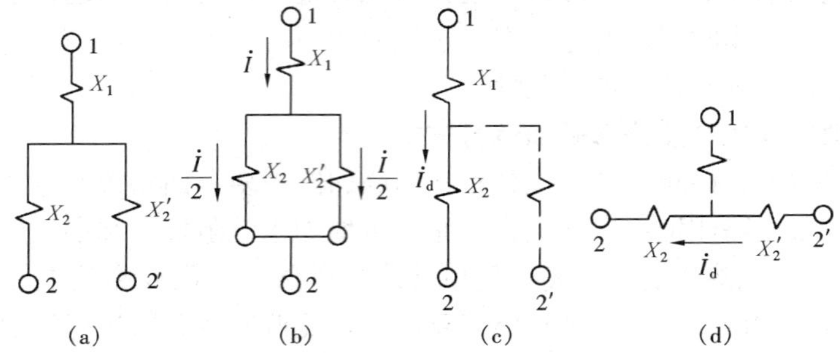

图 6-51 分裂绕组变压器各种运行情况下的等值电路

(a) 变压器等值电路;(b) 正常工作情况;(c) 2 端短路,1 端提供短路电流的情况;(d) 2 端短路,2′提供短路电流的情况

由于分裂绕组变压器在正常工作和低压侧短路时,其电抗值不相同,因而能较好的起到限制短路电流的作用。为了说明分裂绕组变压器的限流作用,设等值电路中 X_1 为高压绕组的电抗,X_2、X'_2分别为高压绕组开路时两个低压绕组的电抗,如图 6-51(a)所示。先定义如下参数:

(1)穿越阻抗:分裂绕组的几个分支并联连接组成统一的低压绕组对高压绕组运行的变压器短路阻抗,如图 6-51(b)所示,用 X_c 表示

$$X_c = X_1 + \frac{x_2}{2} \tag{6-98}$$

(2)半穿越阻抗:分裂绕组的一个分支开路,而另一个分支对高压绕组运行时的变压器的短路阻抗,如图 6-51(c)所示,用 X_b 表示,即

$$X_b = X_1 + X_2 \tag{6-99}$$

(3)分裂阻抗:高压绕组开路,分裂绕组的一个分支对另一分支运行时的变压器的阻抗,如图 6-51(d)所示,用 X_f 表示,即

$$X_f = 2X_2 \tag{6-100}$$

(4) 分裂系数：分裂阻抗与穿越阻抗之比，用 K_f 表示，即

$$K_f = \frac{X_f}{X_c} \tag{6-101}$$

由于分裂绕组的两个支路是完全对称的，在已知穿越阻抗、分裂系数或分裂阻抗的情况下，根据上述定义，分裂变压器的各绕组等值阻抗可推算如下

$$X_2 = \frac{X_f}{2} = \frac{K_f X_c}{2} \tag{6-102}$$

$$X_1 = X_c - \frac{X_2}{2} = X_c - \frac{K_f X_c}{4} = \left(1 - \frac{K_f}{4}\right) X_c \tag{6-103}$$

分裂变压器的分裂系数越大，其限流能力越强，使之尽可能等效于两台小变压器是设计制造分裂变压器的主要思想。因此，在磁耦合关系上应使两低压绕组与高压绕组对等且较紧密，两低压绕组之间的耦合则较弱，使 $X_1 \approx 0$ 是其与一般三绕组变压器的根本区别。一般三相双绕组低压分裂变压器的分裂系数 $K_f = 3.5$。当一台三相双绕组低压分裂变压器的穿越阻抗 X_c 与一台同容量的普通双绕组变压器的阻抗 X_d 相等时，这台分裂变压器的分裂阻抗将为 $X_f = 3.5X_d$，半穿越阻抗将为

$$X_b = X_1 + X_2 = \left(1 + \frac{K_f}{4}\right) X_d \tag{6-104}$$

由此可见，分裂变压器比普通变压器具有较强的限流能力。由于具有短路电抗大，正常电抗小的特性而克服了正常工作电压损耗大的缺点。

三、加装限流电抗器

1. 装设普通电抗器

图 6-52 是装设普通电抗器的大容量降压变电所的接线图。引出线上的电抗器称为线路电抗器，母线上的电抗器称为母线电抗器。电抗器还可以装设在主变压器低压出口与低压母线之间。

线路电抗器接在引出线断路器的后面（负荷侧），正常运行时有电压降，但影响不大。当电抗器后短路时，短路回路的总电抗增大，减小了短路电流，电抗器以前的断路器、隔离开关就可以选轻型电器。同时，装设电抗器后，由于短路阻抗加大，还能提高母线剩余电压。线路电抗器的电抗百分值一般取 3%～6%。

母线电抗器能限制从本段母线流向短路母线的电流，也能提高本段母线的剩余电压。母线电抗器的电抗百分值一般不超过 8%～10%。有时装了母线电抗器后，限制了短路电流，以致可不装线路电抗器。

2. 加装分裂电抗器

为了充分限制短路电流和维持母线有较高的残余电压，要求电抗器的电抗百分值应尽可能大些，但是这样在正常工作时又会引起较大的电压损失和电能损耗。为了解决这一矛盾，可以采用分裂电抗器代替普通电抗器。

分裂电抗器与普通电抗器在构造上的区别是，它的线圈除了具有始端和末端外，还设有一个中间抽头，如图 6-53 (a) 所示。两个分支线圈具有相同的绕向和匝数，因而两个分支的额定电流也相等。每一分支电路具有自感抗 x_L 和由电抗器线圈两个分支部分的互感所产生的互感抗 x_m，如图 6-53 (b) 所示。分裂电抗器的中间抽头 3 一般用来连接电源，两个分支 1 和 2 用来连接大致相等的两组负荷。

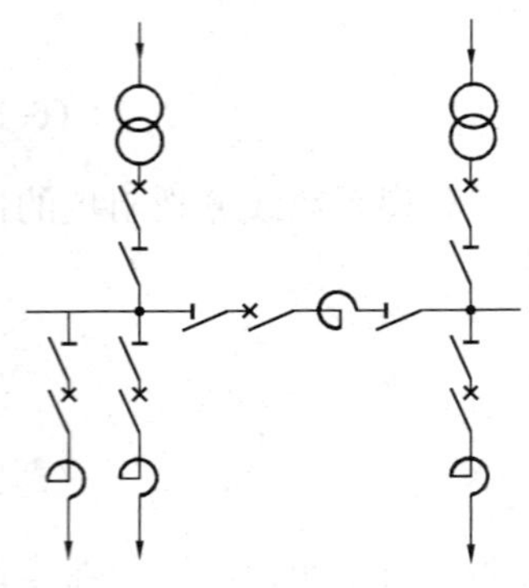

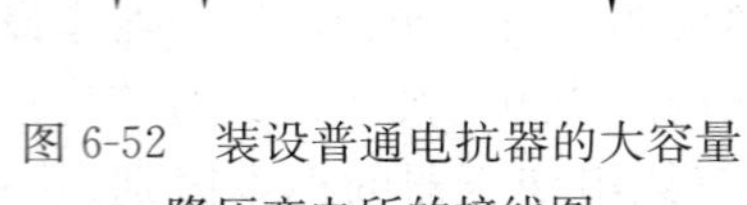

图 6-52　装设普通电抗器的大容量降压变电所的接线图

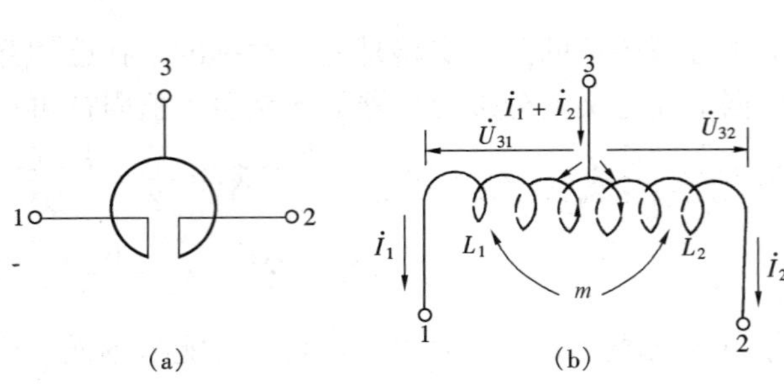

图 6-53　分裂电抗器
(a) 接线符号图；(b) 原理图

在正常工作情况下，分裂电抗器的两个分支电流可认为大小相等而方向相反。这时，通过电抗器每个分支的电流将在另一分支中产生感应电动势，使电压降减少。因此在正常工作状态，分裂电抗器的总感抗为

$$x_t = x_L - x_m = x_L - m x_L = (1-m)\ x_L \tag{6-105}$$

式中　m——耦合系数。

耦合系数 m 与分裂电抗器的构造有关，对于普通构造的分裂电抗器 $m \approx 0.5$。在正常工作时 $x_t = 0.5x_L$，即总电抗在正常运行方式下减少了一半，电压损失也相应减少了一半。

当分支 1 出线端点短路时，短路电流只流过分支 1，而分支 2 中仅流过相对于短路电流而言很小的负荷电流，它对分支 1 的反方向电流的作用可忽略其反方向电流的作用，此时分支 1 的电抗等于 x_L，能够有效地限制短路电流。

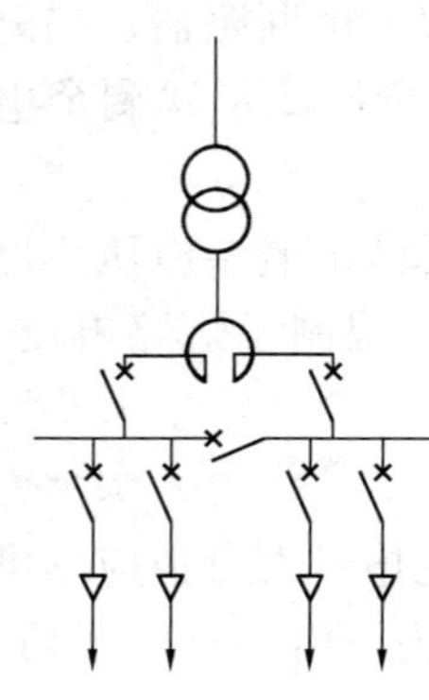

图 6-54　装设分裂电抗器的接线图

由此可见，当分裂电抗器的单臂自感电抗 x_L 与普通电抗器的电抗值相等时，两者在短路时的限流作用一样，但在正常运行时分裂电抗器的电压损失只有普通电抗器的一半。此外，分裂电抗器可比普通电抗器多供一倍的出线，可以有效地减少电抗器的数目，因而得到广泛采用。

采用分裂电抗器，当两个分支负荷不等或者负荷变化过大时，将引起两个分支的电压偏差增大，甚至可能出现过电压，因而在运行中应特别注意。

分裂电抗器在电气主接线中的设置如图 6-54 所示。分裂电抗器装设在变压器回路中，每个分支可以接一回出线或几回出线。

在采用限流电抗器限制短路电流的措施中，装设出线电抗器的方案，比在主变压器回路装设分裂电抗器和母线分段电抗器投资大、运行费用高、配电装置结构复杂。所以应尽量避免在出线上装设电抗器，只有在应用其他方法不能把出线处短路电流限制到必要数值时，才采用出线电抗器。

思考题及习题

6-1 什么是电力系统短路？短路的类型有几种，如何表示？

6-2 短路对电力系统的运行和电气设备有何危害？

6-3 何谓标幺值？在短路电流计算中，对标幺制基准值的取法有何限制？

6-4 根据图 6-5 所给参数，计算各元件电抗标幺值及 k1、k2 两点短路回路总电抗。

6-5 何谓无限大电力系统，它有什么特征？

6-6 无限大电力系统供电的电路和发电机供电的电路短路时，短路电流变化有何异同？

6-7 什么是冲击系数 K_{sh}？其变化范围多大？对应于 $K_{sh}=1$ 和 $K_{sh}=2$ 分别代表了什么情况？工程计算上如何取值？

6-8 系统接线如图 6-55 所示，两个电源均为无限大系统，架空线路电抗为 0.4Ω/km，当 k 点发生三相短路时，试求：

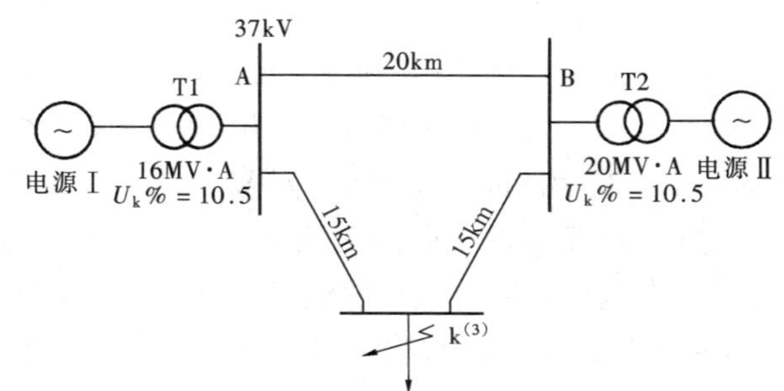

图 6-55 题 6-8 图

(1) 短路回路总电抗标幺值；

(2) k 点短路电流；

(3) 架空线路 AB 的短路电流；

(4) 母线 A 的残余电压。

6-9 系统的接线如图 6-56 所示，电源按无限大容量计算，当降压变压器低压侧母线发生三相短路时，求：

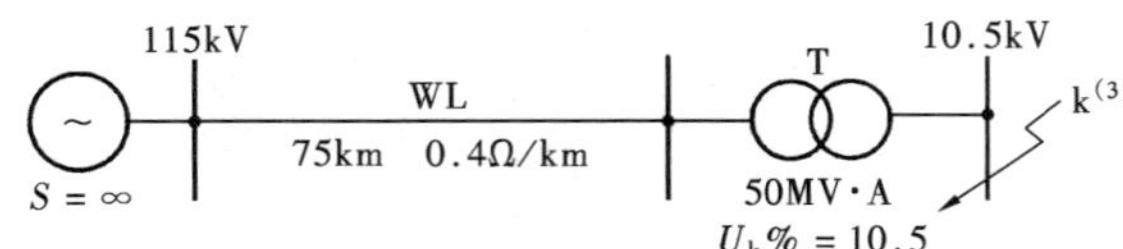

图 6-56 题 6-9 图

(1) 故障点的短路电流周期分量值；

(2) 故障点的冲击短路电流值；

(3) 变电所高压侧母线的残余电压值；

(4) 架空线路 WL 中流过的短路电流周期分量值。

6-10 系统接线如图 6-57 所示，计算：

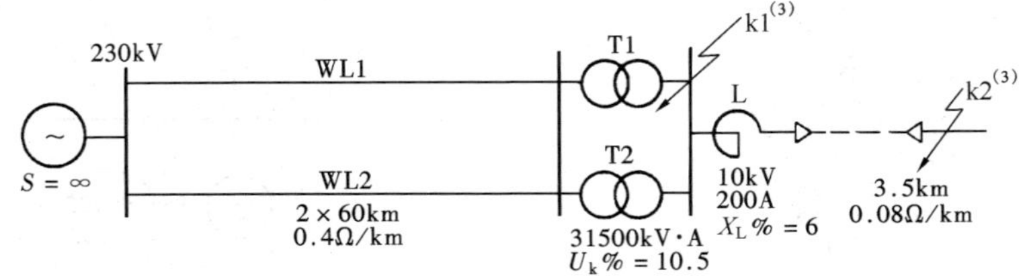

图 6-57 题 6-10 图

(1) k1 点三相短路时的短路电流周期分量和冲击短路电流；

(2) k2 点三相短路时的短路电流周期分量和冲击短路电流；

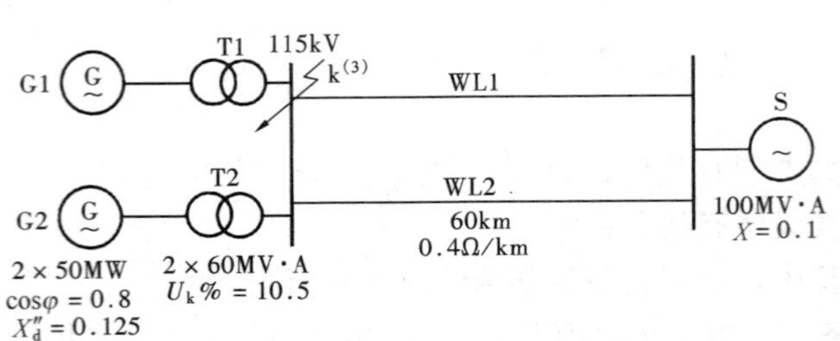

图 6-58 题 6-11 图

(3) k2 点三相短路时变电所二次侧母线的残余电压；

(4) k1 点三相短路时的短路容量。

6-11 系统接线如图 6-58 所示，各元件的参数已在图中标出，发电厂装设汽轮发电机，当 k 点发生三相短路时，用近似计算法计算：

(1) 次暂态短路电流；

(2) 冲击短路电流。

6-12 系统接线如图 6-59 所示，已知母线分段电抗器的数据为：$U_N=10kV$，$I_N=1500A$，$X_L\%=12$。接线图中所有发电机为汽轮发电机，其他的数据均示于图中，当 k1 和 k2 点分别发生三相短路时，忽略负荷电流的影响，求次暂态短路电流值。

6-13 图 6-60 示出两个电源向故障点供给短路电流，一个是无限大容量系统，另一个是有限容量的发电厂，装有汽轮发电机，有自动调节励磁装置。试计算：

(1) k 点发生三相短路时的次暂态短路电流和稳态短路电流值；

(2) 冲击短路电流值；

(3) 发电机电压母线的残余电压值；

(4) k 点短路时在 115kV 架空送电线路中的电流值。

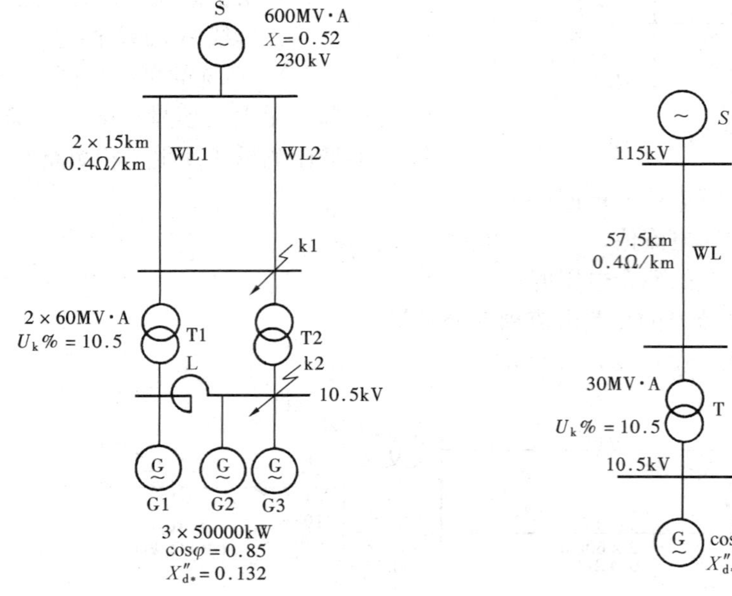

图 6-59 题 6-12 图

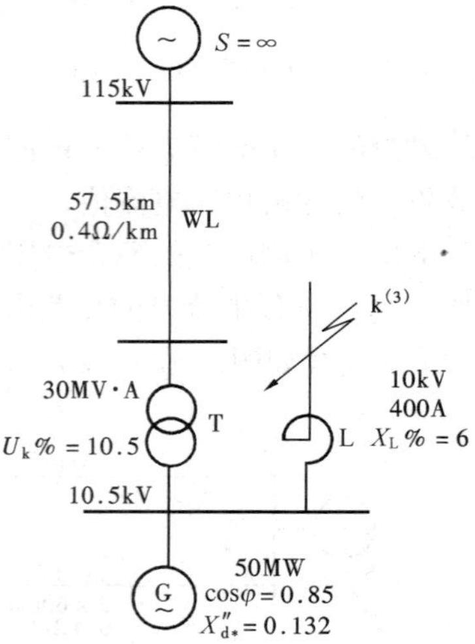

图 6-60 题 6-13 图

6-14 系统接线如图 6-61 所示，A 系统的容量不详，只知断路器 QF 的切断量为 3500MV·A，试计算当 k 点发生三相短路时的次暂态短路电流及冲击短路电流值。

6-15　某工厂车间变电所供电系统如图 6-62 所示，变压器至母线的线路长度为 t_1，求 k 点的短路电流周期分量和冲击电流。

6-16　什么是对称分量法？对称分量有几种，画出各分量的相量图，并写出表达式。

6-17　写出两相短路的边界条件，并转为序相量的形式，绘复合序网图。

6-18　如何提高导体的长期载流量？

6-19　何谓短路电流的热效应？什么是等值时间法？如何用等值时间法计算热效应？

6-20　导体的长期发热和导体的短时发热在工程上有何应用？

6-21　三相短路时最大电动力出现在哪一相？写出其表达式。

6-22　某户外线路采用 LG-70 型导线，环境温度 25℃时，载流量为 265A，如流过最大负荷电流为 232A，该导线的实际工作温度是否超过规定温度？

6-23　某汇流母线（屋内）的最大负荷电流为 5200A，环境温度 40℃。若选用 LMY-125×10mm^2 的矩形母线，问是否合格？

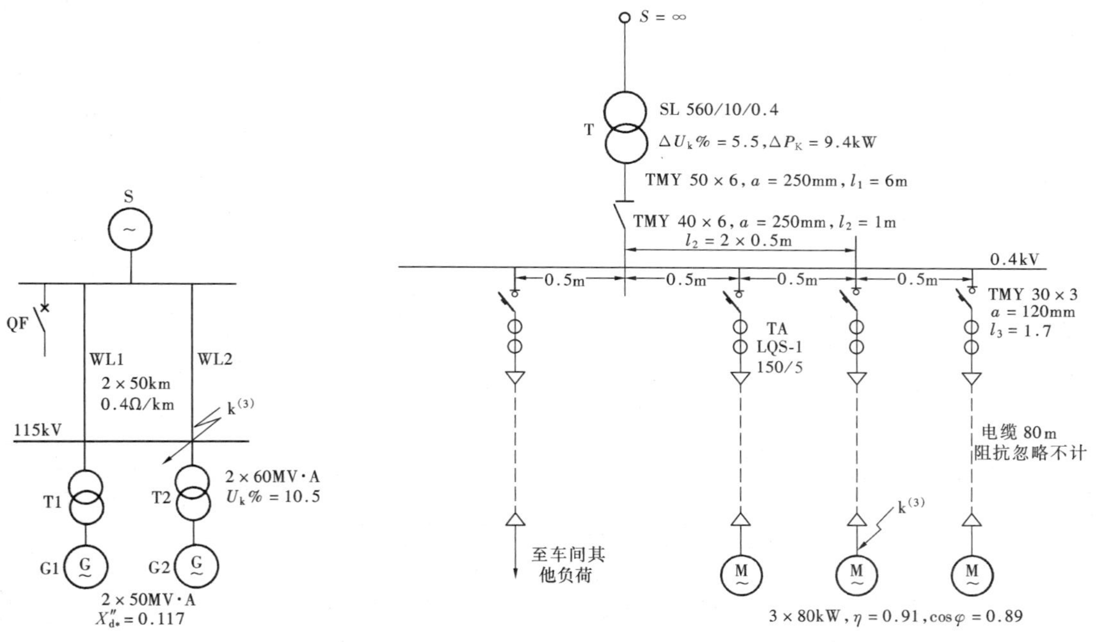

图 6-61　题 6-14 图

图 6-62　题 6-15 图

6-24　某 10.5kV 母线三相水平平放，型号 LMY-100×8mm^2，已知 I''=21kA，母线跨距 1000mm，相间距 250mm，短路持续时间 2.5s，系统为无穷大，母线最高工作温度 60℃。试用最小截面法校验母线热稳定，计算受力最大相的电动力。

6-25　限制短路电流有哪些措施？分裂变压器和分裂电抗器有何特殊的优点？

6-26　系统接线如图 6-63 所示，右边的变电所二次侧设为开路，架空线路每千米正序电抗为 0.4Ω，它的零序电抗等于正序电抗的 3.5 倍，在线路上 k 点发生两相接地故障。试求：

（1）故障点的次暂态短路电流；

（2）两个变电所变压器接地中性线中的次暂态短路电流。

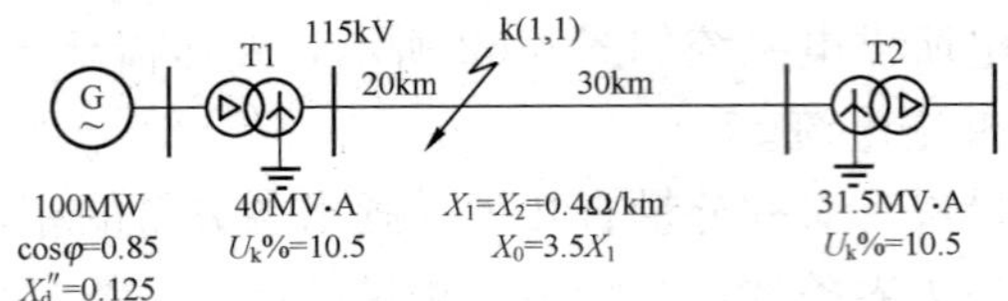

图 6-63　题 6-26 图

6-27　系统接线如图 6-64 所示，各元件标幺参数示于图中，当高压母线上 k 点发生两相接地短路时，试求故障点电流、电压的序分量标幺值。

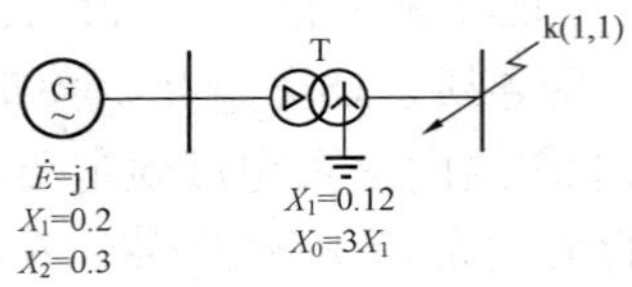

图 6-64　题 6-27 图

第七章　供配电系统经济运行

电力系统经济运行的基本要求是，在保证整个系统安全可靠和电能质量符合标准的前提下，努力提高电能生产和输送的效率，尽量降低发电成本（燃料消耗）和供电成本（电能损耗）。

在满足基本要求前提下，电力系统的经济运行问题包括电网经济运行和发电厂、电力系统经济运行两方面内容。前者主要进行线路和变压器的能量损耗计算并提出降低电网能量损耗的措施；后者则应用等微增率准则来研究发电厂的经济运行、电力系统的的无功功率经济分配。

本章将讨论和分析电网中能量损耗的计算方法、降低网损的技术措施，简要介绍火力发电厂间有功功率经济分配和无功功率经济分配的方法等。

第一节　导线截面选择

电网的导线是输送电能的主要元件，它在线路造价中占的比重可达30%以上。正确选择导线截面，对电网运行的经济性和技术合理性具有重要意义。

经济性不仅要在电力系统运行阶段考虑，也应在电力系统规划设计阶段考虑。在规划设计时，应充分考虑我国的能源政策，并通过详尽的技术经济分析比较，从若干个方案中筛选出一个符合国情、既满足技术要求又经济合理的方案，这就是“技术经济比较法”。这一方法的具体做法是：先根据一些技术指标的要求（如电能质量、供电可靠性等技术要求），拟定出若干个可行的方案，然后在这些方案中选出经济上比较合理的方案。

一、电网年支出费用和抵偿年限

电网的经济性是用每年支出费用的多少来评价的。每年支出费用简称年计算支出 Z_h，其计算式为

$$Z_h = F + P_H K \tag{7-1}$$

式中　F——所设计的电网年运行费，包括年电能损耗费、年折旧费、年日常检修费、维护费等；

K——电网的初投资费；

P_H——标准经济效益系数，$P_H=0.125\sim0.15$；

$P_H K$——相当于该电网的初投资折合到每年所需的费用。

从式（7-1）可以看出，电网的经济性是用每年支出费用的多少来评价的。年计算支出除了与该方案的初投资和年运行费的大小有关之外，还与 P_H 值的大小有关。P_H 值越大，年计算支出越大，方案的经济性越差；反之，P_H 值越小，方案的年计算支出越少，方案的经济性越好。因此，P_H 值的确定对方案经济性的影响是相当大的。对于不同的国家，甚至一个国家的不同时期，由于情况不同，P_H 值都可能有不同的数值。

下面简单介绍如何通过年计算支出来选取方案和确定 P_H 值。

一般情况下，当电网的初投资 K 增加时，电能损耗为主的年运行费 F 将有所减少，如图 7-1 所示。例如当电网的导线截面加大，导线的电能损耗将减少。从图 7-1 可以看到，年运行费 F 值曲线的最低部分很平缓，这是由于电网的初投资增加过多时，年运行费并不会按比例的相应减少很多。但不管怎样，实际上总会遇到这样的情况：拟定的两个方案作比较时，一个方案的初投资较大，另一个方案的年运行费较大，这时就需要应用年计算支出来决定采用哪一个方案。

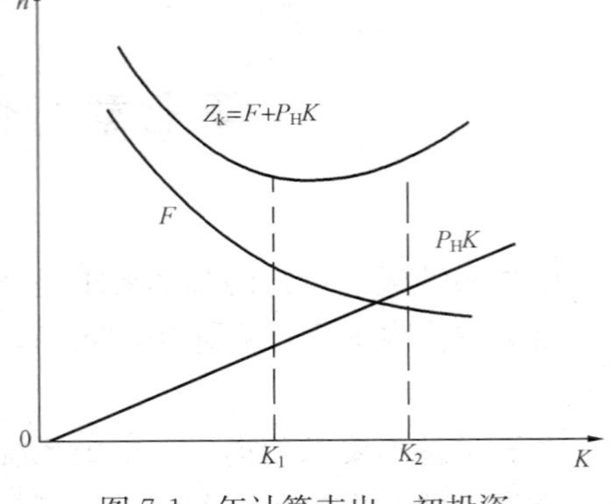

图 7-1 年计算支出、初投资、年运行费的关系

假设方案 1 的年计算支出为 $Z_{h1}=F_1+P_HK_1$，方案 2 的年计算支出为 $Z_{h2}=F_2+P_HK_2$，将这两个方案进行比较，有三种情况：

$$Z_{h1}=F_1+P_HK_1>Z_{h2}=F_2+P_HK_2 \tag{7-2}$$

$$Z_{h1}=F_1+P_HK_1<Z_{h2}=F_2+P_HK_2 \tag{7-3}$$

$$Z_{h1}=F_1+P_HK_1=Z_{h2}=F_2+P_HK_2 \tag{7-4}$$

P_H 一经选定后，根据式（7-4）很容易决定采用哪个方案。

将式（7-2）～式（7-4）进行简单的变换，有

$$\frac{F_1-F_2}{K_2-K_1}>P_H \tag{7-5}$$

$$\frac{F_1-F_2}{K_2-K_1}=P_H \tag{7-6}$$

$$\frac{F_1-F_2}{K_2-K_1}<P_H \tag{7-7}$$

令 $T=\dfrac{K_2-K_1}{F_1-F_2}$，称为抵偿年限，它由所拟定作比较的两个方案的 F_1、K_1、F_2、K_2 值计算得到。其物理意义是多增加初投资（K_2-K_1），能抵偿年运行费节约数（F_1-F_2）的标准倍数；或者说多增加的初投资（K_2-K_1），经过 T 年运行得到回收。用 T_b 表示标准抵偿年限，为标准经济效益系数 P_H 的倒数。T 与 T_b 的比较，也有三种情况：当 $T<T_b$ 时，说明它可以用较短的时间（少于 T_b），以年运行费所节约出的费用来弥补初投资的增加额，此时应选取初投资较大的方案，其总的经济效益较好；当计算结果 $T>T_b$ 时，应选取年运行费较大的方案；当 $T=T_b$ 时，则说明这两个方案的经济效益是一样的。一般定 T_b 为 6～8 年，显然，一个国家的某一个时期，如果基本建设资金比较充裕，其值就可考虑选大一些（即 P_H 值选小一些）。

【例 7-1】 某电网方案 1 的初投资 $K_1=80$ 万元，年运行费 $F_1=15$ 万元；方案 2 初投资 $K_2=105$ 万元，年运行费 $F_2=11$ 万元。取 $T_b=8$ 年，试利用年计算支出确定采用哪一个方案。

解 抵偿年限

$$T=\frac{K_2-K_1}{F_1-F_2}=\frac{105-80}{15-11}=6.3(\text{年})$$

可见，T 小于标准抵偿年限 T_b（8 年），表明选用初投资较大的方案 2，经济性比较好。

二、经济电流密度

在电网的设计中，从经济角度出发，一般应用经济电流密度来选择架空线路的导线截面。

从前面讨论可以分析出，导线截面选择的经济性与线路初投资和年运行费的大小有关，还与 T_b（或 P_H）值的大小有关。电网的年运行费由网络的年电能损耗费和电网的年折旧、维修费等组成。从降低电能损耗费的角度出发，导线的截面越大越好。但导线截面又直接影响到线路的初投资，从减少投资及由此引起的电网年折旧、维修费出发，导线的截面越小越好。综合考虑各方面的因素，按照我国规定的 T_b，以每年支出费用最小为目标，确定出一个符合总的经济性要求的导线截面，称为经济截面。对应于经济截面的电流密度，称为经济电流密度 J。

由于经济电流密度与电能损耗、导线投资及其维修折旧费有关，即与售电价、折旧修理费的百分比、导线价格等有关，而这些价格和费用随着各个国家各个时期的经济条件和实际情况的不同而有所区别，因而各国对经济电流密度的规定不尽相同。我国现行经济电流密度的规定见表 7-1。

表 7-1　　我国经济电流密度 J（A/mm²）

导线材料	最大负荷利用小时数 T_{max}（h）		
	3000 以下	3000～5000	5000 以上
铜裸导线和母线	3.0	2.25	1.75
铝裸导线和母线	1.65	1.15	0.9
铜芯电缆	2.5	2.25	2.0
铝芯电缆	1.92	1.73	1.54

由表 7-1 可看到，经济电流密度 J 的大小还与导线的材料、负荷性质（最大负荷利用小时数 T_{max}）有关。

三、按经济电流密度选择导线截面

按经济电流密度选择导线截面时，首先需确定该线路输送的最大负荷电流 I_{max}。如果把该线路输送的最大负荷电流确定得过大，会因在电网建成后的许多年内，实际的传输容量未达到所确定的数值而造成投资和材料的积压，使电网长期处于不经济运行状态。相反，如果把最大负荷电流确定得过小，势必造成电网建成不久，实际的传输容量已超过设计所确定的容量，致使线路的电流密度过大，这样电网的运行也是不经济的。为此，最大负荷电流一般是以建设电力线路之日算起的第五年预计输送的负荷电流来确定。

当确定了最大负荷电流 I_{max}以后，再根据负荷的性质即可知道相应的最大负荷利用小时数，从而可用表 7-1 查出所用导线材料的经济电流密度 J。此时导线截面为

$$S = \frac{I_{max}}{J} \tag{7-8}$$

根据计算所得的导线截面，选择最靠近此值的额定截面。当计算所得的截面是介于两个额定截面之间时，考虑到负荷增长的因素，可取较大的额定截面；但在某些情况下，如考虑节约有色金属时，也可以选取较小的截面。

四、导线截面的校验

按经济电流密度选取的导线截面，应进行机械强度和发热条件的校验。对于110kV及以上电压等级的电网，还应进行为避免发生电晕损耗所要求的最小导线截面的校验（即电晕校验）。电压较低且调压困难的地方电网线路应校验电压损失，或按电压损失选择导线截面，再校验其他各项。

1. 机械强度校验

为了保证电网运行安全可靠，一切电压等级的电力线路都需要具有必要的机械强度。对于跨越铁路、通航河流和运河、公路、通信线路、居民区的线路，规定导线截面不得小于35mm²。通过其他地区的导线最小容许截面：35kV以上线路为25mm²；35kV及以下线路为16mm²。

2. 长期发热校验

电流通过导线所产生的电能损耗，使导线发热，温度升高并与周围介质的温度形成温差。温差与通过导线的电流有关，通过导线的电流越大，温差越大。裸导线的温度过高，会使导线连接处的氧化加剧，从而增加了连接处的接触电阻，致使导线连接处的温度更加上升，在连接处损坏，造成严重事故。对于架设在室内的裸导线，还可能因此而引起火灾。强烈发热的结果，可能使档距中导线最低点对地面的距离不满足安全距离的要求。因此，规定铝、铝合金及钢芯铝线在正常情况下的室内最高温度为70℃，室外最高温度为80℃，事故情况下不超过90℃。在实际工作中，人们已按规定最高温度计算出了各类导线长期容许通过的电流，见附录表A-1、表A-4。

3. 电晕校验

为了降低能量损耗，防止产生电晕干扰，对于110kV及以上电压等级的电力线路应按电晕条件校验导线截面。电晕的产生主要与导线截面（或半径）有关，截面越小越容易产生电晕。选择导线截面时，要求线路最低限度在晴天不出现全面电晕，即截面大于表7-2规定数值。

表7-2 可不必验算电晕的导线最小直径和相应导线型号

额定电压（kV）	110	220	330	500
导线最小直径（mm）	9.6	21.3	2×21.3（双分裂）	3×27.4（三分裂）～4×23.7（四分裂）
相应导线型号	LGJ-50	LGJ-240	LGJ-240×2	LGJQ-400×3～300×4

4. 电压损耗校验

10kV及以下电压等级的线路，如果没有调压设备，还应校验电压损失，以满足电压质量要求；或为了保证用电设备的电压偏移不超出容许范围，按电压损失条件选择导线截面，再校验其他各项。

【例7-2】 如图7-2所示，额定电压为110kV的双回线给某变电所供电，年内最大负荷$P=40$MW，$\cos\varphi=0.8$，$T_{max}=6000$h，线路长100km，试按经济电流密度选择导线截面。

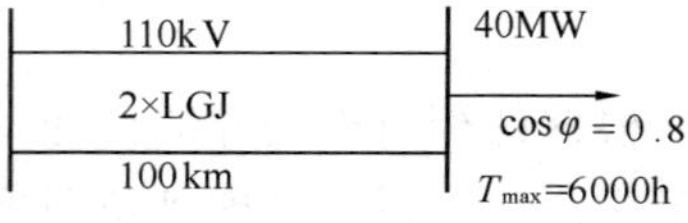

图7-2 [例7-2]图

解 （1）截面选择。线路输送的最大负荷电流

$$I_{max}=\frac{P}{\sqrt{3}U_N\cos\varphi}=\frac{4000}{\sqrt{3}\times 110\times 0.8}=263.4(A)$$

当 $T_{max}=6000h$ 时，查表 7-1 查得经济电流密度 $J=0.9A/mm^2$，双回路每相导线总截面

$$S=\frac{I_{max}}{J}=\frac{263.4}{0.9}=292(mm^2)$$

每回路每相导线截面为 292/2=146（mm^2），选择钢芯铝绞线 LGJ-150。

（2）校验。

1）发热校验。架设双回路的目的是在一回路故障情况下，保证给变电所正常供电，所以应校验一回路带全部负荷时的发热情况。查附表 A-1，LGJ-150 在故障情况下容许安全电流为 444A>263.4A，故发热条件满足。

2）机械强度校验。LGJ-150 截面积 $150mm^2>35mm^2$，故最小机械强度满足。

3）电晕校验。根据表 7-2，110kV 线路截面大于 LGJ-50 不必验算电晕，故电晕条件满足。

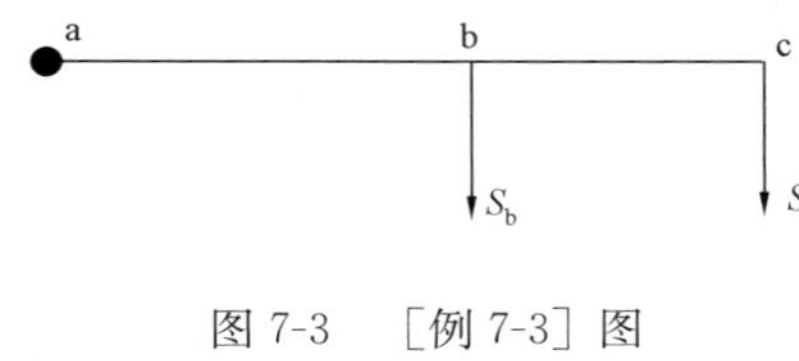

图 7-3 ［例 7-3］图

【例 7-3】 变电所 a 通过 10kV 三相线路向两个工厂供电，如图 7-3 所示。导线用铝线，按正三角形排列，线间距离为 1m。设全线允许电压损耗为 5% U_N，工厂 b 和 c 的负荷分别为 $S_b=1+j1$ MV·A 和 $S_c=0.5+j0.3$MV·A，线路 ab 段和 bc 段分别为 4km 和 5km。试选择导线截面。

解 （1）截面选择。对于 10kV 及以下电压级的线段，一般按允许电压损耗选择导线截面。在导线截面未选定前，线路电抗未知。但对于某一电压级的线路来说，导线截面改变时，其电抗数值变化甚小，所以先设线路电抗为 0.36Ω/km。按全线导截面相同的原则进行计算。

因电抗引起的电压损耗为

$$\Delta U_X=\frac{\sum QX}{U_N}=\frac{X_0\sum Ql}{U_N}=\frac{0.36\times(1.3\times 4+0.3\times 5)}{10}=0.241(kV)$$

因电阻引起的电压损耗允许为

$$\Delta U_R=\Delta U-\Delta U_X=0.5-0.241=0.259(kV)$$

由于

$$\Delta U_R=\frac{\sum PR}{U_N}=\frac{\sum P\rho\frac{l}{S}}{U_N}=\frac{\rho\sum Pl}{SU_N}$$

式中 S——导线载流截面积，mm^2；

l——导线长度，km；

ρ——导线材料的电阻率，$\Omega\cdot mm^2/km$，铝线取 $31.7\Omega\cdot mm^2/km$。

所求导线截面积为

$$S=\frac{\rho\sum Pl}{U_N\Delta U_R}=\frac{31.7\times(1.5\times 4+0.5\times 5)}{10\times 0.259}=104(mm^2)$$

与这个截面接近的标准截面有 95mm^2 和 120mm^2 两种，为了节约有色金属，选用 LGJ-95 型导线。这种型号导线的电阻和电抗分别为 $r_0=0.33\Omega/\text{km}$，$X_0=0.334\Omega/\text{km}$。

验算电压损耗，则有

$$\Delta U=\frac{r_0\sum Pl+X_0\sum Ql}{U_N}$$
$$=\frac{0.33\times(1.5\times4+0.5\times5)+0.334\times(1.3\times4+0.3\times5)}{10}$$
$$=0.504(\text{kV})$$

此值与给定的允许值相比较略大，可以认为是满足要求的。

如果将 a b 段的导线截面选大一号，取 LGJ-120 型，而将 bc 段选小一号，取 LGJ-70 型。这两种导线的阻抗值分别为

LGJ-120：　　$r_0=0.27\Omega/\text{km}$，$X_0=0.326\Omega/\text{km}$

LGJ-70：　　$r_0=0.45\Omega/\text{km}$，$X_0=0.343\Omega/\text{km}$

验算电压损耗，则有

$$\Delta U=\frac{(0.27\times1.5+0.326\times1.3)\times4+(0.45\times0.5+0.343\times0.3)\times5}{10}$$
$$=0.495(\text{kV})$$

可以满足要求，并且导线消耗的有色金属比前一种情况略少。

(2) 校验。ab 段发热校验，即

$$I_{ab}==\frac{\sqrt{P_{ab}^2+Q_{ab}^2}}{\sqrt{3}U_N}=\frac{\sqrt{1.5^2+1.3^2}}{\sqrt{3}\times10}=0.114(\text{kA})=114(\text{A})$$

LGJ-95 型导线容许安全电流为 248A＞114A，故发热条件满足，若选 LGJ-120 型必然满足条件。

bc 段发热校验，即

$$I_{bc}=\frac{\sqrt{P_{bc}^2+Q_{bc}^2}}{\sqrt{3}U_N}=\frac{\sqrt{0.5^2+0.3^2}}{\sqrt{3}\times10}=0.034(\text{kA})=34(\text{A})$$

LGJ-70 型导线容许安全电流为 194A＞34A，故发热条件满足，若选 LGJ-95 型必然满足条件。

各段线路最小机械强度满足要求。不必校验电晕。

按全线导线截面积相等的原则选择导线，在理论上是不合理的。但是，一般城市和工厂的低压电网的负荷之间相距很近（如只有几十米或上百米），如果每个线段采用不同截面的导线，将给施工和运行带来不便。在这种情况下，全线采用同一截面的导线是适宜的。

如果线路比较长，负荷比较重，这时应考虑在各段采用不同截面的导线。但考虑到施工和运行的方便，导线类型也不宜太多，通常用两种至多三种就可以了。在实际选择导线时，通常先按全线截面相等的条件算出导线截面，再将线路首端线段的导线截面取大一些，后面线段的截面取小一些，然后进行电压校验，如［例 7-3］。

线路上有两个以上负荷时，选用导线的原则有：全线导线截面积相等、全线的导线金属消耗量最小和电流密度相等。对于具体的电网可以根据不同的具体条件确定导线截面的选择原则，或者对各种不同的方案进行技术经济比较后确定取舍。

第二节 变压器容量选择和经济运行

变压器的经济运行主要指合理选择变压器容量，合理选择变电所位置，合理选择变压器的运行台数。

一、变压器容量及台数的确定

变电所的容量是由供电地区供电负荷（综合最大负荷）决定的，如果已知供电地区的计算负荷，则变电所容量为

$$S_{\mathrm{T}} = \frac{P_{\mathrm{c}}}{\cos\varphi} \tag{7-9}$$

式中 P_{c}——变电所计算负荷，kW；

$\cos\varphi$——平均功率因数，一般取0.6～0.8。

变电所主变压器台数和容量确定：

（1）对于只供电给二类、三类负荷的变电所，原则上只装设一台变压器。

（2）对于供电负荷较大的城市变电所或有一类负荷的重要变电所，应选用两台相同容量的主变压器。每台变压器的容量应满足一台变压器停运后，另一台能供给全部一类负荷。在无法确定负荷所占比重时，每台变压器的容量可按计算负荷的60%～80%选择。若按60%选择容量，当一台变压器停用时，可保证对60%的负荷供电，再考虑到变压器的事故过负荷能力为40%，则可保证对84%负荷的供电，这样对变电所保证重要负荷来说多数是可行的。

（3）对大城市郊区的一次变电所，如果中、低压侧已构成环网的情况下，变电所以装设两台主变压器为宜；对地区性孤立的一次变电所或大型工业专用变电所，在设计时应考虑装设三台主变压器的可能性。

二、变压器的经济运行

安装多台相同容量变压器的变电所，如何根据负荷的变化确定并联运行变压器的投入台数，以减少功率损耗和电能损耗，这便是并联运行变压器的经济运行问题。

（一）单台变压器的经济运行

单台变压器运行时，当空载损耗和负载损耗相等时，变压器效率最高，运行最经济。负载系数的表达式为

$$K_{\mathrm{F}} = \sqrt{\frac{\Delta P_0}{\Delta P_K}} \tag{7-10}$$

式中 ΔP_0——变压器空载损耗；

ΔP_{K}——变压器负载损耗。

单台变压器经济负荷为

$$S = \sqrt{\frac{\Delta P_0}{\Delta P_{\mathrm{K}}}} S_{\mathrm{N}} \tag{7-11}$$

根据运行负荷、空载损耗、负载损耗、功率因数，可制作双绕组单台变压器的运行损耗

表和曲线图，如 6300kV·A 双绕组无励磁调压变压器空载损耗 ΔP_0=8.2kW，变压器的负载损耗 ΔP_K=41kW，在各种负荷和功率因数情况下的损耗及所占百分率见表 7-3 和图 7-4。

表 7-3 **6300kV·A 变压器的运行损耗**

负荷电流 I（%）	ΔP_0（kW）	ΔP_K（kW）	总损耗 $\Sigma\Delta P$（kW）	损耗所占百分率 ΔP（%）		
				$\cos\varphi$=1.0	$\cos\varphi$=0.8	$\cos\varphi$=0.65
5	8.2	0.102 5	8.30	2.63	3.29	4.05
10	8.2	0.41	8.61	1.36	1.71	2.10
20	8.2	1.64	9.84	0.78	0.97	1.20
30	8.2	3.69	11.89	0.63	0.78	0.96
40	8.2	6.56	14.76	0.58	0.73	0.90
50	8.2	10.25	18.45	0.58	0.73	0.90
60	8.2	14.76	22.96	0.61	0.76	0.93
70	8.2	20.09	28.29	0.64	0.80	0.98
80	8.2	26.24	34.44	0.68	0.85	1.05
90	8.2	33.21	41.41	0.73	0.91	1.12
100	8.2	41.00	49.20	0.78	0.97	1.20
110	8.2	49.61	57.8l	0.83	1.04	1.28
120	8.2	59.04	67.24	0.89	1.11	1.36

从表 7-3 和图 7-4 可知：

（1）K=0.4～0.5 时损耗最小，运行最经济；

（2）变压器带 40%～80%额定负荷运行时比较经济，即其效率和容量利用率均较高；

（3）功率因数高损耗小，功率因数低损耗大。

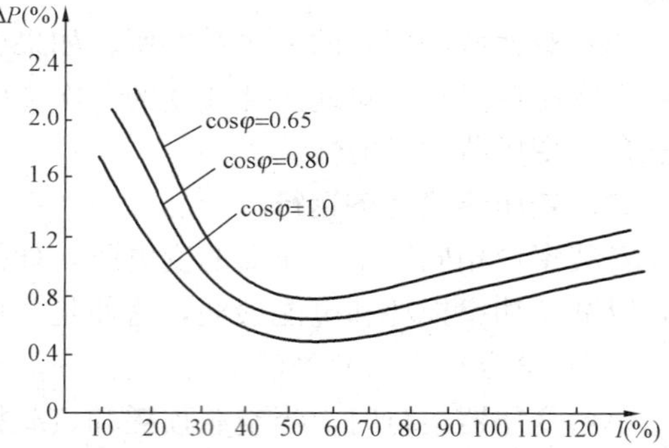

图 7-4 6300kV·A 变压器运行损耗曲线图

（二）两台相同型号、容量变压器的经济运行

变压器经济运行的目标是合理确定变压器并列运行的台数，使功率损耗最小。一台变压器运行时，其有功功率损耗为

$$\Delta P = \Delta P_K \left(\frac{S}{S_N}\right)^2 + \Delta P_0 \tag{7-12}$$

式中 S——通过变压器的负荷功率；

S_N——变压器的额定容量。

两台同容量变压器并列运行时，有功功率损耗为

$$\Delta P' = \frac{1}{2}\Delta P_K \left(\frac{S}{S_N}\right)^2 + 2\Delta P_0 \tag{7-13}$$

按式（7-12）、式（7-13）绘制有功功率损耗与负荷功率间的变化关系曲线，如图 7-5 所示。

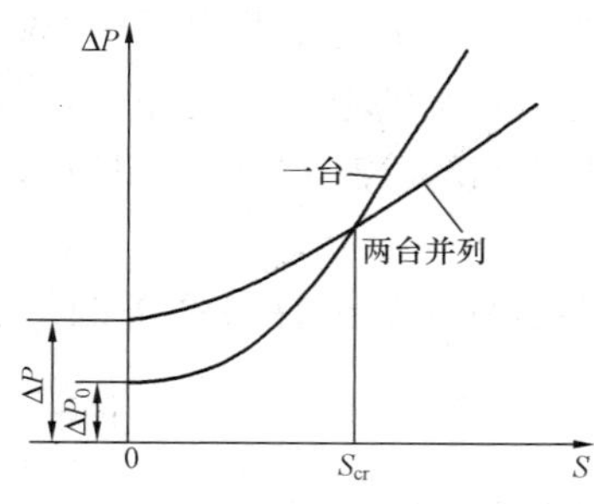

图 7-5　变压器功率损耗与投入台数关系

当 $\Delta P = \Delta P'$ 时，一台变压器运行与两台变压器并列运行时有功损耗相等。此时，变电所的负荷功率称为临界功率，即 $S = S_{cr}$，所以

$$S_{cr} = S_N \sqrt{\frac{2\Delta P_0}{\Delta P_K}} \tag{7-14}$$

因此，当 $S < S_{cr}$ 时，一台变压器运行损耗最小；当 $S > S_{cr}$ 时，两台变压器并列运行损耗最小。

【例 7-4】　某变电所有两台容量各为 10000kV·A 的变压器并列运行，每台变压器的 $\Delta P_0 = 29$kW，$\Delta P_K = 92$kW。问当通过负荷功率为 8000kV·A 时，应投入几台变压器？

解　用式（7-13）得

$$S_{cr} = S_N \sqrt{\frac{2\Delta P_0}{\Delta P_K}} = 10000 \times \sqrt{\frac{2 \times 29}{92}} = 7940(\text{kV} \cdot \text{A})$$

由于 8000kV·A＞7940kV·A，所以应投入两台变压器。

（三）n（$n > 2$）台相同型号、容量变压器的经济运行

当总负荷功率为 S 时，并联运行 n 台变压器的总损耗为

$$\Delta P_{(n)} = n\Delta P_K \left(\frac{S}{nS_N}\right)^2 + n\Delta P_0 \tag{7-15}$$

由式（7-15）可见，铁芯损耗与台数成正比，绕组损耗与台数成反比。当变压器轻载运行时，绕组损耗所占的比重相对减小，铁芯损耗所占的比重相对增大。在这种情况下，减少变压器投入的台数就能降低总的功率损耗。当变压器负荷重时，绕组损耗所占的比重相对增大。参照图 7-5，绘制 n 台与 $n-1$ 台功率损耗的关系曲线，可以找出一个负荷功率的临界值，使投入 n 台变压器与投入 $n-1$ 台变压器的总功率损耗值相等。为此，列出 $n-1$ 台变压器并联运行时的总功率损耗为

$$\Delta P_{(n-1)} = (n-1)\Delta P_K \left[\frac{S}{(n-1)S_N}\right]^2 + (n-1)\Delta P_0 \tag{7-16}$$

使 $\Delta P_{(n)} = \Delta P_{(n-1)}$ 的负荷功率即临界功率 S_{cr}，则

$$S_{cr} = S_N \sqrt{n(n-1)\frac{\Delta P_0}{\Delta P_K}} \tag{7-17}$$

当负荷功率 $S < S_{cr}$ 时，投入 $n-1$ 台变压器经济；负荷功率 $S > S_{cr}$ 时，投入 n 台变压器经济。

应该指出，这种对变压器投入台数的选择只适合于季节性负荷变化的情况，对一昼夜内负荷的变化，变压器及断路器的频繁启、停对安全性和经济性均不利。

（四）n（$n \geqslant 2$）台不同型号、容量变压器的经济运行

当变电所有多台不同型号的双绕组变压器时，计算列出各种组合方式下的临界负荷表，然后再根据变电所的负荷选择最经济的组合方式。

每两种组合方式的临界负荷可按照下式计算，即

$$S_{cr(ij)} = \sqrt{\frac{\sum\Delta P_{0j} - \sum\Delta P_{0i}}{\left[\frac{\sum\Delta P_{Ki}}{(\sum S_{Ni})^2} - \frac{\sum\Delta P_{Kj}}{(\sum S_{Nj})^2}\right]F}} \tag{7-18}$$

式中 $\sum\Delta P_{0i}$，$\sum\Delta P_{0j}$——第 i 种及第 j 种组合方式并列运行变压器组的总空载损耗，kW；

$\sum\Delta P_{Ki}$，$\sum\Delta P_{Kj}$——第 i 种及第 j 种组合方式并列运行变压器组的总负载损耗，kW；

$\sum S_{Ni}$，$\sum S_{Nj}$——第 i 种及第 j 种组合方式并列运行变压器组的总额定容量，kV·A；

F——变电所总负荷的损失因数。

一般有两台变压器以上的变电所应绘制经济运行曲线，供运行人员选择最经济的组合方式。

下面介绍不同型号、容量变压器经济运行实例。

（1）某供电局变电所有两台 110kV 双绕组变压器 A、B。变压器 A，容量为 20MV·A，ΔP_0=25.83kW，ΔP_K=93.17kW；变压器 B，容量为 31.5MV·A，ΔP_0=35.62kW，ΔP_K=139.94kW。

根据已知参数和式（7-17）可分别求出 S_1=10.32MV·A，S_2=15.67MV·A，S_3=22MV·A，据此可画出变压器在不同运行方式下的功率损耗与负荷的关系曲线，从而确定该变电所内变压器的经济运行区，如图 7-6 中箭头所示。

该变电所日平均负荷为 21MV·A，将两台变压器并列运行改为 B 变压器单独运行，减少的损失为 $\Delta P=\Delta P_{AB}-\Delta P_B$=100.2－97.82=2.38（kW）。若一年中按运行 300 天计算，售电平均电价按 0.36 元/(kW·h)计算，则一年中可减少损失约 0.6 万元。

（2）某供电局变电所两台 110kV 双绕组变压器 A、B，容量都是 40MV·A。变压器 A，ΔP_0=35.1kW，ΔP_K=166kW；变压器 B，ΔP_0=31.5kW，ΔP_K=163.3kW。根据已知参数和式（7-17），可分别求出 S_1 为无解，S_2=24.54MV·A，S_3=26.3MV·A，据此可画出变压器在不同方式下的功率损耗与负荷的关系曲线，从而确定该变电所内变压器的经济运行区，如图 7-7 中箭头所示。

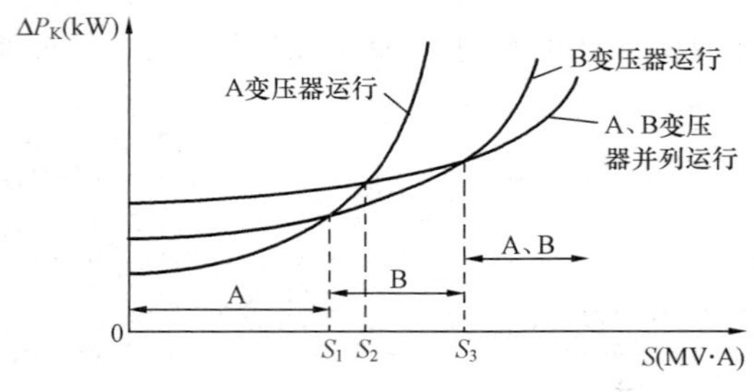

图 7-6　两台不同容量双绕组变压器的经济运行区

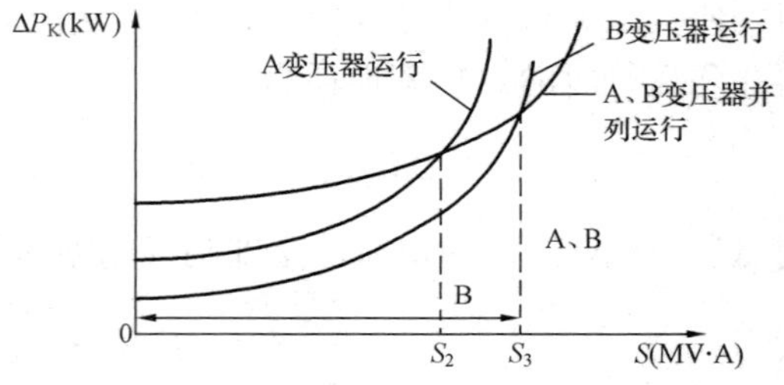

图 7-7　两台相同容量双绕组变压器的经济运行区

该变电所日平均负荷为 25MV·A，原来为 A 变压器运行、B 变压器备用，通过计算后改为 B 变压器运行、A 变压器备用，这样可减少功率损失 $\Delta P=\Delta P_A-\Delta P_B$=4.65kW，全年运行按 300 天计算，售电平均电价按 0.36 元/（kW·h）计算，则一年中可减少损失约 1.2 万元。

第三节　电能损耗计算和降损措施

功率损耗及电能损耗是电网运行中的重要经济指标。电网的功率损耗及电能损耗是由发电设备供给、变电设备传输的。当系统的负荷为一定时，功率损耗及电能损耗越大，发、变电设备容量越大，电力系统建设投资费用和年运行费用越大，消耗的能源越多，这对电网的经济运行是不利的。为了改善电网运行的经济性，必须设法降低电网的功率损耗和电能损耗。

根据有关资料估算，从发电到供电，一直到用电的过程，广义电力系统中的各种电气设备（包括发电机、变压器、电力线路、电动机等）全部的电能损耗约占发电量的 27%～32%，这相当于 2000 年我国 10 个中等用电量的省份的用电量之和。可见，降损对于提高经济性潜力巨大。电力系统电能损耗率的构成如图 7-8 所示。

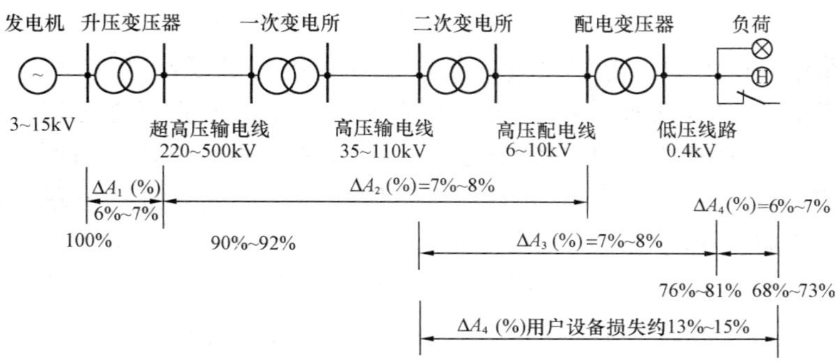

图 7-8 电力系统电能损耗率的构成图

ΔA_1(%)—发电环节的电能损耗率；ΔA_2(%)—供电环节的电能损耗率；

ΔA_3(%)—配电环节的电能损耗率；ΔA_4(%)—用电环节的电能损耗率

一、电能损耗和线损率

电网运行时，电流或功率通过电网的元件，就要产生功率损耗。在电阻与电导中产生的是有功功率损耗；在电抗中产生的是无功功率损耗。若有功功率损耗在一段时间 T 内不变，则电能损耗用电量形式表示为

$$\Delta A = \Delta PT \tag{7-19}$$

式中 ΔA——线路电阻中的电能损耗（三相），kW·h；

ΔP——线路三相有功功率损耗，kW；

T——计算电能损耗的时间，可为一天、一月、一季或一年的小时数，h。

在给定的时间（日、月、季或年）内，系统中所有发电厂的总发电量同厂用电量之差称为供电量；所有送电、变电、配电环节所损耗的电量，称为电网的电能损耗（或损耗电量和线损）。在同一时间内，电网电能损耗占供电量的百分比，称为电网的损耗率，简称线损率。其表达式为

$$线损率=\frac{线损}{供电量}\times 100\%$$

线损率是表征电力系统运行经济性的一个重要参数，也是国家考核供电企业经营管理和技术管理水平的一项重要技术经济指标。目前我国电网的实际线损率为 7%～8.5%，此线损率涵盖了我国城网和农网，从配电变压器二次侧总表及以上，至 220kV 或 500kV 线路设备的线损。而日本、德国、法国、英国等国土面积较小的国家，其线损率为 5%～7%；美国、加拿大等国土面积较大的国家，其线损率为 7%～8%。

二、线损产生的原因和变化特点

电网中线损的产生原因，归纳起来主要有三个方面，即电阻作用、磁场作用和管理方面

的因素等。

1. 电阻作用

由于电阻的存在，电能在电网传输中，电流必须克服电阻的作用而流动，随之引起导电体的温度升高和发热，电能转换为热能，并以热能的形式散失于导体周围的介质中，即产生了电能损耗。因为这种损耗是由导体对电流的阻碍作用而引起的，故称为电阻损耗；又因为这种损耗是随着导电体中通过电流的大小而变化的，故又称为可变损耗。可变损耗约占电网总损耗功率的80%。

2. 磁场作用

在交流电路中，电流通过电气设备，使之建立并维持磁场，电气设备才能正常运转，带上负载而做功。例如电动机需要建立并维持旋转磁场，才能正常运转，带动机械负载做功。又如变压器需要建立并维持交变磁场，才能起到升压或降压的作用。在交流电路系统中，电气设备吸取系统的无功功率并不断地交换，建立并维持磁场，这一过程即为电磁转换过程。在此过程中，由于磁场的作用，在电气设备的铁芯中产生磁滞和涡流现象，使电气设备的铁芯温度升高和发热，从而产生了电能损耗。因这种损耗是由交流电在电气设备铁芯中建立和维护磁场的作用而产生的，故称为励磁损耗（其中以磁滞损耗为主，涡流损耗极小）；又因这种损耗与电气设备通过的电流大小无关，而与设备接入的电网电压等级有关，即电网电压等级固定，这种损耗亦不变，故称为不变损耗。不变损耗约占电网总功率损耗的20%。

3. 管理方面的因素

电业管理部门管理水平落后，制度欠健全，致使工作中出现一些问题，也是线损产生的原因。例如，用户违章用电和窃电；电网绝缘水平差，造成漏电；计量表计配备不合理，修校调换不及时，造成误差损失；营业管理松弛，造成抄核收工作的差错损失。由于这种损失没有一定的规律，不能运用表计和计算方法测算取得，只能由最后的统计数据确定，而且其数值也不十分准确，故称为不明损耗；又因为这种损耗是由电业管理部门的管理方面因素（或在营业过程中）造成的，故又称为管理损耗（或营业损耗）。

三、线损的分类

线损可按其损耗的特点、结构和变化规律进行分类。

（1）按损耗的特点可分为不变损耗和可变损耗两类。

（2）按线损的结构可分为理论线损、统计线损、管理线损、定额线损等。

理论线损又称技术线损，是指根据供电设备的相关技术参数和电网当时运行的负荷情况，由理论公式计算得出的线损。通过线损理论计算，可发现电能损失在电网中的分布规律，暴露出管理和技术上存在的问题和薄弱环节，以便对降损工作提供理论和技术依据。所以在电网的建设、改造及正常运行管理中都要经常进行线损理论计算。

统计线损即实际线损，是根据电能表的读数计算出来的线损，是供电量和售电量两者之间的差值。

管理线损是指统计线损与理论线损之间的差值，通常是指不明损失，也称为其他损失。

定额线损是指根据电网实际损失情况，结合下个考核期内电网结构和负荷变化以及降损措施安排所确定的线损指标，是为减少线损制定的目标。

（3）按损耗的变化规律可分为空载损耗、负载损耗和其他损耗三类。

空载损耗即不变损耗，与通过的电流无关，但与元件所承受的电压有关。

负载损耗即可变损耗，与通过的电流的平方成正比。

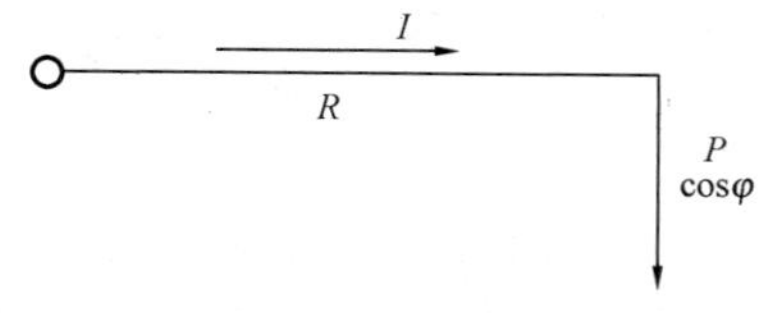

图 7-9　简单供电网

其他损耗指与管理因素有关的电能损耗。

四、电能损耗的计算方法

电力系统的实际负荷是随时都在改变的，相应的线路中的电流或功率也是随时间变化的，因此线路的功率损耗也随时间而改变。如图 7-9 所示，假定线路向一个集中负荷供电，一个时段 T（日、月、年等）内的总电能损耗就难以用式（7-19）去计算，而应采用积分算式，即

$$\Delta A=\int_0^T \Delta P \mathrm{d}t=\int_0^T 3I^2R\times 10^{-3}\mathrm{d}t$$

$$=\int_0^T \frac{P^2+Q^2}{U^2}R\times 10^{-3}\mathrm{d}t \tag{7-20}$$

式中　R——线路一相的电阻，Ω；

I——线路中通过的电流，A；

U——线路的线电压，kV。

负荷变化的随机性使得电流对时间的解析函数关系很难准确表达出来，因此不能直接用积分的方法得到总线损，只能用间接的方法进行计算。

1. 最大负荷损耗时间法

表 7-4 给出不同行业的最大负荷年利用小时数 T_{max}。T_{max}的意义是：如果用户以年最大负荷 P_{max}持续运行，T_{max}时间所消耗的电能即为该用户以变负荷运行时全年消耗的电能 A，用公式表示为

$$A=\int_0^{8760} P\mathrm{d}t=P_{max}T_{max} \tag{7-21}$$

表 7-4　各类用户年最大负荷利用小时数 T_{max}

负荷类型	T_{max}（h）	负荷类型	T_{max}（h）
照明及生活用电	2000～3000	三班制企业	6000～7000
一班制企业	1500～2200	农业用电	1000～1500
二班制企业	3000～4500		

T_{max}的大小反映了用户有功负荷曲线的大致趋势，也说明了用户用电的性质。当负荷曲线较平缓时，表明 T_{max}值较大；反之，T_{max}值是比较小的。对于相同类型的用户，尽管 P_{max}有所不同，但 T_{max}却是基本接近的，这是它们的生产流程大致相同的缘故。所以 T_{max}是反映用电规律性的参数。

如果线路中输送的功率一直保持为最大负荷功率 S_{max}（此时的有功损耗为 ΔP_{max}），在 τ 时间内的电能损耗恰好等于线路全年的实际电能损耗，则称 τ 为最大负荷损耗时间。同时具有以下关系式，即

$$\Delta A=\int_0^{8760}\left(\frac{S}{U}\right)^2 R\times 10^{-3}\mathrm{d}t=\left(\frac{S_{max}}{U}\right)^2 R\tau\times 10^{-3}=\Delta P_{max}\tau \tag{7-22}$$

式中　ΔP_{max}——线路输送最大负荷时的年有功功率损耗。

若认为电压接近于恒定，则

$$\tau=\frac{\int_{0}^{8760} S^2\mathrm{d}t}{S_{max}^2} \tag{7-23}$$

由式（7-23）可见，最大负荷损耗时间 τ 与视在功率表示的负荷曲线有关。在一定的功率因数下，视在功率与有功功率成正比。可以认为，τ 与功率因数和有功功率负荷曲线有关。

我们知道，有功功率负荷曲线与最大负荷利用小时数 T_{max} 有关。由此，可以理解为，对于一定的功率因数，τ 与 T_{max} 之间存在着一定的对应关系。通过对一些典型负荷曲线的分析，得到 τ 与 T_{max} 的关系，列于表 7-5。

表 7-5　最大负荷损耗时间 τ（h）与最大负荷利用小时数 T_{max} 的关系

T_{max}（h）＼ $\cos\varphi$	0.8	0.85	0.9	0.95	1.0
2000	1500	1200	1000	800	700
2500	1700	1500	1250	1100	950
3000	2000	1800	1600	1400	1250
3500	2350	2150	2000	1800	1600
4000	2750	2600	2400	2200	2000
4500	3150	3000	2900	2700	2500
5000	3600	3500	3400	3200	3000
5500	4100	4000	3950	3750	3600
6000	4650	4600	4500	4350	4200
6500	5250	5200	5100	5000	4850
7000	5950	5900	5800	5700	5600
7500	6650	6600	6550	6500	6400
8000	7400		7350		7250

在实际计算中，在不知道负荷曲线的情况下，可根据已知的 T_{max} 和功率因数，从表 7-5 中查出 τ 值，按式(7-22)计算全年的电能损耗。

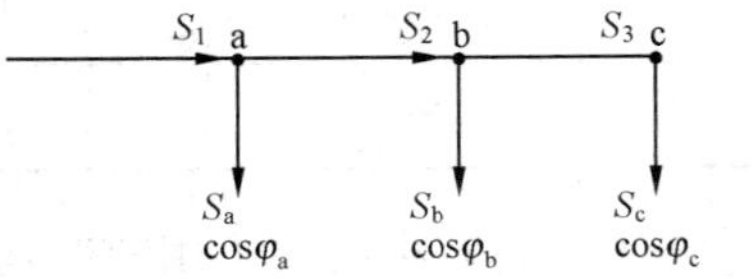

如图 7-10 所示，如果一条线路上有几个负荷点，则线路的总电能损耗就等于各段线路电能损耗之和，即

图 7-10　有几个负荷点的供电线路

$$\Delta A=\left(\frac{S_1}{U_a}\right)^2 R_1\tau_1+\left(\frac{S_2}{U_b}\right)^2 R_2\tau_2+\left(\frac{S_3}{U_c}\right)^2 R_3\tau_3$$

式中　S_1，S_2，S_3——各段的最大负荷功率；

τ_1，τ_2，τ_3——各段的最大负荷损耗时间。

为了求各线段的 τ，需先算出各线段的功率因数和 T_{max}。如果已知各点负荷的最大负荷利用小时数分别为 $T_{max\cdot a}$、$T_{max\cdot b}$、$T_{max\cdot c}$，各点最大负荷同时出现，且分别为 S_a、S_b、S_c，则有

$$\left.\begin{aligned} \cos\varphi_1 &= \frac{S_a\cos\varphi_a + S_b\cos\varphi_b + S_c\cos\varphi_c}{S_a + S_b + S_c} \\ \cos\varphi_2 &= \frac{S_b\cos\varphi_b + S_c\cos\varphi_c}{S_b + S_c} \\ \cos\varphi_3 &= \cos\varphi_c \end{aligned}\right\} \tag{7-24}$$

$$\left.\begin{aligned} T_{max\cdot 1} &= \frac{P_a T_{max\cdot a} + P_b T_{max\cdot b} + P_c T_{max\cdot c}}{P_a + P_b + P_c} \\ T_{max\cdot 2} &= \frac{P_b T_{max\cdot b} + P_c T_{max\cdot c}}{P_b + P_c} \\ T_{max\cdot 3} &= T_{max\cdot c} \end{aligned}\right\} \tag{7-25}$$

知道了各段的功率因数和 T_{max}，就可以查表 7-5 得到的 τ 值。

变压器绕组中电能损耗的计算也可采用最大负荷损耗时间法，其方法和线路中电能损耗的计算相同；变压器铁芯中电能损耗则按全年投入运行的实际小时数来计算。所以变压器电能损耗计算式为

$$\Delta A = \Delta P_0 T + \Delta P_{max}\tau$$

当变压器两侧电压在额定电压附近时，变压器全年电能损耗的计算式

$$\Delta A = \Delta P_0 T + \Delta P_K\left(\frac{S_{max}}{S_N}\right)^2\tau$$

如果电网中接有 n 台同容量的变压器并列运行时，则全年电能损耗计算式为

$$\Delta A = n\Delta P_0 T + n\Delta P_K\left(\frac{S_{max}}{nS_N}\right)^2\tau$$

式中　S_N——变压器的额定容量，kV·A；

S_{max}——变压器的最大负荷，kV·A；

n——变压器并列运行的台数；

T——变压器每年接入电网的运行时间，h；

τ——最大负荷损耗时间，h。

【例 7-5】　有一 10kV 三相架空线路，线路电阻 R＝9.6Ω，线路一年中输送的电能为 6000000kW·h，通过的最大负荷 P_{max}＝1000kW，平均功率因数 $\cos\varphi$＝0.9，试求一年中线路的电能损耗。

解　已知 A＝6000000kW·h、P_{max}＝1000kW，由式（7-21）得最大负荷利用小时数为

$$T_{max} = \frac{A}{P_{max}} = \frac{6000000}{1000} = 6000(\text{h})$$

已知 $\cos\varphi$＝0.9，查表 7-5 得最大负荷损耗时间 τ＝4500h，所以由式（7-22）可得线路全年的电能损耗为

$$\begin{aligned} \Delta A &= \left(\frac{S_{max}}{U}\right)^2 R\tau \times 10^{-3} = \left(\frac{P_{max}}{U\cos\varphi}\right)^2 R\tau \times 10^{-3} \\ &= \left(\frac{1000}{10\times 0.9}\right)^2 \times 9.6 \times 4500 \times 10^{-3} = 530000(\text{kW}\cdot\text{h}) \end{aligned}$$

由于线路首端最大负荷电流取值或预测难以足够精确，最大负荷损耗时间的准确度也有限，所以最大负荷损耗时间法的准确度较低，一般用于电网规划的线损测算。

2. 均方根电流法

对于不能准确地获得电流这一问题，还可以采用均方根电流法：将计算期内时段划分得足够小，用时段电流等效替代实际电流。一般，电流值是通过代表日的24h整点负荷实测得到的。设每小时内电流值不变，则全日24h的电能损失为

$$\Delta A=\int_0^{24}\Delta P\mathrm{d}t=\int_0^{24}3I^2R\times10^{-3}\mathrm{d}t=3(I_1^2+I_2^2+\cdots+I_{24}^2)R\times10^{-3}$$

令均方根电流 I_{rms} 为

$$I_{\mathrm{rms}}=\sqrt{\frac{I_1^2+I_2^2+\cdots+I_{24}^2}{24}} \tag{7-26}$$

则电能损耗为

$$\Delta A=3\times24I_{\mathrm{rms}}^2RT\times10^{-3} \tag{7-27}$$

当代表日的24h整点负荷实测的是三相有功功率、无功功率和线电压时，则有

$$I_{\mathrm{rms}}=\sqrt{\frac{\sum_{t=1}^{24}\frac{P_t^2+Q_t^2}{U_t^2}}{72}} \tag{7-28}$$

均方根电流法是电能损耗理论计算的基本方法，是其他方法的理论基础。用均方根电流法计算电能损耗需要取计算时段内的代表日的负荷电流，欲使结果精确，需多取天数或电流值，但计算繁琐；反之，欲简化计算，少取电流值，但结果准确度低。所以，代表日的均方根电流法适用于供电较为均衡，负荷峰谷差较小，日负荷曲线较为平坦的电网的电能损耗计算。

3. 平均电流法（形状系数法）

平均电流法是利用平均电流与均方根电流的等效关系进行电能损耗计算的方法。

因为用平均电流计算出来的电能损耗是偏小的，因此还要乘以大于1的修正系数。令均方根电流与平均电流之间的等效系数为 K，称为形状系数，其表达式为

$$K=\frac{I_{\mathrm{rms}}}{I_{\mathrm{av}}} \tag{7-29}$$

式中 I_{av}——代表日负荷电流的平均值，A。

则电能损失为

$$\Delta A=3\times24I_{\mathrm{av}}^2K^2R\times10^{-3} \tag{7-30}$$

K 值的大小与负荷曲线有关，可根据各地区实际的负荷曲线求出。其中

$$I_{\mathrm{av}}=\frac{1}{U_t}\sqrt{\frac{1}{3}(A_{\mathrm{P}}^2+A_{\mathrm{Q}}^2)}=\frac{A_{\mathrm{P}}}{\sqrt{3}U\cos\varphi t}$$

此法与电量法本质相同，其中的 K 值可参看电量法。

4. 最大电流法（损失因数法）

最大电流法是利用最大电流与均方根电流的等效关系进行能耗计算的方法。

与平均电流法相反，用最大电流计算出的损耗是偏大的，必须乘以小于1的修正系数，使其与均方根电流等值。

令均方根电流的平方与最大电流的平方的比值为 F，称为损失因数，其表达式为

$$F=\frac{I_{\mathrm{rms}}^2}{I_{\max}^2} \tag{7-31}$$

则电能损失为

$$\Delta A = 3 \times 24 I_{max}^2 FR \times 10^{-3} \tag{7-32}$$

损失因数是对当地电网负荷取样测算，经数理统计得到的一个系数，所以最大电流法适用于电网规划的线损测算和35kV及以上电压等级电网的线损计算。

5. 电量法（电能表读数法或等值功率法）

仍以图7-9所示的简单网络为例，引用等效值将电能损耗变换为

$$\Delta A = \int_0^T 3I^2R \times 10^{-3}\mathrm{d}t = 3I_{eq}^2RT \times 10^{-3} = \frac{P_{eq}^2 + Q_{eq}^2}{U^2}RT \times 10^{-3} \tag{7-33}$$

$$I_{eq} = \sqrt{\frac{1}{T}\int_0^T I^2\mathrm{d}t} \tag{7-34}$$

式中　I_{eq}，P_{eq}，Q_{eq}——电流、有功功率和无功功率的等效值。

当电网的电压恒定不变时，P_{eq}与Q_{eq}也有与式（7-34）相似的表达式。由此可见，所谓等效值实际上也是一种均方根值。

电流、有功功率和无功功率的等效值可以通过各自的平均值表示为

$$\left.\begin{aligned} I_{eq} &= GI_{av} \\ P_{eq} &= KP_{av} \\ Q_{eq} &= LQ_{av} \end{aligned}\right\} \tag{7-35}$$

式中　G，K，L——负荷曲线$I(t)$、$P(t)$和$Q(t)$的形状系数。

引入平均负荷后，可将电能损耗公式改写为

$$\Delta A = 3G^2I_{av}^2RT \times 10^{-3} = \frac{RT}{U^2}(K^2P_{av}^2 + L^2Q_{av}^2) \times 10^{-3} \tag{7-36}$$

利用式（7-36）计算电能损耗时，平均功率可由给定运行时间T内的有功电量A_p和无功电量A_Q求得，即

$$\left.\begin{aligned} P_{av} &= \frac{A_P}{T} \\ Q_{av} &= \frac{A_Q}{T} \end{aligned}\right\} \tag{7-37}$$

形状系数K由负荷曲线的形状决定。对各种典型的持续负荷曲线的分析表明，形状系数的取值范围是

$$1 \leqslant K \leqslant \frac{1+\alpha}{2\sqrt{\alpha}} \tag{7-38}$$

式中　α——最小负荷率，$\alpha = \dfrac{P_{min}}{P_{max}}$。

式（7-38）给出的是K值的取值范围，并不是一个确切值，不能直接用来计算电能损耗，只能用下面计算的形状系数平均值计算电能损耗。取形状系数平均值的平方等于其上、下限值平方的平均值，即

$$K_{av}^2 = \frac{1}{2} + \frac{(1+\alpha)^2}{8\alpha} \tag{7-39}$$

进行电能损耗计算时用形状系数的平均值K_{av}代替其实际值，计算准确度可达到：当$\alpha>0.4$时，最大可能的相对误差不会超过10%。当负荷曲线的最小负荷率$\alpha<0.4$时，可将

曲线分段，使对每一段而言的最小负荷率大于0.4，这样就能保证总的最大误差在10%以内。

对于无功负荷曲线的形状系数 L 也可以作类似的分析。当负荷的功率因数不变时，L 与 K 相等。

利用等值功率进行电能损耗计算时，运行周期 T 可以是日、月、季或年。

【例7-6】 某元件的电阻为10Ω，在720h内通过的电量为 $A_P=80200\text{kW}\cdot\text{h}$、$A_Q=40100\text{kvar}\cdot\text{h}$,最小负荷率 $\alpha=0.4$，平均运行电压为10.3kV，功率因数接近不变。求该元件的电能损耗。

解 先计算平均功率，即

$$P_{av}=\frac{A_P}{T}=\frac{80200}{720}=111.4(\text{kW})$$

$$Q_{av}=\frac{A_Q}{T}=\frac{40100}{720}=55.7(\text{kvar})$$

当 $\alpha=0.4$ 时，$K_{av}=L_{av}=1.055$。根据式（7-36)，并以 K_{av} 和 L_{av} 分别替代 K 和 L，可得

$$\begin{aligned}\Delta A&=\frac{RT}{U^2}(K_{av}^2P_{av}^2+L_{av}^2Q_{av}^2)\times10^{-3}\\&=\frac{10\times720}{10.3^2}\times1.055^2\times(111.4^2+55.7^2)\times10^{-3}\\&=1171.77(\text{kW}\cdot\text{h})\end{aligned}$$

用等值功率法计算电能损耗，原理易懂、方法简单，所要求的原始数据也不多。对于已运行的电网进行网损的理论分析时，可以直接从电能表取得有功电量和无功电量的读数，即使不知道具体的负荷曲线形状，也能对计算结果的最大可能误差作出估计。这种方法的另一个优点是能够推广应用于任意复杂网络的电能损耗计算，是目前常用的方法。

6. 等值电阻法

由于10(6)kV配电网络节点多、分支线多、元件也多，各支线的导线型号不同，配变容量、负荷率、功率因数等参数和运行数据也不相同，要精确地计算配电网络中各元件的电能损耗是比较困难的。因此，在满足实际工程计算准确度的前提下可使用等值电阻法计算电能损耗。等值电阻法是一种简化的近似计算方法，适用于10（6）kV配电网的线损计算。

等值电阻法计算电能损耗的假设条件：

(1) 负荷的分布与负荷节点装设的变压器额定容量成正比（即各变压器的负荷系数 h 相同)；

(2) 各负荷点的功率因数 $\cos\varphi$ 相同；

(3) 各节点电压 U 相同，不考虑电压降。

由于各段线路上的运行数据不容易采集到，因此，可以假想一个等值的线路电阻 R_{dl} 在通过线路出口的总电流 I_Σ（或总功率 P_Σ、Q_Σ）产生的损耗，与各段不同的分段电流 I_i 通过分段电阻 R_i 产生损耗的总和相等值，即

$$R_{dl}=\frac{\sum_{i=1}^{m}(P_i^2+Q_i^2)R_i}{P_\Sigma^2+Q_\Sigma^2}=\frac{\sum_{i=1}^{m}S_i^2R_i}{S_\Sigma^2}=\frac{\sum_{i=1}^{m}(hS_{Ni})^2R_i}{(hS_{N\Sigma})^2}=\frac{\sum_{i=1}^{m}S_{Ni}^2R_i}{S_{N\Sigma}^2}\tag{7-40}$$

式中　S_i——第 i 段线路上通过的视在功率，kV·A；

S_{Ni}——第 i 段线路的配电变压器额定容量，kV·A；

S_Σ——该条配电线路总负荷的视在功率，kV·A；

$S_{N\Sigma}$——该条配电线路总配电变压器额定容量，kV·A；

h——配电变压器的负荷系数。

从式（7-40）中看出，求 R_{dl} 不必收集大量的运行资料，R_{dl} 只与 S_{Ni}、R_i 和线路出口的运行资料有关，而 S_{Ni} 和 R_i 在技术资料档案中可查得。线路出口的总电流可取代表日的均方根电流，则配电线路的电能损耗就可以按下式计算，即

$$\Delta A = 3I_{rms}^2 R_{dl} t \times 10^{-3} \tag{7-41}$$

若配电线路出口装有有功和无功电能表，则可取全月的有功、无功电量换算成平均负荷计算电能损耗。

同理，根据式（7-40）也可求出配电变压器的等值电阻 R_{dB}，然后计算出配电变压器的铜损，即

$$R_{dB} = \frac{\sum_{i=1}^{n} S_{Ni}^2 R_{Ti}}{S_{N\Sigma}^2} = \frac{\sum_{i=1}^{n} S_{Ni}^2 \dfrac{U_i^2 \Delta P_{ki}}{S_{Ni}^2} \times 10^3}{S_{N\Sigma}^2} = \frac{\sum_{i=1}^{n} U_i^2 \Delta P_{ki} 10^3}{S_{N\Sigma}^2} \tag{7-42}$$

式中　R_{dB}——配电变压器的等值电阻，Ω；

ΔP_{ki}——第 i 台配电变压器的额定短路损耗，kW；

R_{Ti}——第 i 台配电变压器的绕组电阻，Ω；

n——该条配电线路上的配电变压器总台数。

假设各配变节点电压 U_i 相同，不考虑电压降，即 $U=U_i$，则

$$R_{dB} = \frac{U^2 \sum_{i=1}^{n} \Delta P_{ki} \times 10^3}{S_{N\Sigma}^2} \tag{7-43}$$

配电变压器的总损耗为

$$\Delta A = 3K^2 I_{av}^2 R_{dB} t \times 10^{-3} + \Delta P_{0\Sigma} t \tag{7-44}$$

式中　$\Delta P_{0\Sigma}$——该条线路配电变压器的空载损耗总和，kW。

五、降低网损的技术措施

电网的电能损耗不仅耗费一定的动力资源，而且占用一部分发电设备容量。因此，降低电网的电能损耗是电网经济运行的中心问题，也是电力企业提高经济效益的一项重要任务。为了降低电网的电能损耗，可以采取各种技术措施，如提高用户的功率因数，改善网络中的功率分布，合理组织运行方式，对原有电网进行技术改造，简化网络结构等。现简要介绍如下。

1. 提高用户的功率因数

提高用户的功率因数，就是在保持负荷有功功率前提下，减少由电网输送的无功功率，实现无功功率的就地平衡。这样，不仅改善电压质量，对提高电网运行的经济性也有重大作用。在图 7-8 所示简单网络中，线路的有功功率损耗为

$$\Delta P_L = \frac{P^2}{U^2 \cos^2\varphi} R$$

如果将功率因数由原来的 $\cos\varphi_1$ 提高到 $\cos\varphi_2$，则线路中的功率损耗可降低

$$\delta_{PL}(\%)=\left[1-\left(\frac{\cos\varphi_1}{\cos\varphi_2}\right)^2\right]\times 100 \tag{7-45}$$

例如，功率因数由 0.7 提高到 0.9 时，线路中的功率损耗可减少 39.5%。

提高用户功率因数的措施如下：

（1）装设并联无功补偿设备，这是提高用户功率因数的重要措施。对于一个具体的用户，负荷离电源点越远，补偿前的功率因数越低，安装补偿设备的降损效果也就越大。对于电网来说，配置无功补偿容量需要综合考虑实现无功功率的分地区平衡、提高电压质量和降低网络功率损耗这三个方面的要求，通过优化计算来确定补偿设备的安装地点和容量分配。

（2）避免用电设备在低功率因数下运行。许多工业企业都大量地使用异步电动机，异步电动机所需要的无功功率可表示为

$$Q=Q_0+(Q_N-Q_0)\left(\frac{P}{P_N}\right)^2=Q_0+(Q_N-Q_0)\beta^2 \tag{7-46}$$

式中 Q_0——异步电动机空载运行时所需的无功功率；

P_N，Q_N——额定负载下运行时的有功功率和无功功率；

P——电动机的实际机械负荷；

β——受载系数。

式（7-46）中，等式右侧第一项是电动机的励磁功率，它与负载情况无关，其数值约占 Q_N 的 60%～70%；第二项是绕组漏抗中的损耗，与受载系数的平方成正比。受载系数降低时，电动机所需的无功功率只有一小部分按受载系数的平方而减小，而大部分则维持不变。因此受载系数越小，功率因数越低。额定功率因数为 0.85 的电动机，如果 $Q_0=0.65Q_N$，当受载系数为 0.5 时，功率因数将下降到 0.74。

因此，为了避免用电设备在低功率因数下运行，异步电动机容量不能选择过大，应接近它所带动的机械负载，以减少“大马拉小车”的现象，还要特别限制空载运行；在技术条件许可的情况下，采用同步电动机代替异步电动机，还可以让已装设的同步电动机运行在过励磁状态等。

2. 改善网络中的功率分布

线路导线截面不均一的网络，为非均一网，一般的闭式网都属于这一类型。在非均一环网中，功率的自然分布不同于经济分布。在非均一环网中，功率分布与电网各线段的阻抗成反比，这种由线路阻抗所决定的功率分布，称为自然功率分布。自然功率分布所产生的功率和能量损耗不一定满足功率和能量损耗最小的原则，电网的不均一程度越大，自然分布与经济分布的差别也就越大。为了降低网络的功率损耗，在环网中增设混合型加压调压器，由它产生环路电动势及相应的循环功率，以改善功率分布状态，使功率分布接近于经济功率分布。对于环网，也可考虑开环运行。为了限制短路电流或满足继电保护动作选择性要求将环网开环运行时，开环点的选择要有利于降低线损。

在 R/X 比值特别小的环网线路上装设串联电容器，使各段线路阻抗接近，电网的功率分布达到经济功率分布。

配电网络一般采取闭式网络接线，按开式网络运行。为了限制线路故障的影响范围和线路检修时避免大范围停电，在配电网络的适当地点安装有分段开关和联络开关。在不同的运

行方式下，对这些开关的通断状态进行优化组合，合理安排用户的供电路径，可以达到平衡支路潮流、消除过载、降低网损和提高电压质量的目的。

3. 合理地确定电网的运行电压水平

变压器铁芯中的功率损耗在额定电压附近大致与电压平方成正比，当网络电压水平提高时，如果变压器的分接头也作相应调整，则铁损将接近于不变。而线路和变压器绕组中的功率损耗则与电压平方成反比。这样能够使电网总的功率、能量损耗减少。

必须指出，在电压水平提高后，负荷所取用的功率会略有增加。在额定电压附近，电压提高1%，负荷的有功功率和无功功率将分别增大1%和2%，这将稍微增加网络中与通过功率有关的损耗。

一般来说，对于变压器的铁损在网络总损耗所占比重小于50%的电网，适当提高运行电压都可以降低网损，电压在35kV及以上的电网基本上属于这种情况。但是，对于变压器铁损所占比重大于50%的电网，情况则正好相反。大量统计资料表明，在6～10kV的农村配电网中变压器铁损在配电网总损失中所占比重可达60%～80%，甚至更高。这是因为小容量变压器的空载电流较大，农村电力用户的负荷率又比较低，变压器有许多时间处于轻载状态。对于这类电网，为了降低功率损耗和能量损耗，宜适当降低运行电压。

无论对于哪一类电网，为了经济的目的提高或降低运行电压水平时，都应将其限制在电压偏移的容许范围内，当然更不能影响电网的安全运行。

4. 组织变压器的经济运行（见本章第二节）

5. 对原有电网进行技术改造

随着城市的发展，生产和人民生活用电不断增长，负荷密度明显增大，配电网络的负荷越来越重，不但电能损耗很大，而且也难于保证电压质量。为了满足日益增长的电力负荷需求，极有必要适时地对原有配电网络进行改造，如增设电源点、提升线路电压等级、增大导线截面等，这些措施都有极为明显的降损效果。

在电网改造时，将110kV或220kV的高电压直接引入负荷中心，简化网络结构，减少变电层次，不仅能大量地降低网损，而且是扩大供电能力、提高供电可靠性和改善电压质量的有效措施。

此外，调整用户的负荷曲线，减小高峰负荷和低谷负荷的差值，提高最小负荷率，使形状系数接近于1，也可降低能量损耗。

第四节 有功功率经济分配

电力系统的负荷无时无刻不在变化，其中一种是按照负荷曲线的正常变化，这种变化基本可以预计；一种是偶然的、周期较短的变化。对于以上两种负荷变化，电力调度部门采取不同的办法应对。对正常的、按负荷曲线变化的负荷，以及由可预见的原因引起的负荷变化，可按照经济负荷分配的原则，事先给各发电厂分配发电任务，发电厂按给定的任务及时地满足系统的负荷需求，即有功功率经济分配，也称电力系统经济调度。对第二种负荷变化，则指定某些发电厂来承担，起到调整频率的作用。本节主要介绍有功功率经济分配。

以火力发电厂为例，机组运行要消耗燃料，但每台机组单位发电量消耗的燃料并不相同。一个由多台发电机组组成的电力系统的有功功率经济分配问题可描述为：在保证整个电力系统有功负荷需求及电能质量要求的条件下，合理分配各发电机组的有功负荷，使整个电力系统的燃料费用（或燃料消耗）为最小。

一、耗量特性

反映发电设备（或其组合）单位时间内能量输入和输出关系的曲线，称为该设备（或其组合）的耗量特性。锅炉的输入是燃料（t标准煤/h），输出是蒸汽（t/h），汽轮发电机组的输入是蒸汽（t/h），输出是电功率（MW）。火电厂的耗量特性如图7-11所示，其横坐标为电功率P（MW），纵坐标为燃料F（t标准煤/h）。水电厂耗量特性曲线的形状也大致如此，但其输入是水（m^3/h）。为便于分析，假定耗量特性连续可导。

耗量特性上某点的纵坐标和横坐标之比，即输入与输出之比，称为比耗量$\mu=F/P$，其倒数$\eta=P/F$表示发电厂的效率。耗量特性上某点切线的斜率，称为该点的耗量微增率$\lambda=\mathrm{d}F/\mathrm{d}P$，表示在该点运行时输入增量对输出增量之比。以输出电功率为横坐标的效率曲线和微增率曲线如图7-12所示。

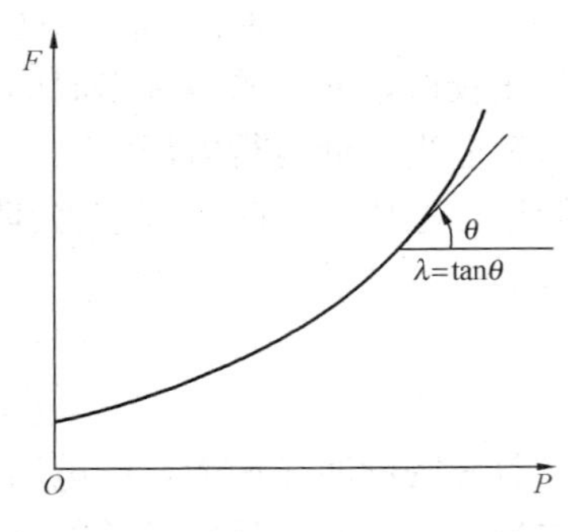

图7-11 火电厂的耗量特性

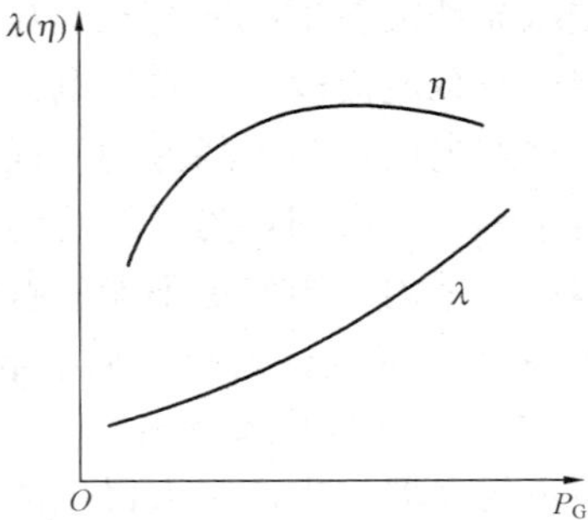

图7-12 效率曲线和微增率曲线

二、等微增率准则

现以并联运行的两台机组间的负荷分配为例（见图7-13），说明等微增率准则的基本概念。已知两台机组的耗量特性F_1（P_{G1}）、F_2（P_{G2}）和总的负荷功率P_{LD}。假定各台机组燃料消耗量和输出功率都不受限制，要求确定负荷功率在两台机组间的分配，使总的燃料消耗为最小。这就是说，要在满足等式约束

$$P_{G1}+P_{G2}-P_{LD}=0$$

条件下，使目标函数

$$F=F_1(P_{G1})+F_2(P_{G2})$$

为最小。

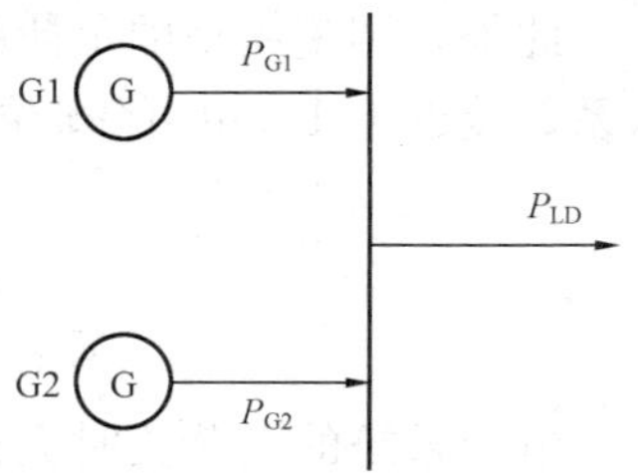

图7-13 两台机组并联运行

对于这个简单问题，可以用作图法求解。设图7-14中线段OO′的长度等于负荷功率P_{LD}，在线段的上、下两方分别以O和O′为原点作出机组1和2的耗量性曲线1和2，前者的横坐标P_{G1}自左向右，后者的横坐标P_{G2}自右向左计算。显然，在横坐标上任取一点A，都有OA+AO′=OO′，即$P_{G1}+P_{G2}=P_{LD}$。因此，都表示一种可能的功率分配方案。如过A点作垂线分别交于两机组耗量特性的B_1和B_2点，则$B_1B_2=B_1A+B_2A=F_1(P_{G1})+F_2(P_{G2})=F$就代表了总的燃料消耗量。由此可见，只要在OO′上找到一点，通过它所作垂线与两耗量特性曲线的交点间距离为最短，则该点所对应的负荷分配方案就是最优的。图7-14中的点

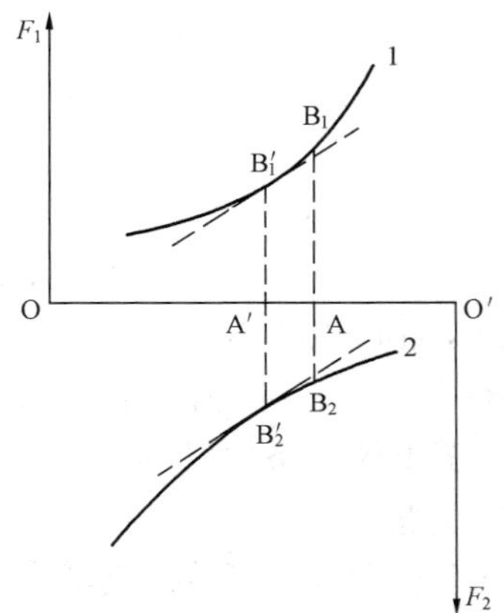

图 7-14　负荷在两台机组间的经济分配

A′就是这样的点，通过 A′点所作垂线与两特性曲线的交点为 B_1' 和 B_2'。在耗量特性曲线具有凸性的情况下，曲线 1 在点 B_1' 的切线与曲线 2 在点 B_2' 的切线相互平行。耗量特性曲线在某点的斜率即是该点的耗量微增率。由此可得结论：负荷在两台机组间分配时，如它们的燃料消耗微增率相等，即

$$\mathrm{d}F_1/\mathrm{d}P_{G1}=\mathrm{d}F_2/\mathrm{d}P_{G2}$$

则总的燃料消耗量将是最小的。这就是著名的等微增率准则。

等微增率准则的物理意义是明显的。假定两台机组在微增率不等的状态下运行，且 $\mathrm{d}F_1/\mathrm{d}P_{G1}>\mathrm{d}F_2/\mathrm{d}P_{G2}$。可以在两台机组的总输出功率不变的条件下调整负荷分配，让机组 G1 减少输出 ΔP，机组 G2 增加输出 ΔP。于是 G1 将减少燃料消耗 $\frac{\mathrm{d}F_1}{\mathrm{d}P_{G1}}\Delta P$，G2 将增加输出 $\frac{\mathrm{d}F_2}{\mathrm{d}P_{G2}}\Delta P$，而总的燃料消耗将可节约

$$F=\frac{\mathrm{d}F_1}{\mathrm{d}P_{G1}}\Delta P-\frac{\mathrm{d}F_2}{\mathrm{d}P_{G2}},\Delta P=\left(\frac{\mathrm{d}F_1}{\mathrm{d}P_{G1}}-\frac{\mathrm{d}F_2}{\mathrm{d}P_{G2}}\right)\Delta P>0$$

这样的负荷调整可以一直进行到两台机组的微增率相等为止。不难理解，等微增率准则也适用于多台机组（或多个发电厂）间的负荷分配。

三、多个发电厂间的负荷经济分配

假定有 n 个火电厂，其燃料消耗特性分别为 $F_1(P_{G1})$，$F_2(P_{G2})$，…，$F_n(P_{Gn})$，系统的总负荷为 P_{LD}，暂不考虑网络中的功率损耗，假定各个发电厂的输出功率不受限制，则系统负荷在 n 个发电厂间的经济分配问题可以表述为：在满足

$$\sum_{i=1}^{n}P_{Gi}-P_{LD}=0 \tag{7-47}$$

的条件下，使目标函数 $F=\sum_{i=1}^{n}F_i(P_{Gi})$ 为最小。

这是多元函数求条件极值的问题，可以应用拉格朗日乘数法来求解。为此，先构造拉格朗日函数

$$L=F-\lambda(\sum_{i=1}^{n}P_{Gi}-P_{LD})$$

式中　λ——拉格朗日乘数。

拉格朗日函数 L 的无条件极值的必要条件为

$$\frac{\partial L}{\partial P_{Gi}}=\frac{\partial F}{\partial P_{Gi}}-\lambda=0\quad(i=1,2,\cdots,n)\quad \text{或}\quad \frac{\partial F}{\partial P_{Gi}}=\lambda \tag{7-48}$$

由于每个电厂的燃料消耗只是该厂输出功率的函数，因此式（7-48）又可写成

$$\frac{\partial F_i}{\partial P_{Gi}}=\lambda\quad(i=1,2,\cdots,n) \tag{7-49}$$

这就是多个发电厂间负荷经济分配的等微增率准则。按这个条件决定的负荷分配是最经济的分配。

以上的讨论没有涉及不等式约束条件。负荷经济分配中的不等式约束条件是：任一发电

厂的有功功率和无功功率都不应超出它的上、下限，即

$$P_{Gi\min} \leqslant P_{Gi} \leqslant P_{Gi\max} \tag{7-50}$$

$$Q_{Gi\min} \leqslant Q_{Gi} \leqslant Q_{Gi\max} \tag{7-51}$$

各节点的电压也必须维持在一定的变化范围内，即

$$U_{i\min} \leqslant U_i \leqslant U_{i\max} \tag{7-52}$$

在计算发电厂间有功功率负荷经济分配时，这些不等式约束条件可以暂不考虑，待算出结果后，再按式（7-50）进行检验。对于有功功率值越限的发电厂，可按其限值（上限或下限）分配负荷。然后，再对其余的发电厂分配剩下的负荷功率。至于约束条件式（7-51）和式（7-52）可留在有功负荷分配已基本确定以后的潮流计算中再行处理。

对于有水电厂参加的有功功率经济分配问题，可用水煤换算系数把水电厂转换成等值的火电厂，再应用等微增率准则。

【例 7-7】 三个火电厂并联运行，各电厂的燃料消耗特性及功率约束条件如下：

$$F_1 = (4 + 0.3P_{G1} + 0.0007P_{G1}^2)\text{t/h},\ 100\text{MW} \leqslant P_{G1} \leqslant 200\text{MW}$$

$$F_2 = (3 + 0.32P_{G2} + 0.0004P_{G2}^2)\text{t/h},\ 120\text{MW} \leqslant P_{G2} \leqslant 250\text{MW}$$

$$F_{23} = (3.5 + 0.3P_{G3} + 0.00045P_{G3}^2)\text{t/h},\ 150\text{MW} \leqslant P_{G3} \leqslant 300\text{MW}$$

当总负荷为 700MW 和 400MW 时，试分别确定发电厂间功率的经济分配。

解 按所给耗量特性可得各厂耗量微增率为

$$\lambda_1 = \frac{dF_1}{dP_{G1}} = 0.3 + 0.0014P_{G1}$$

$$\lambda_2 = \frac{dF_2}{dP_{G2}} = 0.32 + 0.0008P_{G2}$$

$$\lambda_3 = \frac{dF_3}{dP_{G3}} = 0.3 + 0.0009P_{G3}$$

（1）总负荷为 700MW，即等式约束 $P_{G1}+P_{G2}+P_{G3}=700\text{MW}$。

令 $\lambda_1=\lambda_2=\lambda_3$，可解得 $P_{G2}=270\text{MW}$，已越出上限值，故应取 $P_{G2}=250\text{MW}$。剩余的负荷功率 450MW 再由电厂 1 和电厂 3 进行经济分配，即

$$P_{G1}+P_{G3}=450\text{MW}$$

又 $\lambda_1=\lambda_3$，解出 $P_{G1}=176\text{MW}$，$P_{G3}=274\text{MW}$，都在限值内。

（2）总负荷为 400MW，即等式约束 $P_{G1}+P_{G2}+P_{G3}=400\text{MW}$。

令 $\lambda_1=\lambda_2=\lambda_3$，可解得 $P_{G1}=99\text{MW}$，已越出下限值，故应取 $P_{G1}=100\text{MW}$。剩余的负荷功率 300MW 由电厂 2 和电厂 3 进行经济分配，即

$$P_{G2}+P_{G3}=300\text{MW}$$

又 $\lambda_2=\lambda_3$，解出 $P_{G2}=147\text{MW}$，$P_{G3}=153\text{MW}$，都在限值内。

第五节 无功功率经济分配

电力系统无功功率经济分配包括无功功率负荷的经济分布和无功功率补偿的经济配置。

一、无功功率负荷的经济分布

产生无功功率并不消耗能源，但是无功功率在网络中传送则会产生有功功率损耗。电力系统的经济运行，首先是要求在各发电厂（或机组）间进行有功负荷的经济分配。在有功功率负荷分配已确定的前提下，调整各无功电源之间的负荷分布，使有功网损达到最小，这就是无功功率负荷经济分布的目标。

网络中的有功功率损耗可表示为所有节点注入功率的函数，即

$$P_L=P_L(P_1,\ P_2,\ \cdots,\ P_n;\ Q_1,\ Q_2,\ \cdots,\ Q_n)$$

进行无功负荷经济分布时，除平衡机（随负荷和损耗变化调整其有功、无功出力的发电机）以外，所有发电机的有功功率都已确定，各节点负荷的无功功率也是已知的，待求的是节点无功电源的功率。无功电源可以是发电机、同步调相机、静电电容器和静止补偿器等。假定这些无功功率电源接于节点 1，2，…，m，其出力和节点电压的变化范围都不受限制，则无功负荷经济分配问题的数学表述是，在满足

$$\sum_{i=1}^{m}Q_{Gi}-Q_L-Q_{LD}=0$$

的条件下，使 P_L 达到最小。其中 Q_L 是网络的无功功率损耗。

应用拉格朗日乘数法，构造拉格朗日函数，即

$$L=P_L-\lambda\Big(\sum_{i=1}^{m}Q_{Gi}-Q_L-Q_{LD}\Big)$$

将 L 分别对 Q_{Gi} 和 λ 取偏导数并令其等于零，可得

$$\frac{\partial L}{\partial Q_{Gi}}=\frac{\partial P_L}{\partial Q_{Gi}}-\lambda\Big(1-\frac{\partial Q_L}{\partial Q_{Gi}}\Big)=0\quad(i=1,2,\cdots,m)$$

$$\frac{\partial L}{\partial \lambda}=-\Big(\sum_{i=1}^{m}Q_{Gi}-Q_L-Q_{LD}\Big)=0$$

共 $m+1$ 个方程。于是得到无功功率负荷经济分布的条件为

$$\frac{\partial P_L}{\partial Q_{Gi}}\times\frac{1}{1-\dfrac{\partial Q_L}{\partial Q_{Gi}}}=\frac{\partial P_L}{\partial Q_{Gi}}\beta_i=\lambda \tag{7-53}$$

式中　$\partial P_L/\partial Q_{Gi}$——网络有功损耗对于第 i 个无功电源功率的微增率；

$\partial Q_L/\partial Q_{Gi}$——无功网损对于第 i 个无功电源功率的微增率；

β_i——无功网损修正系数，$\beta_i=1/(1-\partial Q_L/\partial Q_{Gi})$。

式（7-53）是等微增率准则在无功功率负荷经济分配问题中的具体应用。式（7-53）说明，当各无功电源点的网损微增率相等时，网损达到最小。

实际上，在按等网损微增率分配无功负荷时，还必须考虑以下的不等式约束条件

$$Q_{Gi\min}\leqslant Q_{Gi}\leqslant Q_{Gi\max}$$

$$U_{i\min}\leqslant U_i\leqslant U_{i\max}$$

在计算过程中，必须逐次检验这些条件，并进行必要的处理。最后的结果是，可能只有一部分电源点是按等微增率条件［式（7-53）］进行负荷分配，而另一部分电源点按限值或调压要求分配无功负荷。这样，对于 $Q_i=Q_{i\max}$ 的节点，其 λ 值必然偏小；对于 $Q_i=Q_{i\min}$ 的节点则相反，其 λ 值可能偏大。所以，在实际系统中各节点的 λ 值往往不会全部相等。

二、无功功率补偿的经济配置

上述无功负荷经济分配的原则也可以应用于无功补偿容量的经济配置。其差别仅在于：在现有无功电源之间分配负荷不要支付费用，而增添补偿装置则要增加支出。设置无功补偿装置一方面能节约网络电能损耗，另一方面又要增加费用，因此无功补偿容量合理配置的目标应该是总的经济效益为最优。

在节点 i 装设补偿容量 Q_{Ci} 每年所能节约的网络能量损耗费以 $C_{ei}(Q_{Ci})$ 表示。装设补偿容量 Q_{Ci} 每年需要支出的费用以 $C_{di}(Q_{Ci})$ 表示，这部分年支出费用包括补偿设备的折旧维修费、投资的年回收费，以及补偿设备本身的能量损耗费用。折旧维修费和投资回收费一般是按补偿设备投资的一定百分比进行计算，补偿设备的功率损耗一般正比于其容量。如果补偿装置每单位容量的投资同总的装设容量无关，则年支出费用 $C_{di}(Q_{Ci})$ 就同 Q_{Ci} 呈正比关系，即

$$C_{di}(Q_{Ci}) = k_c Q_{Ci}$$

比例系数 k_c 就是每单位无功补偿容量的年费用。安装每一单位无功补偿装置所花的费用，在不同的地点基本相同；而在同一个系统内各处网络电能损耗的成本也基本一致。所以比例系数 k_c 对于不同的节点都是相同的。

在节点 i 装设补偿设备 Q_{Ci}，所取得的费用节约为

$$\Delta C_{ei}(Q_{Ci}) = C_{ei}(Q_{Ci}) - C_{di}(Q_{Ci})$$

不言而喻，无功补偿容量只应配给 $\Delta C_e > 0$ 的节点，而不应配给 $\Delta C_e < 0$ 的节点。而为了取得最大的经济效益，应按

$$\frac{\partial \Delta C_{ei}(Q_{Ci})}{\partial Q_{Ci}} = 0$$

即

$$\frac{\partial C_{ei}(Q_{Ci})}{\partial Q_{Ci}} = \frac{\partial C_{di}(Q_{Ci})}{\partial Q_{Ci}} = k_c \tag{7-54}$$

来确定应该配给的补偿容量。其中，$\partial C_{ei}(Q_{Ci})/\partial Q_{Ci}$ 为网损节约对无功补偿容量的微增率，简称网损节约微增率。式(7-54)的含义是：对各补偿点配置无功补偿应使每一个补偿点在装设最后一个单位的补偿容量时所得到的年网损节约折价，恰好等于单位补偿容量所需要的年费用。在这种情况下，将能取得最大的经济效益。

按照式(7-54)所确定的经济补偿容量一般较大。在工程实际中，可能遇到的无功经济补偿的问题是在给定全电网总的补偿容量 $Q_{C\Sigma}$ 的条件下，寻求最经济合理的分配方案。此时，问题将变为在满足

$$\sum Q_{Ci} - Q_{C\Sigma} = 0$$

的约束条件下，使总的费用节约

$$C_{\Sigma} = \sum_i \Delta C_{ei}(Q_{Ci})$$

达到最大。

选择乘数 λ_c，构造拉格朗日函数，即

$$L = \sum_i \Delta C_{ei}(Q_{Ci}) - \lambda_c(\sum Q_{Ci} - Q_{C\Sigma})$$

然后求函数 L 的极值，可得

$$\frac{\partial \Delta C_{ei}(Q_{Ci})}{\partial Q_{Ci}}=\frac{\partial [C_{ei}(Q_{Ci})-C_{di}(Q_{Ci})]}{\partial Q_{Ci}}=\lambda_c \quad 或 \quad \frac{\partial C_{ei}(Q_{Ci})}{\partial Q_{Ci}}=\lambda_c+k_c=\gamma_c \qquad (7\text{-}55)$$

补偿容量有限时，λ_c 总是正的，因此 $\gamma_c > k_c$。式(7-55)表明，补偿容量应按网损节约微增率相等的原则，在各补偿点之间进行分配；分配的结果应当是所有补偿点的网损节约微增率都等于某一个常数 γ_c，而一切未配置补偿容量之点的网损节约微增率都应小于 γ_c。

这里还要指出，由于无功补偿容量的经济分配是以年费用节约作为目标函数的，因此式(7-54)、式(7-55)中的无功负荷并不是某一指定运行方式下的数值，而是无功负荷的年平均值。

以上的讨论没有涉及不等式约束条件。实际上，对电力系统进行无功补偿的目的是要在满足电压质量要求的条件下取得最好的经济效益。如果给定无功补偿容量的经济分配不能满足某些节点的调压要求，而经过技术经济分析又认为采用无功补偿是最为合理的调压手段时，则对这部分节点应按调压要求配给补偿容量，而对其余的补偿点仍按等微增率准则分配补偿容量。

现在，对无功补偿问题作一个简要的概括。前面从无功功率平衡、电压调整和经济运行这三个不同的角度讨论过无功补偿问题。一般说这三个方面的要求是不会相互矛盾的，为满足无功功率平衡而设置的补偿容量必有助于提高电压水平，为减少网络电压损耗而增添的无功补偿也必然会降低网损。应该说，按无功功率在正常电压水平下的平衡所确定的无功补偿容量，是必须首先满足的。不论实际能提供的补偿容量为多少，在考虑其配置方案时，都要以调压要求作为约束条件，按经济原则即按式(7-55)进行分配。

思考题及习题

7-1　什么是年支出费用？什么是抵偿年限？

7-2　某变电所负荷为40MW，$\cos\varphi=0.8$，以110kV单回路供电。试在 $T_{max}=6000$h和 $T_{max}=4500$h两种情况下，按经济电流密度分别选择钢芯铝线的截面。

7-3　有一远区发电厂经220kV双回线路向负荷中心的变电所供电，输送容量为250MW。已知负荷的功率因数为0.9，$T_{max}=6500$h，如果线路采用钢芯铝绞线，试按经济电流密度选择导线截面。

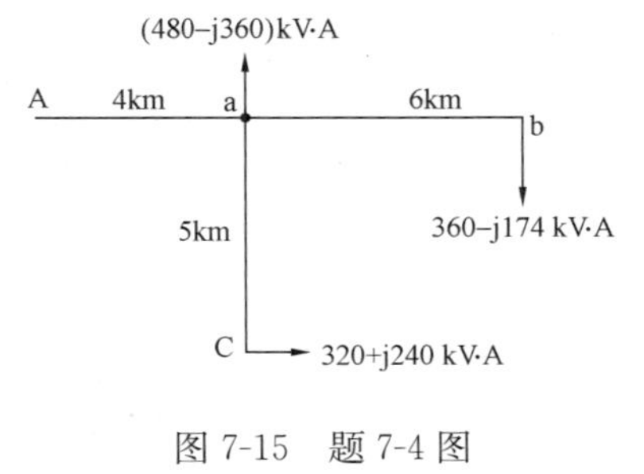

图7-15　题7-4图

7-4　额定电压为10kV的架空线路，如图7-15所示，采用钢芯铝绞线，几何均距为1m，容许电压损耗为额定电压的5%，线路长度及负荷注明于图中，试按容许电压损耗选择导线截面。

7-5　某变电所有两台容量各为2000kV·A的变压器并列运行，每台变压器的 $\Delta P_0=4.2$kW，$\Delta P_k=24$kW。试求可以切除一台变压器的临界负荷值。

7-6　什么是线损？它和电网元件中的电能损耗的含义是否相同？何谓线损率？它的表达式是怎样的？

7-7　线损产生与哪些因素有关？这些因素引起的线损有怎样的变化特点？

7-8　线损是如何分类的？

7-9　如图7-16所示，有一额定电压为220kV，长度为100km的双回输电线路向变电所供电。线路采用LGJQ-300型导线，$r_0=0.108\Omega/\text{km}$，$X_0=0.406\Omega/\text{km}$，$b_0=2.84\times10^{-6}\text{S/km}$。变电所装有两台SSPL-90000/220型变压器并联运行，$\Delta P_0=92\text{kW}$，$\Delta P_k=472.5\text{kW}$，$U_k\%=13.75$，$I_0\%=0.67$。变电所低压母线上的最大负荷为140MW，$\cos\varphi=0.8$，$T_{max}=4500\text{h}$，试计算电网全年电能损耗。

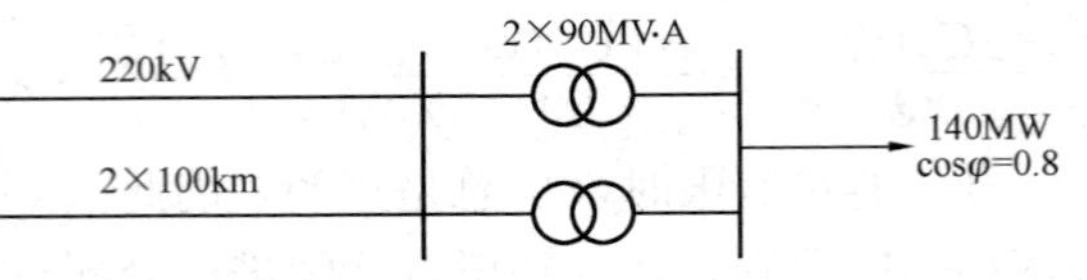

图7-16　题7-9图

7-10　某系统如图7-17所示，变电所低压母线上的最大负荷为40MW，$\cos\varphi=0.8$，$T_{max}=4500\text{h}$。试求线路和变压器中全年的电能损耗。线路和变压器的参数如下：

线路（每回）：$r_0=0.17\Omega/\text{km}$，$X_0=0.409\Omega/\text{km}$，$b_0=2.82\times10^{-6}\text{S/km}$ 变压器（每台）：$\Delta P_0=86\text{kW}$，$\Delta P_k=220\text{kW}$，$I_0\%=2.7$，$U_k\%=10.5$。

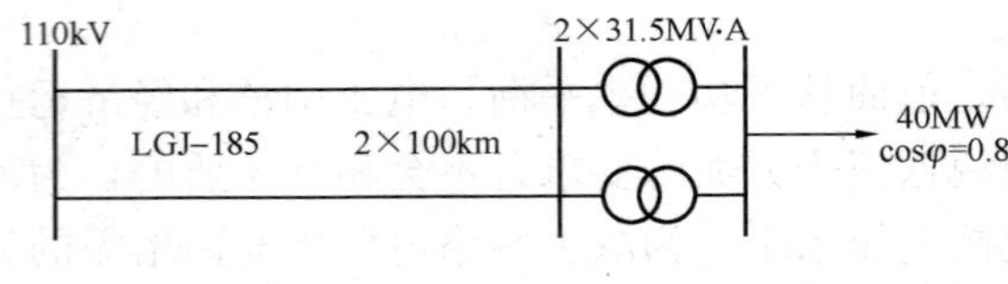

图7-17　题7-10图

7-11　有一条额定电压为110kV、长度为25km的三相架空线路，采用LGJ-185型导线，水平排列，线间距离4m。现不知道该线路的负荷曲线，但知道该线路一年中输送的电能为$5\times10^7\text{kW}\cdot\text{h}$。已知$P_{max}=10000\text{kW}$，平均功率因数$\cos\varphi=0.8$，试求该线路一年的电能损耗。

7-12　某35kV线路采用LGJ-70型导线，长度为6km，已知在一个月（按30天计）内连续供电$A_P=850000\text{kW}\cdot\text{h}$和$A_Q=350000\text{kvar}\cdot\text{h}$，最小负荷率$\alpha=0.5$，运行电压为36kV，功率因数基本不变，试求该线路在这个月内的电能损耗。

7-13　两台发电机并联运行，燃料消耗特性如下：

$$F_1=(a_1+2.0P_{G1}+0.01P_{G1}^2)\ \text{元/h},F_2=(a_2+2.5P_{G2}+0.005P_{G2}^2)\ \text{元/h}$$

当总负荷为150MW时，试确定发电厂间功率的经济分配；并与分配方案$P_{G1}=90\text{MW}$、$P_{G2}=60\text{MW}$比较费用情况。(假定发电机输出功率不受限。)

附录 A　架空线的主要技术参数

表 A-1　　钢芯铝绞线的结构及主要技术参数

型号类型	标称截面 (mm^2)	结构尺寸 根数/直径 (mm)		截面 (mm^2)		铝钢截面比	直径 (mm)		直流电阻 (Ω/km) (20℃)	拉断力 (×9.8N)	弹性系数 (kg·mm^2)	线胀系数 1/℃ (×10^{-6})	单位重量 (kg/km)	载流量 (A)		
		铝	钢	铝	钢		导线	钢芯						70℃	80℃	90℃
LGJ 普通型	10	6/1.50	1/1.5	10.6	1.77	6.0	4.50	1.5	2.774	367	7800	19.1	42.9	65	77	87
	16	6/1.80	1/1.8	15.3	2.54	6.0	5.40	1.8	1.926	530	7800	19.1	61.7	82	97	109
	25	6/2.20	1/2.2	22.8	3.80	6.0	6.60	2.2	1.289	790	7800	19.1	92.2	104	123	139
	35	6/2.80	1/2.8	37.0	6.16	6.0	8.40	2.8	0.796	1190	7800	19.1	149	138	164	183
	50	6/3.20	1/3.2	48.3	8.04	6.0	9.60	3.2	0.609	1550	7800	19.1	195	161	190	212
	70	6/3.80	1/3.8	68.0	11.3	6.0	11.40	3.8	0.432	2130	7800	19.1	275	194	228	255
	95	28/2.07	7/1.8	94.2	17.8	5.3	13.68	5.4	0.315	3490	8000	18.8	401	248	302	345
	95(1)	7/4.14	7/1.8	94.2	17.8	5.3	13.68	5.4	0.312	3310	8000	18.8	398	230	272	304
	120	28/2.30	7/2.0	116.3	22.0	5.3	15.20	6.0	0.255	4310	8000	18.8	495	281	344	394
	120(1)	7/4.60	7/2.0	116.3	22.0	5.3	15.20	6.0	0.253	4090	8000	18.8	492	256	303	340
	150	28/2.53	7/2.2	140.8	26.6	5.3	16.72	6.6	0.211	5080	8000	18.8	598	315	387	444
	185	28/2.88	7/2.5	182.4	34.4	5.3	19.02	7.5	0.163	6570	8000	18.8	774	368	453	522
	240	28/3.22	7/2.8	228.0	43.1	5.3	21.28	8.4	0.130	7860	8000	18.8	969	420	520	600
	300	28/3.80	19/2.0	317.5	59.7	5.3	25.20	10.0	0.093 5	11 100	8000	18.8	1348	511	638	740
	400	28/4.17	19/2.2	382.4	72.2	5.3	27.68	11.0	0.077 8	13 400	8000	18.8	1626	570	715	832
LGJQ 轻型	150	24/2.76	7/1.8	143.6	17.8	8.0	16.44	5.4	0.207	4150	7400	19.8	537	318	389	447
	185	24/3.06	7/2.0	176.5	22.0	8.0	18.24	6.0	0.168	5110	7400	19.8	661	359	442	509
	240	24/3.67	7/2.4	253.9	31.7	8.0	21.88	7.2	0.117	7120	7400	19.8	951	446	553	638
	300	24/2.65	7/2.6	297.8	37.2	8.0	23.70	7.8	0.099 7	8630	7400	19.8	1116	485	602	695
	300(1)	24/3.98	7/2.6	298.6	37.2	8.0	23.72	7.8	0.099 4	8360	7400	19.8	1117	491	610	707
	400	54/3.06	7/3.0	397.1	49.5	8.0	27.36	9.0	0.074 8	11 100	7400	19.8	1487	573	716	829
	400(1)	24/4.60	7/3.0	398.9	49.5	8.0	27.40	9.0	0.074 4	10 700	7400	19.8	1491	582	729	847
	500	54/3.36	19/2.0	478.8	59.7	8.0	30.16	10.0	0.062 0	13 900	7400	19.8	1795	639	802	929
	600	54/3.70	19/2.2	580.6	72.2	8.0	33.20	11.0	0.051 1	16 200	7400	19.8	2175	714	900	1040
	700	54/4.04	19/2.4	692.2	86.0	8.0	36.24	12.0	0.042 9	19 400	7400	19.8	2592	790	995	1150
LGJJ 加强型	150	30/2.50	7/2.5	147.3	34.4	4.3	17.50	7.5	0.202	6170	8370	18.2	677	326	400	460
	185	30/2.80	7/2.3	184.7	43.1	4.3	19.60	8.4	0.161	7200	8370	18.2	850	373	460	530
	240	30/3.20	7/3.20	241.3	56.3	4.3	22.40	9.6	0.123	9410	8370	18.2	1110	437	542	626
	300	30/3.67	19/2.2	317.4	72.2	4.4	25.68	11.0	0.093 7	12 500	8330	18.3	1446	513	640	743
	400	30/4.17	19/2.5	409.7	93.3	4.4	29.18	12.5	0.072 6	16 100	8330	18.3	1868	596	750	873

表 A-2 用钢芯铝绞线敷设的架空线路的感抗和电阻

导线型号	LGJ-35	LGJ-50	LGJ-70	LGJ-95	LGJ-120	LGJ-150	LGJ-185	LGJ-240	LGJ-300	LGJ-400	LGJJ-300	LGJJ-400
电阻(Ω/km)	0.91	0.63	0.45	0.33	0.27	0.21	0.17	0.131	0.105	0.078	0.105	0.078
线间几何均距(m)	线路电抗(Ω/km)											
2.0	0.403	0.392	0.382	0.371	0.365	0.358						
2.5	0.417	0.406	0.396	0.385	0.379	0.372						
3.0	0.429	0.418	0.408	0.397	0.391	0.384	0.377	0.369				
3.5	0.438	0.427	0.417	0.406	0.400	0.398	0.386	0.378				
4.0	0.446	0.435	0.425	0.414	0.408	0.401	0.394	0.386				
4.5			0.433	0.422	0.416	0.409	0.402	0.394				
5.0			0.440	0.429	0.423	0.416	0.409	0.401				
5.5					0.429	0.422	0.415	0.407				
6.0					0.435	0.425	0.420	0.413	0.404	0.396	0.402	0.393
6.5						0.432	0.425	0.420	0.409	0.400	0.407	0.398
7.0						0.438	0.430	0.424	0.414	0.406	0.412	0.403
7.5							0.435	0.428	0.418	0.409	0.417	0.408
8.0								0.432	0.422	0.414	0.421	0.412
8.5									0.425	0.418	0.424	0.416

表 A-3 用钢芯铝绞线敷设的架空线路的导纳

导线型号	LGJ-70	LGJ-95	LGJ-120	LGJ-150	LGJ-185	LGJ-240	LGJ-300	LGJ-400	LGJJ-300	LGJJ-400
线间几何均距(m)	线 路 电 纳(S/km)$\times 10^{-6}$									
3.0	2.79	2.87	2.92	2.97	3.03	3.10				
3.5	2.73	2.81	2.85	2.90	2.96	3.02				
4.0	2.68	2.75	2.79	2.85	2.90	2.96				
4.5	2.62	2.69	2.74	2.79	2.84	2.89				
5.0	2.58	2.65	2.69	2.74	2.82	2.85				
5.5		2.62	2.67	2.70	2.74	2.80				
6.0			2.64	2.68	2.71	2.76	2.81	2.88	2.84	2.91
6.5			2.60	2.63	2.69	2.72	2.78	2.84	2.80	2.87
7.0				2.60	2.66	2.70	2.74	2.78	2.77	2.83
7.5					2.62	2.67	2.71	2.76	2.73	2.80
8.0						2.65	2.69	2.73	2.70	2.77
8.5							2.67	2.70	2.68	2.75

表 A-4　　LJ 型铝绞线的主要技术数据

额定截面(mm^2)	16	25	35	50	70	95	120	150	185	240
50℃的电阻(Ω/km)	2.07	1.33	0.96	0.66	0.48	0.36	0.28	0.23	0.18	0.14
线间几何均距(mm)	线路电抗(Ω/km)									
600	0.36	0.35	0.34	0.33	0.32	0.31	0.30	0.29	0.28	0.28
800	0.38	0.37	0.36	0.35	0.34	0.33	0.32	0.31	0.30	0.30
1000	0.40	0.38	0.37	0.36	0.35	0.34	0.33	0.32	0.31	0.31
1250	0.41	0.40	0.39	0.37	0.36	0.35	0.34	0.34	0.33	0.33
1500	0.42	0.41	0.40	0.38	0.37	0.36	0.35	0.35	0.34	0.33
2000	0.44	0.43	0.41	0.40	0.40	0.39	0.37	0.37	0.36	0.35
室外气温 25℃导线最高允许温度 70℃时的允许载流量(A)	105	135	170	215	265	325	375	440	500	610

附录 B 周期分量等值时间曲线族

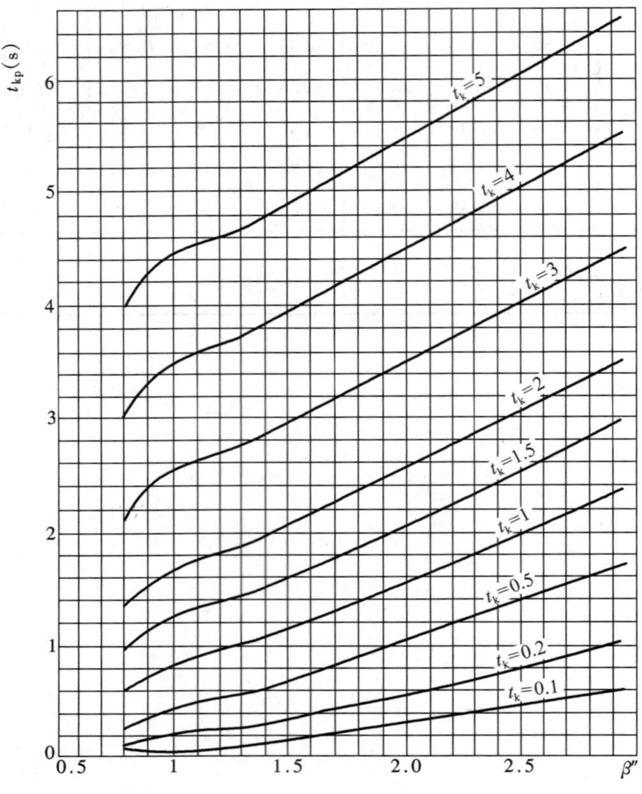

图 B-1 周期分量等值时间曲线族

附录C 矩形铝母线长期允许载流量

表 C-1 **矩形铝母线长期允许载流量**

导体尺寸 $h\times b$ (mm^2)	单条		双条		三条		四条	
	平放	竖放	平放	竖放	平放	竖放	平放	竖放
25×4	292	308						
25×5	332	350						
40×4	456	480	631	665				
40×5	515	543	719	756				
50×4	565	594	779	820				
50×5	637	671	884	930				
63×6.3	872	949	1211	1319				
63×8	995	1082	1511	1644	1908	2075		
63×10	1129	1227	1800	1954	2107	2290		
80×6.3	1100	1193	1517	1649				
80×8	1249	1358	1858	2020	2355	2560		
80×10	1411	1535	2185	2375	2806	3050		
100×6.3	1363	1481	1840	2000				
100×8	1547	1682	2259	2455	2778	3020		
100×10	1663	1807	2613	2840	3284	3570	3819	4180
125×6.3	1693	1840	2276	2474				
125×8	1920	2087	2670	2900	3206	3485		
125×10	2063	2242	3152	3426	3903	4243	4560	4960

注 1. 载流量系按最高允许温度+70℃，基准环境温度+25℃，无风、无日照条件计算的。

2. 本表导体尺寸中，h 为宽度，b 为厚度。

附录D 部分思考题及习题答案

2-8 R=7.86Ω，X=24.06Ω，$B=171\times10^{-6}$S。

2-9 R_T=2.95Ω，X_T=48.8Ω，$G_T=3.21\times10^{-6}$S，$B_T=0.58\times10^{-4}$S。

2-10 R_1=3.9Ω，$R_2=R_3$=2.55Ω，X_1=86.7Ω，X_2=−2.02Ω，X_3=50.42Ω，$G=1.87\times10^{-6}$S，$B=1.61\times10^{-5}$S。

3-3 (1) 103.3kV；
(2) 119.25kV；
(3) 83.09kV。

3-4 (1) 115.4kV；
(2) 115.994kV；
(3) 117.22kV。

3-5 5.94kV，−1%；5.85kV，−2.55%；5.853kV，−2.4%。

4-10 选110+1×2.5%即112.75kV。

4-11 应选有载调压变压器，U_{tmax}取110−2×2.5%，即104.5kV；U_{tmin}取110+2×2.5%，即115.5kV。

4-12 选110+2×2.5%，即115.5kV。

4-13 (1) 32.9kV；
(2) −5.97%，0.819；
(3) 38.49kV；
(4) X_C=9.43Ω，Q_C=1.15Mvar；
(5) Q_C=8.25Mvar；
(6) Q_C=2.16Mvar，U_B=33.44kV。

5-9 54.32kW。

5-10 17.74kW。

5-11 0.76，556.5kvar。

5-12 12.75kW，22.06kvar，25.47kV·A，0.092kA。

5-13 346.49kW，368.31kvar。

6-8 (1) 0.511；
(2) 3.05kA；
(3) −78A；
(4) 15.28kV。

6-9 (1) 12.58kA；
(2) 32.03kA；
(3) 55.30kV；
(4) 1.15kA。

6-10 (1) 28.9kA，73.6kA；

(2) 2.73kA，6.94kA；

(3) 9.50kV；

(4) 526.3MV·A。

6-11 (1) 5.3kA；

(2) 13.69kA。

6-12 4.34kA，82.4kA。

6-13 (1) 6.13kA，7.16kA；

(2) 15.6kA；

(3) 9.19kV；

(4) 0.16kA。

6-14 7.12kA，18.36kA。

6-15 12.56kA，23.85kA。

6-22 67.15℃。

6-23 4049A，不合格。

6-24 364.88mm²，动稳定；1984.3N。

6-26 (1) 1.27kA；(2) 0.89kA，0.65kA。

6-27 1.95，−0.9，−1.05；j0.38，j0.38，j0.38。

7-2 (1) 在 T_{max}=6000h 时，S=292mm²，选择 LGJ-300 型钢芯铝线。

(2) 在 T_{max}=4500h 时，S=238mm²，选择 LGJ-240 型钢芯铝线。

(3) 校验：机械强度、发热条件、电晕条件均合格。

7-3 每回路每相导线截面为 405mm²，选择 LGJ-400 型。

7-4 干线 ab 选用 LGJ-70 型导线，校验机械强度、发热条件、电晕条件均合格。

支线 ac 选用 LGJ-50 型导线，校验机械强度、发热条件、电晕条件均合格。

7-5 1183kV·A。

7-9 1613.72 万 kW·h。

7-10 变压器，230.037 万 kW·h；线路，594.689 万 kW·h。

7-11 197 572kW·h。

7-12 2603.7kW·h。

7-13 总负荷为 150MW 时，分配方案为 P_{G2}=66.7MW，P_{G2}=83.3MW；与分配方案 P_{G1}=90MW、P_{G2}=60MW 比较，节省费用 8.17 元/h。

附录E 供用电系统常用术语中英文对照表

安全	safety
保护接地	protective ground
备用电源自动投入装置	Reserve-source auto-put into device
备用容量	reserve capacity
变电	power transformation
变电所	substation
变压器	transformer
标幺，单位的	per unit（p. u. ）
波形	wave shape
不同时率	diversity factor
不对称故障	unbalanced fault
参数	parameter
长度	length
超高压	extra-high voltage (EHV)
潮流	power flow，load flow
超前功率因数	leading power factor
潮汐电站	tidal plant
冲击电流	rush current，impact current
冲击系数	impact factor
抽水蓄能电站	pumped storage plant
出线	outgoing circuit
磁滞损耗	hysteresis losses
大容量电力系统	bulk power system
单母线	single bus
单母线带旁路母线	main and transfer bus
单母线分段	single bus with two sections
单相短路	single line-to-ground fault
刀开关	knife-switch
导体	conductor
等值电路	equivalent circuit
导线	wire
地	ground
地热发电厂	geothermat power plant
低压断路器（自动开关）	low-voltage-circuit-breaker
（电压）下降	swell

电，电力	electricity ， electric power
对称分量法	symmetric component method
对地电容	capacitance to earth
电磁场	magnetic field
电磁原理	electromagnetic
电磁感应原理	magnetic induction principle
电导	conductance
电动机	motor
电感	inductance
电抗	reactance
电抗器	reactor
电力变压器	electronic transformer
电力公司	electric power company
电力工业	power industry
电力系统	electric power system
电力需求量	electric power demand
电力用户	power customer
电流	current
电流互感器	current transformer
电流密度	current density
电路	electric circuit
电路理论	circuit theory
电能	electrical energy
电能传输	electrical energy transmission
电能质量	power quality
电气工程师学会（英）	Institute of Electrical Engineers（IEE）
电气化	electrification
电气与电子工程师学会（美）	Institute of Electrical Electronics Engineers（IEEE）
电容	capacitance
电容器	capacitor
电容器组	capacitor bank
电动势	potential
电枢	armature
电网	power grid，electricity grid
电压	voltage
电压表	voltmeter
电压等级	voltage level
电压控制	voltage control
电压降	voltage drop

电压偏移	voltage deviation
电力调整	voltage regulation
电源	power source
电晕	corona
电阻	resistance
电阻器	resistor
定子	stator
调度	dispatch
动力系统	power system
短路	short-circuit
短路容量	short-circuit capacity
断路器	circuit breaker
对称故障	symmetric fault
对称三相短路	balanced three-phase fault
对地电容	capacitance to earth
额定电压	rated voltage
额定值	nominal value，rated value
二次能源	secondary energy
二次线圈（绕组）	secondary coil
发电	generation
发电厂	power plant
发电机	generator
发电设备	generating facility
反馈	feedback
放电	sparkover
防雷接地	protective ground against lighting
分段	section
分接头	tap
峰荷	peak load
风力发电	wing power generation
风力发电厂	wing power plant
峰荷期	peak hours
辐射形系统	radial system
负荷	load
负荷潮流	load flow
负荷分析	load analysis
负荷率	load factor
负荷曲线	load curve
负荷系数	load factor（LF）

负荷中心	load center
负序	negative sequence
负序电抗	negative phase sequence reactance
感抗	inductive reactance
钢芯铝导线	aluminum conductor steel reinforced (ACSR)
高电压	high voltage
高压直流输电	HVDC Transmission
隔离开关	disconnector
功率	power
功率因数	power factor
功率因数补偿	power factor correction
供电	electric power supply
供电电压	the voltage of the power supply
供电系统	electric supply system
工作接地	service ground
故障点	fault location
故障电流	fault current
过负荷	overload
过载电流	over-current
核电	nuclear power
核电厂	nuclear power plant
互感	mutual inductance
环形母线	ring bus
恢复电压	recovery voltage
火电	fossil-fired power
火力发电厂	thermal power plant
架空线	overhead line
降压变电所	step-down substation
降压变压器	step-down transformer
交流	alternating current (AC)
交流发电机	alternator
接触电压	touch voltage
接地	ground，earth
截面积	cross-sectional area
进线	incoming circuit
经济性	economics
静止无功补偿	static var compensation (SVC)
静止无功补偿器	static compensator
绝缘	insulation

开关	switch
开路	open-circuit
可靠性	reliability
坑口电站	pithead power plant
空载	no load
空载电动势	no-load potential
跨步电压	step voltage
馈线	feeder
馈线环网	feeder loop
励磁电流	excitation current
利用系数	utility factor
理想变压器	idealized transformer
两相短路	line-to-line fault
两相接地短路	double line-to-ground fault
零序	zero-sequence
美国电气工程师学会	American Institute of Electric Engineers（AIEE）
民用负荷	domestic load
铭牌	nameplate
母线	busbar
母线联络断路器	bus tie breaker
π 型等值电路	equivalent π model
旁路	be-pass
旁路断路器	transfer breaker
配电	power distribution
配电管理系统	distribution management systems（DMS）
配电静止无功补偿器	distribution static compensator（DSTATCOM）
配电系统	distribution system
配电线路	distribution line
频率	frequency
平均负荷	average load
平均功率因数	average power factor
汽轮机	turbine
千伏	（kV） kilovolt
千瓦·时	kilowatt-hour
绕组，线圈	winding
热电厂	thermal plant
日负荷曲线	daily load curve
容抗	capacitive reactance
熔断器	fuse

容量（利用）系数	capacity factor
三绕组变压器	three-winding transformer
三相故障	three-phase fault
三相四线制供电系统	3-phase，4-wire power system
升压变电所	step-up substation
升压变压器	step-up transformer
视在功率	apparent
输电	power transmission
输电系统	power transmission system
输电线路	transmission line
双母线	double bus
水电	hydropower
水电厂（站）	hydro power plant（station）
水力发电	hydropower generation
水轮机	hydroturbine
瞬时电压	transient voltage
瞬时值	instantaneous values
损耗系数	loss of factor（LF）
特征参数	characteristic parameter
铁芯	core
铁芯损耗	core（iron）loss
同步电抗	synchronous reactance
同步调相机	synchronous generator
同步调相机	synchronous condenser
凸极	salient pole
网架，主网架	network frame
稳定状态	steady state
温度	temperature
涡流损耗	eddy losses
无功潮流	kilovar flow
无功补偿	reactive power compensation
无功电源	reactive power source
无功功率	reactive power
无功损耗	reactive power loss
无限大（系统）母线	infinite bus
线电压	line voltage
线路	line
线路压降	line dop
线圈，绕组	coil，winding

相电压	phase voltage
相间故障	line to line fault
相位平衡	phase balance
箱式变电所	package substation
消弧线圈	arc-suppression coil
星/角	wye/delta
蓄水式电站	storage plant
需要系数	demand factor
一次能源	primary energy
一次系统	primary system/primary network system
一次线圈(绕组)	primary coil
一个半断路器接线	break and a half scheme
用电	power utilization
有分接头的变压器	tap-change transformer
有功功率	active power
有效值	root mean square (rms)
原子能发电厂	nuclear power plant
运行方式	operating mode
载流能力	current-carrying capacity
暂态电抗	transient reactance
自感	self-inductance
自耦变压器	autotransformer
综合负荷	combined load
最大负荷	maximum load
正弦	sine
直接接地	solidly ground
直流	direct current (DC)
滞后功率因数	lagging power factor
智能电网	smart grid
中性点	neutral point
中性点不接地	neutral point unearthed ground
中性点接地方式	grounded neutral system
中性点绝缘(孤立)系统	isolated neutral system
中性点直接接地	neutral-point solid ground
中性线	neutral wire
主接线	bus arrangement
主接线图	key diagram
转子	rotor
阻抗	impedance

参 考 文 献

[1] 中国机械工业教育协会. 工厂供电. 北京：机械工业出版社，2001.
[2] 李俊. 供用电网络及设备. 北京：中国电力出版社，2001.
[3] 孙成宝，刘福义. 低压电力实用技术. 北京：中国水利水电出版社，1998.
[4] 牟道槐等. 发电厂变电站电气部分. 重庆：重庆大学出版社，1996.
[5] 孙成宝，李广泽. 配电网实用技术. 北京：中国水利水电出版社，1998.
[6] 邓泽远. 供配电系统与电气设备. 北京：中国电力出版社，1996.
[7] 蓝之达. 供用电工程. 北京：中国电力出版社，1998.
[8] 黄静. 电力网及电力系统. 北京：中国电力出版社，1999.
[9] 陈珩. 电力系统稳态分析. 北京：水利电力出版社，1985.
[10] 正田英介(日)等. 电力系统. 北京：科学出版社，2001.
[11] 陈章潮等. 城市电网规划与改造. 北京：中国电力出版社，1998.
[12] 四川省电力公司，四川省电机工程学会. 输配电. 北京：中国电力出版社，2001.
[13] 国家电力公司农电工作部. 农村电网技术. 北京：中国电力出版社，2001.
[14] 钱国安. 农村电网规划. 北京：中国农业出版社，1995.
[15] 隋振有. 中低压配电实用技术. 北京：机械工业出版社，2001.
[16] E. Lakervi，E. J. Holmes. 配电网络规划与设计. 北京：中国电力出版社，1999.
[17] 丁毓山等. 中小型变电所实用设计手册. 北京：中国水利水电出版社，2000.
[18] 苏文成. 工厂供电. 北京：机械工业出版社，1995.
[19] 能源部西北电力设计院. 电力工程电气设计手册. 北京：中国电力出版社，1990.
[20] 何仰赞等. 电力系统分析. 武汉：华中科技大学出版社，2002.
[21] 刘万顺. 电力系统故障分析. 北京：中国电力出版社，1998.
[22] 许正亚. 电力系统故障分析. 北京：水利电力出版社，1993.
[23] 屠志健. 电力专业英语阅读与翻译. 上海：上海外语教学出版社，2000.
[24] 教育部电力英语教材编写组. 电力英语. 北京：高等教育出版社，2000.
[25] 刘然. 电力专业英语. 北京：中国电力出版社，1999.
[26] 上海供电公司. 配电网新设备新技术问答. 北京：中国电力出版社，2002.
[27] 杨期余. 配电网络. 北京：中国电力出版社，1998.
[28] 陈化钢. 城乡电网改造实用技术问答. 北京：中国水利水电出版社，1999.
[29] 刘介才. 供电工程师技术手册. 北京：机械工业出版社，1998.
[30] 柳春生. 实用供配电技术问答. 北京：机械工业出版社，2000.
[31] 靳龙章. 电网无功补偿实用技术. 北京：中国电力出版社，2001.
[32] 熊信银，张步涵. 电力系统基础. 武汉：华中科技大学出版社，2003.
[33] 方富淇等. 电力系统分析. 北京：水利电力出版社，1990.
[34] 王新学. 电网及电力系统. 北京：水利电力出版社，1986.
[35] 雷铭. 电网降损节能手册. 北京：中国电力出版社，2005.
[36] 廖学琦. 农网线损计算分析与降损措施. 北京：中国水利水电出版社，2003.
[37] 杜文学. 电力工程. 北京：中国电力出版社，2006.
[38] 姜宁. 线损与节电技术问答. 北京：中国电力出版社，2005.